石漠化生态治理技术及其配置模式

王爱娟　柯奇画　张科利　编著

黄河水利出版社

·郑　州·

内 容 提 要

本书系统总结了石漠化生态治理背景、治理历程、治理思路和典型案例,构建了包含 1 125 项具体技术的石漠化生态治理技术库,详细介绍了每一项技术的特点及其适用范围或注意事项,提出了一套可在不同治理背景下多尺度综合配置石漠化治理技术的方法,可为具体的石漠化治理项目提供参考依据,对水土流失、荒漠化和草地退化等的生态治理也具有一定的借鉴意义。

本书可供水土保持、水利、地理、资源、环境、生态等方面的管理者、科技工作者、设计、施工人员及高等院校相关专业的师生参考阅读。

图书在版编目(CIP)数据

石漠化生态治理技术及其配置模式/王爱娟,柯奇画,张科利编著. —郑州:黄河水利出版社,2021.6
ISBN 978-7-5509-3018-6

Ⅰ.①石…　Ⅱ.①王…②柯…③张…　Ⅲ.①沙漠治理-研究　Ⅳ.①S156.5

中国版本图书馆 CIP 数据核字(2021)第 124182 号

组稿编辑:王路平　电话:0371-66022212　E-mail:hhslwlp@ 126. com

出 版 社:黄河水利出版社　　　　　　　　　　　网址:www. yrcp. com
　　　　　地址:河南省郑州市顺河路黄委会综合楼 14 层　邮政编码:450003
发行单位:黄河水利出版社
　　　　　发行部电话:0371-66026940、66020550、66028024、66022620(传真)
　　　　　E-mail:hhslcbs@ 126. com
承印单位:广东虎彩云印刷有限公司
开本:890 mm×1 240 mm　1/16
印张:13
字数:300 千字
版次:2021 年 6 月第 1 版　　　　　印次:2021 年 6 月第 1 次印刷
定价:100.00 元

前　言

石漠化是西南喀斯特地区最主要的生态环境问题。党的十九大报告中将"生态文明建设"提升为"千年大计",并将采取各种"行动",如"推进荒漠化、石漠化、水土流失综合治理"等,切实推进生态文明建设,为喀斯特地区石漠化治理指明了方向,加大了政策及资金支持力度。特别是党中央提出"高质量发展"号召,也为石漠化治理提出了更高要求。进入新时期,石漠化治理仅仅是生态恢复远远不够,还要结合产业调整和特色产业扶植,将石漠化地区的"穷山恶水"改造成"绿水青山"进而转化为"金山银山"。将石漠化治理融入绿色高质量发展,探索石漠化地区生态治理与经济发展并举的生态绿色发展道路,是未来石漠化治理的主旋律。新时期的石漠化治理也将从单纯的水土保持工作上升到推进乡村振兴、农业农村现代化和区域协调发展的高度,为生态文明建设提供支撑。

通过多年的石漠化治理,众多学者及政府管理机构已经做了大量的试验研究和技术推广工作,提出了很多措施体系、技术标准和推广方法,为我国西南喀斯特地区石漠化防治和生态恢复做出了重要贡献。然而,目前尚未形成一个系统、全面、实用的石漠化治理技术库。而且,如何根据区域特点快速识别合适的技术集群并进行科学配置,也是目前制约石漠化生态治理的重要瓶颈。本书在生态文明建设和乡村振兴战略思想的指导下,通过系统梳理现有技术措施及实践经验,在充分考虑石漠化地区自然环境和社会经济发展水平区域差异性的基础上,构建了能满足不同石漠化土地类型和不同尺度石漠化治理需要的石漠化生态治理技术库体系,提出了一套可在不同治理背景下快速筛选和多尺度优化配置石漠化治理技术的方法。石漠化治理技术配置包括三个尺度(坡面、小流域和区域)和两个层次(概化配置和细化配置);通过对石漠化治理技术进行有针对性的多尺度、多层次综合配置,为石漠化治理技术的精准实施提供多维保障。这些工作不仅为治愈石漠化这一"生态癌症"提供了系统全面的"药材库",还列出了"药理清单",并拟出了对应不同"体质"、不同"症状"的"药方",可实现科学、快速的根据"体质"特点"对症下药",以提高石漠化治理工作的效率和质量。

本书共分8章,第1章概述了石漠化地区区域特征,包括自然环境特征、社会环境特征、产业结构特征和主要限制因子四个方面;第2章介绍了石漠化治理背景,全面总结了石漠化的成因、危害及治理意义,石漠化强度等级划分,其分布特征和发展趋势;第3章主要论述新时代石漠化治理新理念和新思想;第4章介绍了石漠化治理技术库体系的构建;第5章对石漠化治理技术库中1 125项单项技术的概念、适用条件、技术特点或注意事项等进行了详细介绍;第6章介绍了11种典型石漠化治理模式案例及其对未来石漠化治理的启示;第7章总结了现有石漠化治理范式及其应用形式,提出了一套石漠化治理技术综合配置方法,并提供了该配置方法的应用示例;第8章为结语。

本书由水利部水土保持监测中心和北京师范大学地理科学学部共同完成,具体编写人员及分工如下:第1章由王爱娟、柯奇画、何江湖和张科利撰写,第2章由柯奇画撰写,

第3章由张科利、彭文英和柯奇画撰写，第4章由柯奇画撰写，第5章由柯奇画、何江湖、张思琪、王爱娟撰写，第6章由王爱娟、曹梓豪、柯奇画、何江湖、张思琪、周卓丽、朱彤和邹心雨撰写，第7章由柯奇画、张科利撰写，第8章由张科利撰写。全书由王爱娟、柯奇画和张科利统稿。

本书是在总结和集成前人已有研究成果和成功经验的基础上完成的，在此对书中涉及的生态技术研究者和成功经验探索者表示衷心的感谢！研究工作依托国家重点研发计划项目"生态技术评价方法、指标体系及全球生态治理技术评价"、课题"生态治理与生态文明建设生态技术筛选、配置与试验示范"（2016YFC0503705）的研究成果，并得到了国家自然科学基金重点项目"西南黄壤区不同尺度土壤侵蚀与泥沙运移规律耦合关系"（41730748）的资助，在此一并表示感谢！

由于石漠化地区生态系统的脆弱性、自然环境的复杂性和经济发展的区域差异性，石漠化治理是一项十分复杂而艰巨的事业。加之作者实践范围、知识水平和经验有限，撰写过程中出现的考虑不周和疏漏在所难免，希望全国同行及广大读者不吝赐教。

作　者
2021年4月

目　录

第 1 章　石漠化地区区域特征

　　石漠化(rocky desertification)有两种理解,广义上泛指任何地区由于严重土壤侵蚀导致土层逐渐变薄甚至完全流失、基岩裸露的现象,如在我国黄土高原薄层黄土覆盖的砒砂岩地区,强烈的水土流失导致表土流失殆尽,下伏砒砂岩母质出露地表[1];狭义上主要指喀斯特石漠化,指在脆弱的岩溶生态系统中,人类不合理活动引起的植被破坏、水土流失,基岩大面积裸露或地表石砾堆积的土地退化现象和过程[2, 3]。由于石漠化这一生态环境问题在喀斯特地区尤为突出和紧迫,因此我国关于石漠化的研究和治理主要聚焦在该区域,即国内提到的石漠化主要指喀斯特石漠化。

　　喀斯特石漠化已成为全球性的生态问题之一。我国西南喀斯特地区是世界上著名的脆弱生态区,也是我国石漠化问题最为突出和严重的地区,包括滇、黔、桂、湘、渝、川、鄂、粤 8 省(区、市),土地总面积 194.69 万 km²,其中碳酸盐岩出露面积 53.26 万 km²,占27.36%。碳酸盐岩广布、土层浅薄、地势崎岖、河流深切、植被稀少且生长缓慢决定了喀斯特生态环境的脆弱性,而人口密度大、人口素质及特殊的地域文化导致该区域经济基础薄弱,贫困发生率高。在脆弱的喀斯特自然环境和落后的经济社会环境压力下,受人类不合理社会经济活动的干扰破坏,造成土壤严重侵蚀,基岩大面积裸露,土地生产力严重下降,形成喀斯特石漠化,进一步阻碍了经济社会的发展。

1.1　自然环境特征

1.1.1　地质地貌

　　西南喀斯特区地处我国地貌的第二阶梯和第三阶梯,地貌类型多样,地形切割破碎[4]。以挤压为主的中生代燕山构造运动使西南地区发生褶皱作用,以升降为主、叠加其上的新生代喜马拉雅构造运动塑造了西南喀斯特区层面多、坡度大、切割深、垂向喀斯特发育剧烈的碳酸盐岩山地环境[5-7]。以贵州省为例,全省山地面积占 87%,丘陵占10%,而平川坝地仅占 3%,全省地表平均坡度达 17.78°。山地性及地表崎岖破碎的地形地貌,为石漠化的形成提供了势能基础,使得斜坡体上的土层不易保存而流走,同时也加大了降水的侵蚀能力,在不合理的人类活动干扰下,喀斯特山地极易退变为荒山秃岭。石漠化治理工程根据地势特点、大地构造和气候条件,将喀斯特地区划分为岩溶槽谷、岩溶高原、岩溶峡谷、断陷盆地、峰丛洼地和峰林平原 6 种主要的地貌类型[8]。

　　地质条件复杂,地表地下二元结构。喀斯特溶蚀发育致使负地形广布,形成大规模的峰林和峰林间的宽阔洼地及地下溶洞,同时在岩石表层溶蚀形成各种形态的裂隙。宏观和微观的多孔介质(裂隙和洞穴)及地表地下各种蚀余、堆积形态组成了不均匀的"二元结构"[9]。这种岩溶地区特殊的双层水文地质结构与漏斗效应,叠加上干湿季明显、暴雨多发等气候特征,不仅会导致干旱和洪涝频繁发生,还会使得岩溶环境中土壤侵蚀易发、多发。

1.1.2　气候与水文

石漠化地区属热带、亚热带湿润季风气候,温暖湿润,雨量充沛,水热同期,四季不明显但干湿季明显,年内降水分布不均;由于地形多为山地,因此该区同时具有明显的山地垂直气候特征,小范围内山地垂直气候明显。区内光热条件好,大部分地区年均气温为14~24 ℃,年均气温自西北向东南依次由8~10 ℃递升到20~22 ℃。降水量呈自东南向西北递减的趋势,也因海拔变化和地面坡向不同造成了降水量的局部差异,区域的年降水量在800~1 800 mm,绝大部分地区为1 000~1 400 mm;但降水年际变化大,降雨多集中在5~9月,其降水量一般占全年的70%左右,且降雨强度大,多暴雨。受到季风气候的影响,水热配套,有利于碳酸盐岩的溶蚀、沉积,促进喀斯特水文地表、地下双层结构的形成[11]。区域雨季在5~9月,占全年总降水量的70%以上,多以阵雨或暴雨形式出现,具有较高的土壤侵蚀势能。降雨的产汇流过程及地表水与地下水的转换快,极大降低了土层的稳定性和抗侵蚀能力。另外,季节干湿交替致使喀斯特土壤结构稳定性降低,抗蚀性减弱。土壤在旱季出现脱水干裂形成多裂缝的柱状土壤形态,一遇到降雨则吸水膨胀,土壤的结构稳定性容易降低[9]。有研究发现,近几十年来,西南地区年降水量逐渐下降,而极端降水和旱涝事件有上升趋势[12];广西和贵州发生洪水的风险升高,同时干旱强度逐渐升高;而云南发生旱涝的风险上升,其中干旱强度逐渐降低,洪水强度逐年升高。极端降水和旱涝灾害的频发将成为未来西南岩溶区水土流失防治的一大难题。

西南喀斯特区夏季(5~10月)大雨、暴雨和短历时高强度的暴雨及连续暴雨都较多,径流深和径流量均比较大,但年内分配不均,具有夏涨冬枯和暴涨暴落的特征。河川大都是山区雨源型河流,河流深切,相对高差大,地表侵蚀切割强度大,雨季汛期水土流失动力强劲。以贵州省为例,径流系数全省平均达0.54,在15°~60°的裸露坡地和植被稀疏的坡耕地上,不论溅蚀、面蚀或细沟侵蚀都很严重[13]。

地表水资源缺乏,地下水系发达。西南岩溶区地处热带、岩溶带季风气候区,水热条件充足,但双层岩溶水文地质结构,大多数降雨一落地便很快入渗并流入地下暗河,使赋存在表层岩溶带的水资源仅为总水资源量的8%[14],云南、贵州、广西可再生水资源分别有43%、83%、66%流入地下水系,水资源以地下水资源为主[15]。如贵州岩溶地下水资源量386.26亿 m³/a,占全省地下水资源量的80.58%[16]。目前,地下水的开采量仅为可开采量的10%,导致地下水利用率低,局部地区季节性缺水严重,影响当地居民的正常生活生产。

1.1.3　土壤与植被

(1)成土速率低,土层浅薄。西南地区碳酸盐岩大多形成于晚古生代泥盆纪、石炭纪和二叠纪的灰岩和白云质灰岩,分布面积广、质纯、层厚且坚硬[17],且多数碳酸盐岩酸不溶物含量不足 10%，纯石灰岩或白云岩甚至低于 1%，导致喀斯特地区成土过程缓慢，纯碳酸盐岩母质上形成 1 m 厚的土层需要 250~7 800 ka，是非岩溶区的 10~40 倍[18]。这是西南岩溶山区土层浅薄、易出现石漠化的客观背景条件和基本原因。

（2）土壤分布不连续，土石界面缺少过渡层。喀斯特地区土壤资源零散，多位于岩脊间的溶沟、溶槽和凹地内，分布不连续，松散易侵蚀[19]。土壤与下覆基岩直接接触，缺少半风化碎屑母质层，上层土壤松，下伏基岩坚硬密实，使岩土之间的黏着力与亲和力大为降低，降雨入渗后土石界面的侧向径流易诱发严重的土壤侵蚀[9, 20]。

（3）土壤富钙偏碱。喀斯特山区是一种典型的钙生性环境，支持生态系统的化学元素多是富钙元素，而且风化淋溶的成土速率极慢，进入或转化储存于土壤中的营养型元素氮、磷、钾相对缺乏，尤其是钾含量非常低，且容易溶解流失，土壤的这种生物地球化学作用就导致该区域仅适宜生长耐瘠、抗旱嗜钙的岩生性植被。植被生态系统蓄水拦沙、保护地表免受侵蚀的作用微弱。土壤长期保持高钙含量和高 pH 值，延缓了土壤的发育，使土壤保持相对幼年阶段[9, 21, 22]。土壤类型为黄壤、红壤和石灰土，以及与这些土壤相关的水稻土和旱作土。其中，碳酸盐岩风化形成的石灰土，富钙偏碱，有效营养元素供给不足且不平衡，质地黏重，有效水分含量偏低，制约着岩溶地区林草植被的生长、发育与生态修复[18]。

（4）植被覆盖度低，适生植被脆弱。该区域具有明显亚热带性质，以亚热带、热带常绿阔叶林、针叶林、针阔混交林为主，干热河谷多为落叶阔叶灌丛。由于岩溶生态环境土壤贫瘠，地下水埋深大，旱涝频繁等脆弱性基底原因，喀斯特区域森林植被覆盖率较低。许多喜酸、喜湿、喜肥的植物在这里难以生长，即使能生长也多长势不良。适生植被主要是那些具有富钙性、旱生性、石生性的植物群落[21]，植物生长缓慢，绝对生长量低，群落结构简单，顺向演替难，逆向演替易，群落的自我调控力弱[22]。林地多为用材林，树种多为松、杉等针叶树；草种多为乔本科草；经济林多为需复垦的油桐等树种，生态系统非常脆弱[23]。20 世纪以来，由于人类活动加剧，导致森林覆盖率迅速减少，目前全区几乎都是次生植被，以灌丛居多，群落等级低下，大部分植被群落处于正向演替的初始阶段，稳定性差，稍有外来破坏因素影响就可能出现逆转；大部分坡地接近零覆盖，有的甚至退化为石漠化山地。

1.2　社会环境特征

1.2.1　人口

西南喀斯特石漠化地区，分布有 48 个少数民族自治县，少数民族人口 4 537 万人，集中了全国近 50% 的贫困人口，是我国贫困人口最集中的地区之一[24]。人口密度大，贫困人口多。该地区人口密度为 210 人/km²，相当于全国平均人口密度的 1.56 倍[25]，严重超过喀斯特生态系统的承载力。

1.2.2　社会经济

资源开发利用水平低,经济基础薄弱。资源就地转化程度低、精深加工能力弱,能源、矿产、生物资源、旅游等资源优势没有转化为产业优势。缺少带动力强的大企业、大基地和产业集群,产业链条不完整,市场体系不完善,配套设施落后,尚未形成有效带动经济发展的支柱产业。2000 年,滇、黔、桂三省(区)生产总值 5 121.15 亿元,人均地区生产总值 4 017 元,仅相当于全国平均水平的 50.77%。至 2019 年,三省(区)生产总值 61 230.2 亿元,人均地区生产总值 45 555 元,也只相当于全国平均水平的 64.4%[26]。截至 2010 年年底,有 1 111.2 万农村饮水不安全人口,比例高达 37.9%。交通主干网络不完善,省际交通瓶颈突出,县际公路连通性差。县乡公路等级低、质量差,4.9% 的乡镇和 65.6% 的行政村不通沥青(水泥)路,17.4% 的行政村不通公路。2010 年,人均教育、卫生、社会保障和就业三项支出仅为 1 098 元。医疗卫生条件差,基层卫生服务能力不足,还有 9.7% 的村未建立卫生室,13.5% 的村卫生室尚无合格医生,14% 的自然村不能接收电视节目[27]。

1.2.3　民族文化

西南喀斯特地区居住着壮族、苗族、瑶族、布依、毛南、彝族、哈尼族、白族、仫佬族、水家族、黎族、满族、回族、侗族等 48 个民族。各民族在长期的历史进程和特殊的喀斯特环境中,形成了特有的喀斯特文化。

1.3　产业结构特征

受到地理环境差、经济社会发育滞缓等多方面因素的影响,长期以来,传统农业和手工作坊业成为该地区经济的主体,产业体系发育不全,产业组织结构简单,长期停留于农业经济占主导的发展阶段。现代意义上的产业结构主要是在 20 世纪 60 年代中期开始的三线建设和 20 世纪末期西部开发的工业化战略才建立和发展起来的。由于自然地理条件、资源禀赋、经济发展水平差异较大,又是多民族聚居区,社会发育层次多,产业结构演进类型复杂多样。从较高级的"三、二、一"结构形态,到最初级的以传统农业为主导的"一、二、三"结构形态,在这一地区均有分布。

21 世纪以来,该区第一产业比重不断下降,第二产业、第三产业比重则不断上升。2000~2019 年,滇、黔、桂三省(区)第一产业在 GDP 中的结构比重下降幅度较快,而第二产业、第三产业比重逐年上升,且两者表现出一种相互竞争的态势。近 20 年,第一产业比重都高于全国平均水平,第三产业比重低于全国平均水平,第二产业占比在 2014 年前和 2017 年以后低于全国平均水平,2014~2017 年间喀斯特地区高于全国平均水平。目前,该区三次产业初步形成"三、二、一"的结构形态。经过近年来的石漠化治理与产业扶贫等措施,逐渐形成"三、二、一"的结构形态,但还处于初期阶段,第二产业、第三产业比重接近,结构形态不稳定。与全国平均水平相比,西南喀斯特地区第一产业比重依然偏高,第二产业、第三产业比重偏低[26]。

1.4　主要限制因子

1.4.1　自然生态因素

受特殊的碳酸盐岩地质条件影响,西南喀斯特区存在一系列不利的自然条件,影响了社会经济的发展。

(1)生态环境脆弱,在不合理人类活动干扰下极易发生退化,并且不易恢复。

(2)地表形态崎岖破碎,不利于工农业的集约发展,交通等基础设施建设发展难度大、投入高。

(3)土壤条件差,成土慢、土层薄、土被不连续,土壤总量小,保水保肥能力低,影响农业生产率的提高。

(4)人口密度大、人口承载力低,造成人粮矛盾、人地矛盾突出。

(5)环境容量低,旱涝灾害频繁,生产生活与生命财产均受到频繁威胁。

1.4.2　文化教育因素

由于众多的原因,岩溶区很多人聚居于山川阻隔、交通不便、生存条件极其恶劣的喀斯特山区。受诸多因素的制约,广大喀斯特县的生产力水平较为落后,社会经济薄弱。这种薄弱的经济基础严重地影响着教育的发展。喀斯特地区文盲、半文盲在成年人中仍有较高的比例,教育发展的滞后制约着劳动者素质的提高,并进而制约着喀斯特地区经济社会的发展,构成了恶性循环。

1.4.3　社会条件因素

虽然岩溶区水资源丰富,但是由于水利设施差,水利设施控制水量仅占每年自然降水量的很小一部分,生产、生活用水奇缺,岩溶区居民往往处在"水在低处流,人在高处愁"的状况。电力不足严重影响喀斯特县的生产和生活。交通、物流不畅,自动化程度低也是岩溶区经济发展滞后的重要原因。

第 2 章　石漠化治理背景

2.1　石漠化的成因、危害及治理意义

2.1.1　石漠化问题的来源

石漠化问题的根源是没解决好生态保护与经济发展矛盾的结果。世界上大部分不存在石漠化问题的喀斯特区都有着人口负担和经济压力较轻的特点,而我国西南岩溶区的石漠化则是"人多钱少、山多地少"的背景下人地矛盾激化的结果。根据《岩溶地区石漠化综合治理规划大纲(2006~2015 年)》的统计,我国西南岩溶区居住了 2.22 亿人口,人口密度大(全国平均人口密度的 1.56 倍),其中农业人口约占 81%,包括 4 537 万人的 46 个少数民族,集中了全国近一半的贫困人口,是中国扶贫攻坚的重点地区[28]。区内地形以山地为主,山地面积占区域总面积的 80%以上[29]。在山多、坡陡、人多、地少、土层薄和以种植业为主的产业结构背景下,毁林毁草、陡坡开垦,导致了严重的石漠化现象。生态建设与经济建设相统一是解决石漠化问题的关键。

2.1.2　石漠化的成因

石漠化是在热带—亚热带湿润—半湿润气候条件和岩溶极其发育的自然背景下,受人为活动干扰,使地表植被遭受破坏,导致土壤流失严重,基岩大面积裸露或砾石堆积的土地退化现象,也是岩溶区土地退化的极端形式[30]。因此,石漠化的形成既有自然原因,更有人为因素。石漠化过程与石漠景观没有必然联系,不合理的人类活动造成土壤流失,导致裸露基岩面积不断扩大并形成石质坡地的过程才能称为石漠化[31]。

(1)自然因素是石漠化形成的基础条件。岩溶地区丰富的碳酸盐岩具有易淋溶、成土慢的特点,是石漠化形成的物质基础。山高坡陡,气候温暖、雨水丰沛而集中,为石漠化形成提供了侵蚀动力和溶蚀条件。

(2)不合理的人类活动则是石漠化土地形成的驱动因子。岩溶地区人口密度大,地区经济贫困,群众生态意识淡薄,各种不合理的土地资源开发活动频繁,导致水土流失和土地石漠化。促使石漠化形成的不合理人类活动主要包括:①过度开垦和不合理耕作,如陡坡开垦、顺坡耕作;②过度放牧;③乱砍滥伐和过度樵采;④采石、采矿、修路及建筑用地等滥采乱挖。这些不合理的人类活动造成植被和土壤破坏,而又未及时采取水土保持措施,加速了土壤流失和石漠化的形成。

经过统计分析,因自然因素形成的石漠化土地占石漠化土地总面积的 1/4,人为因素形成的石漠化土地占石漠化土地总面积的 3/4[30]。人为因素形成的石漠化土地中,过度

樵采形成的占 31.4%,不合理耕作形成的占 21.2%,过度开垦形成的占 15.1%,乱砍滥伐形成的占 13.4%,过度放牧形成的占 8.2%。另外,乱开矿和无序工程建设等形成的占 10.7%。因此,在无法改变自然环境的情况下,只有尽可能降低人类活动对岩溶生态环境的干扰,才是解决石漠化问题的方向所在。

2.1.3 石漠化的危害

石漠化是目前我国西南岩溶区最为突出的生态问题,长期以来国内外均未找到行之有效的治理方法,被称为"生态癌症"。石漠化严重的地方只见石头、不见片土,甚至寸草不生,恢复治理难度很大,因而发生石漠化的地区被称为是我国四大地质-生态灾难中最难整治、最难摆脱贫困的地区[32]。石漠化危害严重,形势严峻,已成为西南地区环境保护和扶贫攻坚的头号难题及区域可持续发展的主要障碍,并引起政府和社会各界的广泛关注。石漠化的危害具体表现在以下几个方面。

2.1.3.1 土地退化

"缺土少水"是石漠化土地的主要生态特征,普遍具有土层薄、土被不连续、土层结构不完整、水土漏失严重、保水保肥性差、粮食产量低且不稳定等特性[33]。因此,石漠化使土地生产能力降低、水土更易流失,可耕种面积因此减少[34]。据调查[30],由于土地石漠化,20 世纪 70 年代后期贵州省年均减少耕地近 20 万亩❶,21 世纪前 25 年间广西岩溶区耕地将减少约 10%。

2.1.3.2 河库淤积

西南岩溶区位于长江和珠江两大水系的源头、上游和分水岭地区。生态区位尤其重要的岩溶石漠化地区植被稀疏、岩石裸露,土壤分布不连续,且土壤与岩石之间亲和力和黏着力差,一旦发生强降水,极易产生水土流失和块体滑移,为河道提供泥沙来源。虽然岩溶地区水土流失的强度总体偏低,但其造成的水库、河流淤积不可忽视。因为它不仅会缩短水利工程的使用寿命、危及流域内水利水电设施的安全运行,还威胁着下游地区的生态安全与可持续发展。例如,贵州乌江渡水电站坝高 165 m,原预计 100 年淤满 60 m 死库容,实际上投入使用 10 年即淤满到 70 m[35];广西郁江西津大型水电站建成后,1961 ~ 1979 年共淤积泥沙 1.2 亿 t,平均每年 689 万 t,相对于建库前横县以上平均年输沙量的 51%;云南丘北县 20 世纪 90 年代以来因水土流失造成严重淤积的水库坝塘多达 50 余座[36]。

2.1.3.3 贫困加剧

西南石漠化地区既是西部地区、边疆地区,又是多民族聚居地区和革命老区。2016 年贫困人口 1 525.9 万,其中绝大部分分布在石漠化严重的岩溶地区。长期以来,由于岩溶地区人口不断增加,人均耕地不足,人民群众为了生活,不得不以牺牲环境为代价,毁林开荒,过度樵采、滥用资源。人地矛盾、人水矛盾不断加剧,许多岩溶石山地区陷入了"越穷越垦,越垦越穷"的恶性循环,使石漠化成为我国农村贫困面最广、贫困人口最多、贫困

---

❶ 1 亩 = 1/15 hm²,全书同。

程度最深的地区之一[37]。因此,日益严重的石漠化,不仅导致生态恶化、区域贫富差距拉大,还影响到民族的团结和社会的稳定。

2.1.3.4 灾害频发

岩溶地区属于自然灾害易发区域,旱灾、洪涝、崩塌、山体滑坡、泥石流等自然灾害都有不同程度发生,且时常交替发生。受全球气候变化的影响,岩溶地区面临极端天气危害的挑战进一步加剧,干旱、暴雨、洪涝、有害生物等自然灾害及火灾对群众的生产生活,以及工程建设和成果巩固的潜在威胁越来越严峻。由于地质结构和地被覆盖物的不稳定,岩溶地区暴雨和山洪诱发的山体滑坡、泥石流等地质灾害点多面广、频繁发生,对水利设施、农业生产和人民生命财产及安全构成了极大的威胁。据不完全统计,1999年黔、桂、滇3省(区)因自然灾害造成的直接经济损失达121亿元[38]。

2.1.3.5 生境恶化

石漠化将导致喀斯特生态系统的进一步退化,不仅生物总储量低,而且生物种群多样性锐减,植被结构简单化且容易逆向演替和遭到物种入侵,严重威胁珍稀濒危物种的生存和生态系统安全。此外,由于植被稀疏、岩石裸露、裂隙发育,石漠化地区蓄水保水和调节径流的功能很弱,可有效利用的水资源缺乏。据调查,黔、桂、滇3省(区)每年约有300万人饮水发生困难,缺水达四五个月,许多地方丧失了人类基本的生存条件。

2.1.4 石漠化治理的意义

石漠化问题危害十分严重,是岩溶地区生态环境问题之首,成为灾害之源、贫困之因、落后之根。石漠化治理是改善西南岩溶区生态环境、提高群众生活水平及实现人口、资源、环境与经济社会全面协调可持续发展的必要措施。治理石漠化,不仅造福当代,而且泽被后世。

2.1.4.1 生态意义

石漠化作为土壤侵蚀的终极状态,引发诸多环境问题,是我国现阶段的三大生态问题之一。采取多种措施治理石漠化,提高地表植被覆盖率,不仅能防治水土流失,保持住珍贵的水土资源,还能提高土壤肥力,增强蓄水供水和调节径流的能力等,从而实现人为减速甚至逆转石漠化地区的生态退化过程。因此,石漠化治理作为一种正向的人为干预,是当前我国生态环境建设的主要组成部分,是推动喀斯特生态系统正向演替的动力,对改善退化中的喀斯特生态系统和推动我国生态文明建设迈上新台阶都具有重大意义。

2.1.4.2 经济意义

西南喀斯特石漠化地区是我国南方的主要贫困区,经济基础薄弱,贫困人口多,集中了全国近一半的贫困人口,是中国扶贫攻坚的重点地区[28]。石漠化过程造成喀斯特地区珍贵的水土资源大量流失,导致土地生产力大大降低且很难在短期恢复,其直接造成的经济损失是无法估量的。此外,石漠化还引发一系列自然灾害,造成重大经济损失和人员伤亡。因此,石漠化加剧了贫困程度,严重制约着地区经济的发展和可持续发展。治理石漠化,是消除贫困的重要举措,对我国可持续发展战略的实施及中华民族伟大复兴中国梦的实现都有着重要的意义。近年来,我国在石漠化治理过程中,同时以政策扶贫、工程扶贫、产业扶贫、项目扶贫方式,不仅逆转了石漠化问题,同时也带动了当地经济的发展和大量贫困人口的脱贫致富。

2.1.4.3　社会意义

石漠化地区多为少数民族集居区,居住着 48 个民族。石漠化带来的生态环境恶化,各种自然灾害频发,使许多地方丧失了人类基本的生存条件,威胁人民群众的生产生活和生命安全。长期以来,当地群众饱受石漠化的危害,个人收入增长缓慢,区域经济发展滞后。石漠化问题处理不好,势必会影响民族团结、社会稳定和长治久安,影响脱贫攻坚的成果和安定团结的政治局面。

2.2　石漠化强度等级划分

近年来,国内许多学者从不同区域开展了石漠化研究,取得了丰硕的成果,石漠化程度分级标准不一。没有植被覆盖岩石地面(裸岩)是岩溶山地石漠化最醒目的景观标志,也是遥感调查易于识别的土地类型,因此最为简单的方法是将裸岩率作为石漠化程度分级的标准[39]。王宇等在滇东—攀西片区岩溶石山地质调查中,直接以裸岩率作为划分标准,将石漠化土地分为 3 个等级:严重石漠化,裸岩率>70%;中度石漠化,裸岩率 50%~70%;轻度石漠化,裸岩率 30%~50%[40]。王连庆等在渝东南岩溶石山地区石漠化遥感调查时,也将石漠化土地分为相同的 3 个等级,但裸岩面积比例有所差异,分别为>80%、50%~80%、30%~50%[41]。《岩溶地区水土流失综合治理技术标准》(SL 461—2009)中沿用了王宇的标准,但额外将基岩裸露率小于 30% 的土地划分为无明显石漠化和潜在石漠化。蒋忠诚等在 SL 461—2009 的基础上做了细化,将石漠化程度划分为 5 类等级:小于 10% 时,属于无石漠化;10%~30% 时,为潜在石漠化;30%~50% 时,为轻度石漠化;50%~70% 时,为中度石漠化;大于 70% 时,则属重度石漠化[42]。这些方法直观、简易和可操作性强,但没有区分自然石漠化和人为石漠化,未能考虑到高基岩裸露率与高植被覆盖度共存的现实情况(见表 2-1)。

表 2-1　石漠化的等级划分[42]

强度等级	岩石裸露率(%)	裸岩平面形态	生态环境
无石漠化	<10	点状	乔灌草植被、土层厚
潜在石漠化	10~30	点状+线状	灌乔草植被、土层薄
轻度石漠化	30~50	线状+点状	乔草+灌草、土不连续分布
中度石漠化	50~70	线状+面状	疏草+疏灌、土散布
重度石漠化	>70	面	疏草、土零星分布

一些学者认为以上仅仅根据裸岩面积比例进行石漠化程度分级过于简单,难以满足石漠化治理规划编制和措施选择的需要,试图采用多项指标进行石漠化程度分级。如表 2-2、表 2-3 所示,熊康宁等根据基岩裸露率、土被、植被+土被、坡度和土壤厚度这 5 个

指标的分布情况,将纯碳酸盐岩喀斯特石漠化划分为无明显石漠化、潜在石漠化、轻度石漠化、中度石漠化、强度石漠化、极强度石漠化共 6 个等级,将不纯碳酸盐岩喀斯特区石漠化程度划分为无明显石漠化、潜在石漠化、轻度石漠化、中度石漠化共 4 个等级[43]。张信宝等提出基于土壤流失程度、石漠化程度和地面物质组成类型这三方面进行叠加分类的思路[44]。两种分类较全面地体现了石漠化的内涵,可以更好地满足石漠化成因分析、治理规划编制和治理措施选择的需要,但较为复杂,实际应用中存在一定局限性[45]。如表 2-4 所示,宋同清等根据直观、简单、可操作、主导因素和综合代表性的原则,以岩石裸露率和植被覆盖度作为石漠化等级划分的基本依据,将石漠化划分为无石漠化、潜在石漠化、轻度石漠化、中度石漠化、重度石漠化 5 级[45]。这种方法比较科学地反映了石漠化程度的内涵和差异,具有一定的可操作性和推广价值。

表 2-2　纯碳酸盐岩喀斯特区石漠化强度分级标准[43]

强度等级	基岩裸露率（%）	土被（%）	植被+土被（%）	坡度（°）	平均土厚（cm）	农业利用价值
无明显石漠化	<40	>60	>70	<15	>20	宜水保措施的农田
潜在石漠化	>40	<60	50~70	>15	<20	宜林牧
轻度石漠化	>60	<30	35~50	>18	<15	临界宜林牧
中度石漠化	>70	<20	20~35	>22	<10	难利用地
强度石漠化	>80	<10	10~20	>25	<5	难利用地
极强度石漠化	>90	<5	<10	>30	<3	无利用价值

表 2-3　不纯碳酸盐岩喀斯特区石漠化强度分级标准[43]

强度等级	基岩裸露率（%）	土被（%）	植被+土被（%）	坡度（°）	平均土厚（cm）	农业利用价值
无明显石漠化	<40	>60	>70	<22	>20	宜水保措施的农田
潜在石漠化	>40	<60	50~70	>22	<20	宜林牧
轻度石漠化	>60	<30	35~50	>25	<15	临界宜林牧
中度石漠化	>70	<20	20~35	>30	<10	难利用地

表 2-4　石漠化等级划分[45]

石漠化程度	岩石裸露率（%）	植被覆盖度（%）	特征与利用
无石漠化	<10	>70	乔灌草植被、土层厚且连续,宜农林牧
潜在石漠化	10~30	>60	灌乔草植被、土层较薄但连续,宜林牧
轻度石漠化	30~50	30~60	乔草+灌草、土被不连续,宜林牧
中度石漠化	50~70	10~30	疏草+疏灌、土浅薄且散布,自然恢复
重度石漠化	>70	<10	疏草、土零星分布,难利用

　　在现有的我国岩溶地区石漠化监测中,采用了综合因子量化评价的方法确定石漠化等

级[46,47]。在对岩溶地区石漠化现状进行调查时,首先以基岩裸露度、植被覆盖度和土地利用为依据,将岩溶区的土地分为三大类:第一类是非石漠化土地,基岩裸露率<30%;第二类是潜在石漠化土地,基岩裸露率≥30%且是植被覆盖度≥50%的林地或植被覆盖度≥70%的草地或梯土旱地;第三类是石漠化土地,基岩裸露率≥30%且是植被覆盖度<50%的林地或植被覆盖度<70%的草地或非梯土旱地。在此基础上,根据基岩裸露率、植被类型、植被综合盖度和土层厚度这 4 个指标的评分(见表 2-5~表 2-8)之和,进一步将石漠化土地的石漠化程度等级划分为:轻度,总分≤45;中度,总分在 46~60;重度,总分在 61~75;极重度,总分>75,见表 2-9。这种方法不仅能综合反映石漠化土地现状,还避免了人为组合指标时阈值选择的随意性,而且可操作性强,能满足石漠化监测与工程治理的实际需要。因此,在第二次和第三次全国岩溶地区石漠化监测工作开展时,均是采用这种方法来调查区域大尺度的石漠化分布状况。

表 2-5　基岩裸露率评分标准

基岩裸露率	程度	30%~39%	40%~49%	50%~59%	60%~69%	≥70%
(石砾含量)	评分	20	26	32	38	44

表 2-6　植被类型评分标准

植被类型	类型	乔木型	灌木型	草丛型	旱地作物型	无植被型
	评分	5	8	12	16	20

表 2-7　植被综合盖度评分标准

植被综合盖度	盖度	50%~69%	30%~49%	20%~29%	10%~19%	<10%
	评分	5	8	14	20	26

注:旱地农作物植被综合盖度按 30%~49%计。

表 2-8　土层厚度评分标准

土层厚度	厚度	Ⅰ级(≥40 cm)	Ⅱ级(20~39 cm)	Ⅲ级(10~19 cm)	Ⅳ级(<10 cm)
	评分	1	3	6	10

表 2-9　石漠化程度划分等级

石漠化程度	轻度石漠化	中度石漠化	重度石漠化	极重度石漠化
等级	Ⅰ	Ⅱ	Ⅲ	Ⅳ

2.3　石漠化分布特征

国家林业和草原局发布的我国第三次石漠化监测结果显示,截至 2016 年年底,我国西南岩溶地区石漠化土地总面积为 1 007 万 hm²,占岩溶面积的 22.3%,占区域国土面积的 9.4%[48]。石漠化程度以中度和轻度为主,合占石漠化土地总面积的 81.8%。其中,中度石漠化土地面积占石漠化土地总面积的43%,面积为432.6万 hm²;轻度石漠化土地占38.8%,为391.3万 hm²;重度石漠化土地占16.5%,为166.2万 hm²;极重度石漠化土地占1.7%,为16.9万 hm²。我国西南岩溶地区石漠化土地涉及湖北、湖南、广东、广西、重庆、四川、贵州和云南8省(区、市)457个县。其中,贵州省和云南省石漠化土地面积最为突出,分别占石漠化土地总面积的24.5%和23.4%,石漠化面积分别为247万 hm²和235.2万 hm²;广西、湖南、湖北、重庆、四川和广东石漠化面积分别为153.3万 hm²、125.1万 hm²、96.2万 hm²、77.3万 hm²、67万 hm²和5.9万 hm²,分别占土地总面积的15.2%、12.4%、9.5%、7.7%、6.7%和0.6%。总体来看,我国西南岩溶区的石漠化分布相对比较集中,主要分布在以云贵高原为中心的贵州、云南、广西3省(区)。

我国14个集中连片特困地区中,武陵山区、乌蒙山区及滇桂黔石漠化区这3个地处西南岩溶区的片区都面临着严重的缺水少土问题和紧迫的扶贫攻坚任务。其中,幅员面积达22.8万 km²的滇桂黔石漠化片区是我国石漠化问题最严重的地区。滇桂黔石漠化片区包括云南、广西、贵州3省(区)91个县(市、区),其中80个县属于国家石漠化综合治理重点,67个为国家扶贫开发工作重点县。该区的岩溶面积为11.1万 km²,占总面积的48.7%[50]。该区人均耕地面积仅为0.99亩,是全国14个连片特困地区中扶贫对象最多、少数民族人口最多、所辖县数最多、民族自治县最多的片区,是国家新一轮扶贫开发攻坚战主战场之一。因此,在这个石漠化片区战场上,目前面临着两场战役:一场是生态保护战;另一场是脱贫攻坚战。

石漠化区域的空间分布与其自然立地条件密切相关,具体表现为以下几点:

(1)与岩性具有明显的相关性。强度石漠化主要分布在纯质碳酸盐岩地区,尤其是纯质灰岩地区;中度石漠化在白云岩组合中的发生比例较灰岩组合高;轻度石漠化在碳酸盐岩与碎屑岩夹层和互层中分布较广[54,55]。

(2)主要发生于坡度较大的坡耕地上。如贵州省乌江流域<8°的坡耕地只占流域面积的23.55%,而>8°的坡耕地侵蚀量占流域总侵蚀量的71.89%;云南蒙自断陷盆岩溶区1993~2001年间石漠化面积增加了约95%,主要来源于荒草地和旱地,是毁林开荒、土地退化的结果[36]。

(3)与地貌类型密切相关。石漠化较易发生在地形相对高差大的地貌,如峰丛洼地、峰林洼地及岩溶断陷盆地[47]。随着地貌相对高差减小,石漠化发生率降低,在峰林或缓丘平原区石漠化发生率仅为4.51%[51]。

(4)多集中在构造活动强烈的河流上游及河谷地带。如乌江流域的纳雍、织金、黔西等,红水河流域的贵州省兴义、兴仁,广西壮族自治区南丹等,南盘江流域的西畴、广南、砚山等[52]。

(5)主要分布在经济落后、人口压力大的地区。根据2005年的统计结果,岩溶区的平均石漠化发生率为28.7%,而县财政收入低于2000万元的18个县,石漠化发生率为40.7%,高出岩溶区平均值12个百分点;在农民年均纯收入低于800元的5个县,石漠化发生率高达52.8%,比岩溶区平均值高出24.1%[30]。在坡度最陡的岩溶峡谷地带,因坡度较大,水土易流失,但由于人类活动较少,石漠化发生率较低[53],因此人为干扰对石漠化的形成至关重要。

（6）主要分布在坡耕地上。石漠化土地类型多为山区旱地，低覆盖度林草地，工矿交通用地、未利用地（裸岩、荒坡）等土地利用类型，而农村居住用地、苗圃地、林业辅助生产用地、水田、水域则基本不存在石漠化现象。其中，坡耕旱地的石漠化现象最为广泛，可能发生各种类型的石漠化；有林地主要为无石漠化，仅少数潜在石漠化；灌木林主要发生中度及以下等级石漠化；疏林地、天然草地及荒草地可能发生强度及以下等级石漠化[54]。

2.4　石漠化发展趋势

为了掌握岩溶地区石漠化状况和治理情况，国家林业和草原局曾采用地面调查与遥感技术相结合、以地面调查为主的技术方法，分别于 2005 年、2011 年和 2016 年在西南岩溶区开展过三次石漠化监测工作[33, 51]，监测范围涉及黔、滇、桂、湘、鄂、渝、川、粤等 8 个省（区、市）。根据 3 次监测结果，梳理 2005 年以来石漠化的发展趋势。

总体来看，我国石漠化土地面积在 2005～2016 年期间持续下降且有加速趋势。石漠化土地面积从 2005 年的 1 296.1 万 hm² 减至 2016 年的 1 007.0 万 hm²，石漠化土地面积减少了 96 万 hm²，减少了 22.31%，年均减少面积 26.3 万 hm²，年均缩减速度为 2.03%。前半段 2005～2011 年期间，石漠化土地面积年均缩减速度为 1.23%；后半段 2011～2016 年期间，石漠化土地年均缩减速度为 3.22%，见图 2-1。

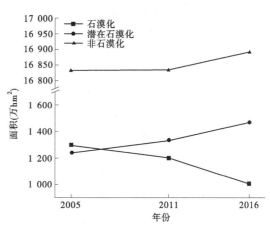

图 2-1　西南岩溶区 2005～2016 年期间
土地石漠化的总体发展趋势

相应的，潜在石漠化和非石漠化土地面积在 2005～2016 年期间呈现上升且有加速趋势。潜在石漠化土地面积从 2005 年的 1 238.0 万 hm² 增至 2016 年的 1 466.9 万 hm²，增加了 18.49%，年均增加面积 20.8 万 hm²，年均扩张率为 1.68%。非石漠化土地面积从 2005 年的 16 832.9 万 hm² 增至 2016 年的 16 893.1 万 hm²，增加了 0.36%，年均增加面积 5.5 万 hm²，年均扩张率为 0.03%。2005～2011 年期间，潜在石漠化和非石漠化土地面积的年均扩张率分别为 1.26% 和 0.002%；2011～2016 年期间，潜在石漠化和非石漠化土地面积的年均扩张率分别为 2.03% 和 0.07%。

前半段 2005～2011 年期间非石漠化土地面积几乎没有变化（见图 2-1），相较之下，后半段 2011～2016 年期间治理效果明显较好，大量的石漠化土地被转化为潜在石漠化和非石漠化土地。说明随着治理时间的延长，石漠化防治的生态红利开始释放。截至 2016 年，潜在石漠化和非石漠化土地面积已经分别扩张约为石漠化土地面积的 1.46 倍和

16.78 倍。总体来看,整个 2005～2016 年期间,岩溶地区石漠化土地呈现面积持续减少,危害不断减轻,生态状况呈现加速好转的态势。

8 个省(区、市)在 2005～2016 年期间的石漠化土地面积均呈不同程度的下降趋势,年均缩减速率从 1.23% 到 3.23% 不等。按照年均缩减速率从大到小排序是:广西>广东>贵州>云南>重庆>湖南>湖北>四川。其中,贵州、云南和广西的石漠化面积基数大,治理难度大。

5 个流域在 2005～2016 年期间整体的石漠化土地面积均呈不同程度的下降趋势,年均缩减速率从 1.11% 到 2.77% 不等。按照年均缩减速率从大到小排序是:怒江>珠江>澜沧江>长江>红河。其中,长江和珠江流域的石漠化面积基数大,治理难度大;红河流域的石漠化面积在上监测期呈上升趋势,在下监测期快速下降。

在 2005～2016 年期间,除轻度石漠化面积呈波动上升趋势外,西南岩溶区的中度、重度和极重度石漠化土地均呈持续下降的态势,年均缩减速率从 2.45% 到 6.27% 不等。按照年均缩减速率从大到小排序是:中度>重度>极重度。而轻度石漠化作为程度最轻的石漠化,受其他更高等级石漠化土地在治理过程中的等级不断降低的影响,会出现上升的态势。总体来看,石漠化程度减轻,极重度、重度和中度石漠化土地减少明显,见图 2-2。

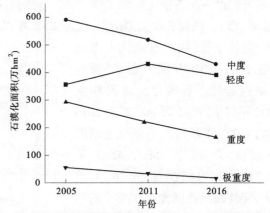

图 2-2　不同程度石漠化面积在 2005～2016 年期间的变化

国家石漠化综合治理规划的任务目标除按省份分解到省外,还按地形地貌分解到了中高山区、断陷盆地区、岩溶高原区、岩溶峡谷区、峰丛洼地区、岩溶槽谷区、峰林平原区、溶丘洼地(槽谷)区八大石漠化综合治理类型区中[55]。石漠化遥感解译结果表明,与 2000 年相比,2015 年八大地貌区石漠化综合治理效果差异明显:峰林平原区和溶丘洼地(槽谷)区治理效果最好,石漠化面积分别减少 44.61% 和 46.17%,石漠化发生率为 17.84% 和 4.08%;其次是断陷盆地区、岩溶高原区和峰丛洼地区,石漠化面积分别减少 29.42%、23.88% 和 21.33%,石漠化发生率为 22.14%、22.02% 和 24.63%;效果最差的是中高山区、岩溶峡谷区和岩溶槽谷区,石漠化正在恶化,面积分别增加了 2.16%、92.71% 和 6.40%。

岩溶地貌类型是产生西南岩溶环境差异的重要因素。不同地貌类型石漠化治理效果不同,主要有两方面原因:一是峰林平原区和溶丘洼地(槽谷)区等地貌类型生态经济条件较好,植被比较容易恢复,而中高山区、岩溶峡谷区和岩溶槽谷地区生态经济条件差,石漠化难以治理;二是各省(市)或县在具体落实规划时,没有完全按规划实施,把任务主要安排在比较容易实施的地貌类型区,导致条件较好的地貌类型区石漠化治理效果显著,而条件差的地貌类型区,石漠化不但没有得到治理,还有进一步恶化的趋势[49]。

第 3 章　新时代石漠化治理新思路

我国正面对资源约束趋紧、环境污染严重、生态系统退化的严峻形势,然而想要解决以上所列问题,必须树立尊重自然、顺应自然、保护自然,走可持续发展道路。

3.1　石漠化治理历程回顾

3.1.1　石漠化治理阶段

新中国成立以来,西南岩溶区先后出现几次大规模砍伐森林资源,导致森林面积大幅度减少,如"大炼钢"时期大规模的砍伐活动和"文化大革命"期间推行的"以粮为纲"的政策等,使森林资源受到严重破坏。由于地表失去保护,我国西南岩溶地区以石漠化为特征的土地退化现象严重。近 30 年来,随着经济社会发展和科技进步,我国喀斯特地区石漠化治理的目标在适时而变,治理模式也不断演进。根据其治理目标和特点,将我国石漠化治理历程概括为解决温饱问题阶段、开发性治理阶段、保护性综合治理阶段和高质量生态建设阶段这 4 个阶段。

3.1.1.1　解决温饱问题阶段(1988~1992 年)

1988 年,国务院以国函〔1988〕66 号批复将长江上游列为全国水土保持重点防治区,开展水土流失治理。以坡改梯为主,开展了耕地建设治理,其特点是以传统的单纯防护性治理为主发展农业经济。这一阶段启动的主要生态建设工程有长江上游水土流失重点防治工程(起始于 1989 年)、长江防护林工程(起始于 1989 年)。

3.1.1.2　开发性治理阶段(1992~1999 年)

以坡改梯为主,同时采用自然修复、人工种植林草等措施,遏制石漠化的加剧趋势。从解决温饱向发展经济转变,以经济效益为中心,提出治理与开发相结合、小流域治理同区域经济发展相结合、发展水保特色产业和农产品。该阶段的治理出现了治理效益偏低、措施配置不合理、工程质量不高、管理跟不上、经济效益不明显、群众参与治理开发的积极性不高等矛盾和问题。该阶段启动的主要生态建设工程有长江上中游水土保持重点防治工程(起始于 1994 年)、珠江防护林工程(起始于 1996 年)、"八七"扶贫攻坚计划(起始于 1994 年)。

3.1.1.3　保护性综合治理阶段(1999~2017 年)

以逆转石漠化发展趋势、增加群众收入、建设社会主义新农村为目标,提出充分发挥生态自我修复能力,使水土资源得到高效可持续利用。除了一系列林业生态治理工程,国家林业和草原局大力支持地方通过发展生态产业、林业产业推动地方经济发展和农民增收致富。国务院印发的《岩溶地区石漠化综合治理规划大纲(2006~2015 年)》提出强化林草植被的保护和恢复,适度开展坡改梯的治理理念。2008 年以后,将治石与治贫相结合,引进先进科技成果和技术,实现了经济和生态双赢,改善农业生产条件。综合治理以水系配套、坡耕地治理、建设经果林和人畜饮水工程为重点,结合自然修复,推进陡坡耕地退耕,加强水电、矿产资源开发的水土保持监督管理,实现水土资源的合理有效使用和保护,改善了生产生活条件和生态环境,提高了农业综合生产能力和农民收入,促进当地经济社会可持续发展。该阶段启动的主要生态建设工程有天然林保护工程(起始于 2000 年)、退耕还林工程(起始于 2000 年)、珠江上游南北盘江石灰岩地区水土保持综合治理试点工程(起始于 2003 年)、岩溶地区石漠化综合治理(起始于 2008 年)、坡耕地水土流失综合治理试点工程(起始于 2010 年)及异地扶贫搬迁(起始于 2001 年)。

3.1.1.4　高质量生态建设阶段(2017 年至今)

以高质量生态建设保障高质量发展,是新时代石漠化治理和美丽中国建设的主题。在石漠化地区开展高质量的生态建设工作,要以保护和恢复林草植被、促进绿色增长、助力群众增收为目标,牢固树立和贯彻落实绿色发展理念,依靠科技,依靠改革,创新思路,强化措施,加大石漠化防治力度,提升治理成效。具体就是要把国土绿化与精准扶贫和乡村振兴紧密结合起来,大力发展特色经济林、林下经济、生态旅游等绿色产业,促进第一产业、第二产业、第三产业深度融合,实现生态与经济双赢。新时代在石漠化地区进行高质量的生态建设,不仅能让石漠变少,还能让村庄变美,矿山新生,产业升级,经济更"绿",中国更美!

3.1.2　石漠化治理成效

自 1989 年以来,中国就西南岩溶区石漠化相关问题开展了诸多工作,先后实施了一批林业重点生态工程、异地扶贫搬迁、坡耕地水土流失综合治理试点工程、石漠化综合治理工程等一系列国家重大工程,从不同角度对岩溶地区的石漠化及水土流失进行治理。这些生态建设工程是西南岩溶区水土流失和石漠化防治措施得以实施和推广的重要载体,有效控制了西南岩溶区水土流失和石漠化的发展。

为了掌握岩溶地区石漠化状况和治理情况,依据国家林业和草原局分别于 2005 年、2011 年和 2016 年在全国开展的三次石漠化监测工作结果显示[33, 51]:石漠化面积持续减少,石漠化程度持续减轻,水土流失减弱,林草植被结构改善,区域经济发展加快。

(1)石漠化面积持续减少。西南岩溶区石漠化土地面积从 2005 年的 12.96 万 km^2 减至 2016 年的 10.07 万 km^2,11 年间减少了 22.3%,年均减少面积 0.263 万 km^2,年均缩减率为 2.03%。

(2)石漠化程度持续减轻。轻度石漠化的占比逐渐增加,由 2005 年的 27.5% 上升到 2016 年的 38.8%;极重度与重度石漠化土地面积逐步下降,占比由 2005 年的 26.8%,降到 2016 年的 18.2%。

(3)水土流失减弱。与 2011 年相比,石漠化耕地面积减少 13.4 万 hm^2,岩溶地区水土流失面积减少 8.2%,土壤侵蚀模数下降 4.2%,土壤流失量减少 12%。据长江和珠江流域主要水文站观测显示,珠江流域泥沙减少量在 10.7% ~ 38.4%,长江流域泥沙减少量达 40% 以上。

（4）林草植被结构改善。岩溶区植被综合盖度逐步增加，由 2005 年的 53.5% 增加至 2016 年的 61.4%。而且，灌木型向乔木型演变，乔木型植被较 2011 年增加 145 万 hm²，乔木型植被占岩溶地区面积比例增加了 3.5 个百分点。

（5）区域经济发展加快。与 2011 年相比，2015 年岩溶地区生产总值增长 65.3%，高于全国同期的 43.5%，农村居民人均纯收入增长 79.9%，高于全国同期的 54.4%。5 年间，区域贫困人口减少 3 803 万人，贫困发生率由 21.1% 下降到 7.7%，下降 13.4 个百分点。

综上所述，21 世纪以来，中国石漠化扩展态势得到有效遏制和逆转。岩溶地区石漠化土地呈现面积持续减少、危害不断减轻，岩溶生态状况和经济状况总体呈现稳步好转的态势，石漠化治理取得了较为显著的成效。

3.2　新时代我国石漠化防治面临的挑战

3.2.1　防治任务依然艰巨

石漠化危害十分严重，是岩溶地区生态环境问题之首，成为灾害之源、贫困之因、落后之根，恶化风险依然很大，防治任务依然艰巨。根据《中国·岩溶地区石漠化状况公报》，截至 2016 年年底，岩溶地区石漠化土地总面积为 1 007 万 hm²，占岩溶面积的 22.3%，占区域国土面积的 9.4%，涉及贵州、云南、广西、湖南、湖北、重庆、四川、广东等 8 个省（区、市）457 个县（市、区）。此外，潜在石漠化面积 1 467 万 hm²，占岩溶面积的 32.4%，占区域国土面积的 13.6%，涉及湖北、湖南、广东、广西、重庆、四川、贵州和云南 8 个省（区、市）463 个县。西南地区基本上每一个岩溶县都存在石漠化问题，且石漠化面积占比平均接近 1/4，潜在石漠化面积占比平均接近 1/3，需要防治的面积高达 55%。而且，目前石漠化地区的坡耕地面积依然较大，还有 262 万 hm² 已经发生石漠化的耕地（坡度大于 5° 占93.7%）和 451 万 hm² 尚未石漠化的耕地（坡度在 15° 以上的约占 1/3）还在继续耕种中，有继续恶化的风险。石漠化土地生态恢复周期十分漫长，从退化的草本群落阶段恢复至灌丛、灌木林阶段需要近 20 年，至乔木林阶段约需 47 年，至稳定的顶极群落阶段则需近 80 年[56]。目前，石漠化地区植被以灌木居多，大部分植被群落处于正向演替的初始阶段，稳定性差，稍有外来破坏因素影响就极有可能逆转，防治工作必须坚持不懈地长期付出努力。

3.2.2　防治难度越来越大

随着防治工作的推进，一些自然条件较好、交通条件便利的石漠化土地已逐步得到治理，今后要治理的地区立地条件越来越差，恢复周期越来越长，治理难度越来越大，治理成本更高。同时，受全球气候变化影响，旱涝、冰冻等极端灾害天气及泥石流、森林火灾、森林病虫害多发，生态工程建设常常遭受严重破坏，巩固和扩大石漠化治理成果始终面临严重威胁,稍有不慎,很有可能发生局部恶化[57]。

3.2.3　配套资金投入不足

石漠化土地面积大、分布范围广,且治理措施复杂、内容多样,又是一项劳动强度大的生态工程。而石漠化地区劳动力短缺现象日益明显,用工成本增加,物价不断上涨,导致治理成本越来越高。因此,与石漠化防治的巨大实际需求相比,仅依靠每年 20 亿元左右的中央专项投入明显不足,且生态建设各项资金渠道缺乏有效整合,单位面积及单项措施投资标准低,资金规模总量小,难以达到最佳治理效果[57]。

3.2.4　人地矛盾长期存在

石漠化地区集"老、少、边、山、穷"于一身,经济发展严重滞后,同时区域人口密度是全国平均人口密度的 1.5 倍,是该区理论最大可承载人口密度(100 人/km²)的 2 倍多[48]。因此,目前石漠化地区依然存在人口超载问题,人地矛盾依然突出。

3.2.5　技术体系尚未确立

随着防治工作的持续推进,石漠化区域立地造林、生态经济型树种、草种筛选、坡耕旱地系统整治等一些关键性技术问题仍然没有得到很好解决,考虑不同立地条件的石漠化治理技术体系尚未形成,这些将严重影响治理质量的提高和效益的发挥。而且一些治理技术支撑程度尚不能满足实际需要,个别地方仍有违背自然规律的现象。

综上所述,虽然经过多年的持续治理和保护,石漠化防治取得了阶段性成果,但石漠化地区生态系统脆弱,防治任务重,修复难度越来越大,治理成本越来越高,导致石漠化扩展的人地矛盾等自然因素和社会因素依然存在,石漠化防治依然具有长期性和艰巨性,防治工作任重道远。

3.3　新时代我国生态建设战略

党的十六大明确了"推动整个社会走上生产发展、生活富裕、生态良好的文明发展道路",党的十七大提出"建设生态文明,基本形成节约能源资源和保护生态环境的产业结构、增长方式、消费模式"的要求,党的十八大报告以"大力推进生态文明建设"为题,进一步将生态文明建设融入经济建设、政治建设、文化建设、社会建设的各方面和全过程,党的十九大报告确立了新时代生态文明建设基本方略与路径。习近平总书记在全国生态环境保护大会上的重要讲话,为生态文明建设做了顶层设计,确定了我国新时代生态建设战略框架。

3.3.1　生态建设指导思想

新时代生态建设要以习近平新时代中国特色社会主义思想为指导,全面贯彻落实生态文明建设思想,坚持新发展理念,坚持人与自然和谐共生,统筹山水林田湖草一体化保护和修复,坚持以人民为核心,优先解决突出生态环境问题,加大自然生态系统和环境保护力度,优化国土空间开发格局,着力提高生态系统的自我修复能力,有效防范生态环境风险,切实增强生态系统的稳定性,促进生态系统良性循环和永续利用,全面扩大优质生态产品供给,持续推进生态系统治理体系和治理能力现代化,维护国家生态安全,加快建设美丽中国,不断满足人民群众日益增长的优美生态环境需要,实现中华民族永续发展。

3.3.2　生态建设基本原则

坚持人与自然和谐共生、坚持绿水青山就是金山银山、坚持良好生态环境是最普惠的民生福祉、坚持山水林田湖草是生命共同体、坚持用最严格制度最严密法治保护生态环境、坚持共谋全球生态文明建设六条生态文明建设原则,生态建设要以此为基本准则,因地制宜,科学治理,着力改善生态环境,为人民群众提供优质生态产品。

3.3.2.1　坚持以人民为中心,促进协调发展

建设生态文明,关系人民福祉,关乎民族未来。生态建设要把最广大人民的根本利益作为一切工作的出发点和落脚点,深刻把握良好生态环境是最普惠民生福祉的宗旨精神,坚持生态惠民、生态利民、生态为民,促进人与自然和谐共生,促进经济社会与自然生态、城乡之间和区域之间生态建设协调发展。

3.3.2.2　坚持保护优先,自然恢复为主

良好生态环境是人和社会持续发展的根本基础。生态建设要牢固树立和践行绿水青山就是金山银山的原则,尊重自然、顺应自然、保护自然,把生态系统保护放在优先位置,在保护中发展,并充分发挥自然生态系统的自我修复能力,尽量避免人类过多干预生态系统。

3.3.2.3　坚持因地制宜,推进综合施策

山水林田湖草是生命共同体,生态系统本底和自然禀赋具有差异性。生态建设要遵循生态系统的系统性、整体性、差异性,立足区域自然生态特质,因地制宜科学规划,合理采取自然和人工、生物和工程等综合措施,推进山水林田湖草整体保护和修复。

3.3.2.4　坚持科学治理,突破重点难点

生态建设要遵循生态系统内在机制和演替规律,强化科技支撑作用,突出问题导向、目标导向,妥善处理保护和发展、整体和重点、当前和长远的关系,优先着重解决人民最为关心的生态问题和生态系统良性循环突出问题,推进形成生态系统良性循环新格局。

3.3.2.5　坚持统筹兼顾,生态建管并重

生态环境是关系党的使命宗旨的重大政治问题,也是关系民生的重大社会问题。生态建设要与经济建设、政治建设、文化建设、社会建设相协调,坚持改革创新,加强生态保护和修复的持续管理,创新生态建设多元化投入和建管模式,形成政府主导、多元主体参与的生态建设管理长效机制。

3.3.3　生态建设战略行动

在习近平生态文明思想指引下,积极探索统筹山水林田湖草一体化保护和修复,不断

加大生态建设推进美丽中国建设,推进森林、草原、荒漠、河流、湖泊、湿地、海洋等自然生态系统保护和修复,持续推进国土空间优化、生态红线保护、生态安全屏障建设,以及湿地与河湖保护修复、防沙治沙、水土保持、生物多样性保护等生态建设工程,促进自然生态系统稳定向好发展,保障国家生态安全。

3.3.3.1　国土空间优化行动

我国幅员辽阔,自然生态、社会经济的区域差异显著。我国生态建设要坚定不移地实施主体功能区战略,明确优化开发区域、重点开发区域禁止、限制发展及生态涵养地区的生态保护和修复任务,加快完善森林保护空间规划、完善湿地保护空间规划、完善荒漠治理空间规划、完善生物多样性保育空间规划,推动生态保护与建设规划与经济社会发展、城乡规划、国土空间规划等"多规合一",生态建设符合并保障主体功能定位,建立健全国土生态空间规划体系。通过开展生态系统保护、修复和治理,适当增加生活空间、生态用地,保护和扩大绿地、水域、湿地等生态空间,确保生态系统结构更加合理,构筑坚实的生态安全体系、高效的生态经济体系和繁荣的生态文化体系,使生物多样性丧失与流失得到基本控制,防灾减灾能力、应对气候变化能力、生态服务功能和生态承载力明显提升,陆海空间开发强度、城市空间规模得到有效控制,城乡结构和空间布局明显优化,促使尽快形成国土生态安全空间格局体系。

3.3.3.2　生态红线保护行动

生态红线就是保障和维护国土生态安全、人居环境安全、生物多样性安全的生态用地和物种数量底线,是国家层面的生态"安全线"。我国将水源涵养、生物多样性维护、水土保持、防风固沙等生态功能重要区域,以及生态环境敏感脆弱区域进行空间叠加,划入生态保护红线,涵盖所有国家级、省级禁止开发区域,以及有必要严格保护的其他各类保护地等。各省(区、市)在科学评估的基础上划定生态保护红线,并落地到水流、森林、山岭、草原、湿地、滩涂、海洋、荒漠、冰川等生态空间。生态建设要保证生态红线保护目标的实现,坚决打击破坏红线行为,确保生态保护红线功能不降低、面积不减少、性质不改变,保障国家生态安全。

根据《推进生态文明建设规划纲要(2013~2020年)》《全国国土规划纲要(2016~2030年)》《全国重要生态系统保护和修复重大工程总体规划(2021~2035年)》等,到2020年,全国耕地保有量18.65亿亩,林地面积不少于468亿亩,森林面积不少于374亿亩,森林蓄积量不低于200亿 m^3 ,全国湿地面积不少于8亿亩,治理和保护恢复植被的沙化土地面积不少于56万 km^2 ,确保各级各类自然保护区严禁开发,确保现有濒危野生动植物得到全面保护,维护国家物种安全。到2035年,耕地保有量18.25亿亩,森林覆盖度达到26%,森林蓄积量达到210亿 m^3 ,天然林面积保有量稳定在2亿 hm^2 左右,草原综合植被盖度达到60%;确保湿地面积不减少,湿地保护率提高到60%;新增水土流失综合治理面积5 640万 hm^2 ,75%以上的可治理沙化土地得到治理;海洋生态恶化的状况得到全面扭转,自然海岸线保有率不低于35%;以国家公园为主体的自然保护地占陆域国土面积的18%以上,濒危野生动植物及其栖息地得到全面保护,自然生态系统根本好转。

3.3.3.3　生态安全屏障建设行动

我国地势西高东低,山地、高原和丘陵约占陆地面积的 67%,盆地和平原约占陆地面积的 33%。山脉多呈东西和东北—西南走向,季风气候明显,夏季东南风为主、冬季偏北风为主,东南向西北由湿润地区过渡到干旱地区,自然生态系统空间格局特征明显。依托我国陆域生态安全格局和海洋生态安全格局,加快实施生态安全屏障建设行动,形成青藏高原、黄土高原—川滇、东北森林带、北方防沙带、南方丘陵山地带的"两屏三带"陆域生态屏障,近岸近海区及 12 个重点海洋生态区和海南岛中部山区热带雨林国家重点生态功能区,以及大江大河重要水系骨架,以其他重点生态功能区为重要支撑,以禁止开发区域为重要组成的生态安全战略格局。

3.3.3.4　湿地与河湖保护修复行动

我国是水资源严重紧缺的国家之一,严格保护和加快修复水生态系统具有重要意义。近年来,加强了水源涵养区、江河源头区和湿地保护,开展了内源污染防治,推动海绵城市建设,推进了生态脆弱河流和地区水生态修复。加强国家湿地自然保护区、湿地公园建设管理,将国际重要湿地、国家重要湿地、国家湿地公园和省级重要湿地纳入禁止开发区域,构建科学合理的湿地保护网络体系,并推动各地谋划实施地方湿地保护与恢复工程,严守"湿地红线"。加强水生生物保护,开展重要水域增殖放流活动,使我国自然湿地得到良好保护,逐步恢复湿地生态功能。

3.3.3.5　防沙治沙及水土保持行动

我国是土壤侵蚀最严重的国家之一,土地荒漠化问题严峻。根据第一次全国水利普查,全国土壤侵蚀总面积 294.91 万 km^2,其中水力侵蚀面积 129.32 万 km^2,风力侵蚀面积 165.59 万 km^2。根据第五次全国荒漠化和沙化土地监测,全国荒漠化土地面积 261.16 万 km^2,沙化土地面积 172.12 万 km^2,荒漠化和石漠化土地占国土面积近 20%。我国大力推动了防沙治沙及水土保持行动,加强水土保持,因地制宜地推进小流域综合治理,持续推进京津风沙源治理、黄土高原地区综合治理、石漠化综合治理,开展沙化土地封禁保护试点,合理调配生态用水,宜林则林、宜灌则灌、宜草则草,固定流动和半流动沙丘,对暂不具备治理条件及因保护生态需要不宜开发利用的连片沙化土地实行封禁保护,建立和巩固以林草植被恢复为主体的荒漠生态安全体系。

3.3.3.6　生物多样性保护行动

生物多样性是人类食物的重要来源,也具有保护环境、减轻自然灾害等相关的生态功能。受人类活动的干扰和挤占,造成大量生物数量锐减甚至灭绝,生物多样性不断减少。根据 2018 年中国生态环境状况公报,我国已知物种及种下单元数 98 317 种,列入国家重点保护野生动物名录的珍稀濒危陆生野生动物 406 种;需要重点关注和保护的高等植物 10 102 种,其中受威胁的 3 767 种、近危等级(NT)的 2 723 种;需要重点关注和保护的脊椎动物 2 471 种,其中受威胁的 932 种、近危等级的 598 种;需要重点关注和保护的大型真菌 6 538 种,其中受威胁的 97 种、近危等级的 101 种。我国实施了生物多样性保护重大工程,重点加强了典型生态系统、物种、景观和基因多样性保护与恢复力度,推进了国家级示范自然保护区和自然保护区示范省建设,重点针对濒危动植物种和古树名木实施拯救与保护,强化农田生态保护,加大退化、污染、损毁农田改良和修复力度。

3.3.3.7　重点区域生态保护与修复行动

我国生态环境质量呈现稳中向好趋势,但当前我国生态文明建设正处在压力叠加、负重前行的关键期,重点区域生态系统质量功能问题突出,为此制定实施了《全国重要生态系统保护和修复重大工程总体规划(2021~2035年)》。石漠化综合治理主要纳入长江重点生态区(含川滇生态屏障)生态保护和修复重大工程、南方丘陵山地带生态保护和修复重大工程之中,即长江上中游岩溶地区石漠化综合治理、湘桂岩溶地区石漠化综合治理。前者重点针对长江上中游岩溶石漠化集中连片地区,综合开展天然林保护、封山育林育草、人工造林(种草)、退耕还林还草、草地改良、水土保持和土地综合整治等措施,增加林草植被,增强山地生态系统稳定性;后者主要以石漠化严重县为重点,因地制宜采取封山育林育草、人工造林(种草)、退耕还林还草、草原改良、土地综合整治等多种措施,着力加强林草植被保护与恢复,推进水土资源合理利用。

3.4　新时代石漠化治理新理念

作为西南地区主要的生态环境问题,土地石漠化严重威胁着当地农业可持续发展和人们的生存安全。石漠化持续发展的结果是导致土壤资源损失殆尽,成片块石出露,生物多样性减少,地表过程发生不可逆转的退化。所以,石漠化治理一直是西南喀斯特地区生态恢复建设的首要任务。西南喀斯特地区的石漠化问题是自然环境和人类社会活动共同作用的结果。为了有效地治理和修复受损的土地资源,必须在充分认识和尊重自然规律的基础上,改变或调整不合理的土地利用方式。通过生态环境的恢复和改善,调整产业结构,促进地区经济发展。

3.4.1　独特的自然景观

石漠化是喀斯特地区自然环境和人类活动共同作用和影响下形成的独特的自然景观。首先,独特性体现在坡面砾石出露、土壤薄且不连续。由于喀斯特地区石灰岩广布,峡谷纵横,地形崎岖陡峻,山地面积大,平地面积小。由于石灰岩风化物中可溶性部分占比较大,风化残积物少,发育而成的土壤层也普遍较薄。其次,独特性体现在土壤下覆基岩裂隙发育,且多溶洞和地下暗河。岩石裂隙发育促进了降水的垂直下渗,导致喀斯特地区地表产流系数较低,功能性缺水问题突出。广布的溶洞及地下暗河则增加了地表水循环系统的复杂性,使流域地表水汇流面积和地下水汇流面积不闭合,形成了二元结构。由于这种特殊的水文地质构造,导致了径流在坡面—小流域—河道之间传输过程复杂化。再次,独特性体现在水热条件的适宜匹配。石漠化集中发育的云贵高原,相对于同纬度其他地区,夏季凉爽,极端高温不高;冬季温暖,极端地温也不是很低。一年中春秋季节较长,湿度大、多阴雨天气。全年降雨量也较为丰沛,水热条件适合植物生长,有利于受损生态环境的治理修复。最后,独特性体现在随处可见的自然美景。石灰岩山地经流水切割和塑造,形成形态各异的名山、峡谷,以及瀑布、溶洞等大型景色,以山水为主体的旅游资源极为丰富。这些旅游资源也为石漠化治理时的产业调整及收入水平提高提供了有力保障。

3.4.2 多彩的民族文化

石漠化发育的西南地区是我国少数民族集中分布区域,其中人口较多的民族有壮族、苗族、彝族、傣族、白族、哈尼族和瑶族等。不同民族有不同的居住、耕垦、服饰及饮食文化,以及民族精神。在历史长河中,各民族互相包容、相互学习,共同守护着这片广袤的土地。不同民族的人文特色丰富了西南地区的旅游资源,如位于贵州的西江千户苗寨、云南的哈尼梯田、夜郎古国等。特色鲜明的服饰、婚嫁仪式及饮食文化都增加了地区旅游竞争力,有利于通过发展旅游业来减轻对土地资源的压力。

3.4.3 时代的历史机遇

石漠化是人类对土地资源长期不合理利用所导致的结果。千百年来,人类对自然的态度一直是只知道攫取,而很少尊重自然及遵循自然规律。我国是农业古国,由于人口众多,自古以来保证粮食问题一直就是各朝各代的头等大事。新中国成立后,尽管粮食问题持续得到缓解和解决,但对土地资源不合理利用势头也在很少一段时间未得到扭转。而且,随着人口的不断增加及在以粮为纲的农业大政策背景下,陡坡开垦、围湖造田、湿地垦种和毁林开荒等活动有增无减。结果是粮食有了保障,自然环境遭受严重破坏,引起了水土流失、土地退化、草场退化、荒漠化、石漠化、河流泥沙、湖泊及近海富营养化等一系列生态环境问题。而且,在很多边、远、穷地区,基本陷入"越穷越垦、越垦越穷"恶性循环之中。直到 20 世纪 90 年代,国家开始重视生态环境问题,提出了"退耕还林"工程的重大举措,从根本上改变了长期以来以粮为纲的农业战略。特别是到 2017 年党的十九大时,更是将生态文明建设确定为基本国策。提出必须树立和践行绿水青山就是金山银山的理念,坚持节约资源和保护环境的基本国策,强调要像对待眼睛一样对待生态环境,统筹山水林田湖草系统治理,实行最严格的生态环境保护制度,形成绿色发展方式和生活方式,坚定走生产发展、生产富裕、生态良好的文明发展道路,建设美丽中国,为人民创造良好生产生活环境,为全球生态安全做出贡献。倡导坚持人与自然和谐共生的发展之路。党的十九大报告中确定的方针政策,把生态建设推向了新的高潮,也使石漠化治理迎来了最好的历史机遇。由于对生态问题全民意识的提高,石漠化治理也必将走出一条新路。

3.4.4 强大的经济保障

由于石漠化治理等生态建设工程,实质上都是在和传统的农耕文化进行博弈。不论采取什么方式,都会对传统农业构成冲击。同时,许多治理工程还必须投入大量资金。所以,尽管生态环境问题在我国由来已久,而且在不同历史时期都进行过不同程度的治理,但未取得显著的效果。究其原因有二:其一是传统的农耕文化根深蒂固。生活在农村的农民就是从事农业,在土地中讨生活。日出而作,日落而归,日复一日,年复一年。吃、穿、住、行都靠粮食收成的微薄收入。由于农业收入低,都想通过多开多种来增加收入。所以,尽可能多地垦种地一直是农民的主导意识。其二是经济发展水平长期低下,不可能向生态建设投入大量资金。生态工程都属于"头痛医头、脚痛医脚"的小打小闹,不可能从根本上解决国家所面临的生态环境问题。经过改革开放后40多年的快速发展,我国经济水平有了很大的提高,已经成为位于美国之后的第二大经济体,人均国内生产总值(GDP)超过1万美元。正是有强大的经济基础作为后盾,传统上的农民也不再只在土地中求生存,新型农民的耕种欲望逐渐减弱,有机会时便会离开故土,进入城市。这种经营观念和生活态度的改变,不仅提高了收入水平,同时也缓解了对土地压力,使大规模生态恢复建设项目的实施成为可能。国家经济的总体发展,也使得政府有充足的资金和底气从根本上治理生态环境问题。20世纪末实施的退耕还林工程,规模大、涉及面广,农民退耕需要国家进行补贴。在保证收入不受影响的前提下,农民才会乐意自愿响应。不用下地干活,收入还不减以往,何乐而不为。所以,今天中国的经济发展水平,也为喀斯特地区石漠化治理奠定了坚实的基础。

3.4.5　开放的国民意识

水土保持和荒漠化治理是一项全民参与的社会公益事业。除国家政策及资金投入外,还需要广大民众的积极参与。在改革开放以前,土地归城镇集体统一经营。当时水土保持主要是通过国家及各级政府政策性任务来开展,普通大众基本没有参与意识,不认为是与己有关的事情。改革开放以后,土地经营权归个人。农民只考虑如何从土地上获取最大效益,并不在意水土保持和石漠化防治等社会公益事业。所以,这一阶段在很长时间里水土保持不好推行。国家实施退耕还林以后,由于农民得到了实实在在的利用,他们不用辛苦就能获得辛苦一年的收益,农民很乐意接受退耕还林的工程。而且,由于不再只经营土地,很多农民进城做工。看到大山外边的世界以后,不仅获得很高的经济收入,而且开阔了眼界,有些还学会了经果、养殖和特色种植等方面的先进技术,生活态度和社会意识都发生了很大变化。这种思维意识的改变,使新时代的农村经济从单纯的土地经营到多途径发展成为可能。新时代的农民思想也由过去一门心思种好地,转变为开动脑筋、广开思路赚钱奔小康。这一思想转变,也为新时代石漠化全方位治理减少了阻力,也有利于石漠化治理新途径的提出。同时,全民生态环境意识的提高,也便于保护生态的舆论环境的形成。这些都是水土保持和石漠化高质量防治体系建设必不可少的环节。

3.4.6　全新的治理理念

在党的十九大思想的指引下,以及在国家强大的经济基础保障下,新时代石漠化治理也需要新理念、新路子。长期以来,我国在治理水土流失和石漠化等环境问题时,一直受"生产粮食"这个基本思想的控制和干扰。不论是规划方案还是措施安排,大前提都是保证粮食生产。即使到了20世纪80年代,开始强调生态效益、经济效益和社会效益同时兼顾,仍然只是提倡适当增加经济作物或经果林的面积比例,通过增加农民的经济收益来激发他们调整产业结构的积极性,进而促进水土保持事业的发展。但这个时期,生态恢复与保护的基本理念仍是围绕土地做文章,通过水土保持来稳定和保证粮食生产,追求的首先是生产粮食,只是尽可能将人类活动产生的环境影响减少。所以,这个时期水土保持的基本理念是通过实施水土保持措施来保证粮食生产。20 世纪 90 年代实施"退耕还林工程"以来,在政策的扶植下,要求农民把不适宜垦种的陡坡土地恢复成自然原始状态——林地或草地。退耕还林工程的实施使我国水土流失形势发生了根本性变化。这个时期水土保持的基本理念已经转变为尽可能地减少人类活动对自然环境的扰动,也就是生态环境的恢复与保护已经上升到前所未有的重要位置。之前的水土保持就是针对人类严重扰动的土地,也只是采取一些措施继续扰动。而从退耕还林工程开始,水土保持就变成了对人类严重扰动的土地要停止扰动,恢复原有(人类扰动前)的自然状态。所以,这个时期水土保持基本理念已经转变为生态优先、减少破坏扰动。党的十九大以来,水土保持要作为生态文明建设的一部分统一规划实施,水土保持也不仅仅是减少人类活动对土地的扰动强度来抑制人类活动导致的生态环境问题,而是要在"两山"理论的指导下,把水土保持事业与地区总体发展相结合。对于经济相对落后的山区来说,水土保持不仅仅是防治水土流失、使山川绿起来,而是要彻底改变穷山恶水的落后环境,通过水土保持和生态建设走上一条准确的脱贫致富的道路。所以,新时期水土保持基本理念就是保护生态、脱贫致富,致富才是水土保持事业的最终目标。因此,新时代石漠化治理不再是为了恢复或再造多少耕地,也不是简单地停止耕种来自然恢复,而是要"指石为金",在控制水土流失的最初目标下,多途径、多方法来实现生态恢复与经济发展齐头并进,水土保持和生态恢复是手段,最终实现脱贫致富,同步实现生态文明、精神文明和物质文明,使生活在水土流失和石漠化严重地区的人民共同走进小康社会。因此,新时代石漠化治理的理念是:尊重自然、顺应自然、利用自然,实现保护自然+脱贫致富。

3.5　新时代石漠化治理新对策

在新的治理理念指导下,石漠化治理对策也会发生根本性变化。水土保持理念从保土保产,到恢复生态,再到生态文明建设的转变,石漠化治理也再不能只盯着石漠坡面来治理石漠化了。而是要通观全局,全面规划;减少扰动,发展经济;特色产业主导,多途径促进发展。新时代石漠化治理的总方针是:恢复优先,措施辅助;结构调整,培育特色;多种经营,循环经济;全面规划,统筹兼顾;通过生态建设,实现脱贫致富。

3.5.1　自然恢复

石漠化产生的原因主要是土壤侵蚀,也是水土流失长期发展的结果。石漠化发展过程实际上就是砾石在坡面出露度不断增加的过程,也是耕种难度加大的过程。作为石漠化治理最直接的对策,就是停止种植,让受损坡面自然恢复。特别是在石漠化严重地区,对坡度较陡的坡面应采取自然恢复的办法。由于喀斯特地区热水条件好,植被自然恢复很快,当年就可以有效地控制水土流失。自然恢复可快速达到控制水土流失这个最初级的生态目标,若要实现经济效益等,还需优化植被结构,综合配置生态技术。

3.5.2　特色林业

根据区域自身区位和自然环境特点,兼顾生态效益和经济效益,在石漠化坡面发展林业。例如,广西近几年推广的桉树,既增加了森林覆盖度,防治水土流失和遏制石漠化过程。同时又可以通过为造纸提供原料来增加经济收入。但近来发现桉树对土地地力破坏十分严重,种植桉树以后,土壤会快速贫瘠化,又会导致其他问题。因此,在采用特色林业措施时,选择什么样的树种需要慎重考虑,充分论证,不可盲目上马,避免中途改变。

3.5.3　特色药材

西南地区自然条件复杂,生物种类繁多,为我国中药材的主要产地,也是我国医药工业发展的重要原料基地。全区中药资源约5 000种,其中植物类约4 500多种,动物类300多种,矿物类约80种,且有众多的道地药材。利用可发展多种药材的自然条件优势,因地制宜地在石漠化地区发展各种中药材的种植或养殖,既能增加地表覆盖度、减少对地表的扰动,又能带动贫困群众脱贫致富、助力我国中医药产业的发展。本区为多民族聚居地区,民族药十分丰富,因而也应注意对民族药产业的培育和发展。

3.5.4　特色果业

石漠化地区的坡面上尽管遍地是块石,并非整个坡面土层都很薄。土壤主要呈不连续状,俗称"鸡窝状"。每个鸡窝处,土壤较厚,而且降雨过程中由于块石阻挡,还容易集流下渗,特别适合发展特色果业。在交通便利和距离城市不远的地方,可以发展鲜果,如樱桃、李子和猕猴桃等。在交通不便和相对偏远的地方,可以发展干果业,如板栗、核桃和花椒等。既减少了人类活动的扰动作用而抑制水土流失和石漠化发展,同时又促进了当地农民的产业转型和脱贫致富。

3.5.5　特色草牧

在有些海拔较高的石漠化地区,可以通过直接退耕恢复草地,或者人工种植优质牧草,培育优质草场。再选择有地方特色及市场潜力的牛羊,大力发展畜牧业。通过退耕还草抑制了石漠化过程,通过畜牧业增加农民收入,促进地方经济发展。最终,践行"绿水青山就是金山银山"的基本理论,实现生态文明和脱贫致富双丰收。

3.5.6　特色养殖

对于一般的石漠化山区,可通过人工种植紫花苜蓿、巨菌草、杂交构树和桑树等作为饲料发展畜禽室内养殖业,也可以发展林下特色养殖业,如在林下养猪、鸡、鸭、鹅、兔、蚕、蜂等。发展林下养殖时,最好选择能通过叶、花、果创造经济价值的树种,枝叶可作为饲料,在花期可作为蜜源植物,果期可收获出售增加收入来源,也可选择多种植物搭配来满足多种养殖经营的需要。发展特色养殖,不仅能帮助绿化荒山,还能助力扶贫致富。总而言之,以养带种,以种带护,种养致富,护地脱贫。

3.5.7　特色种植

对那些轻度石漠化且坡度也较缓的地方,可以发展特色种植,如药材、高附加值作物、蔬菜等。通过改变种植结构和传统耕作模式,增加科技投入,减少人类活动对土地的强烈扰动,增加农民收入。至于在不同地方种植什么品种,发展什么样的产业,既要考虑当地的自然条件,又要遵循市场规律。由市场决定种类,避免行政命令和"一刀切"。政府可以引导帮扶,将石漠化治理与脱贫致富统筹规划。

3.5.8　产业升级

在有其他成熟产业并已经成规模的地方,可以通过大力发展主导产业,彻底改变千百年来农民只有种地吃饭这条老路。大力促进产业升级,如发展旅游业、餐饮业和文化产业等,吸引农民得到农民产业或自营,把他们从劣地上解放出来,通过第三产业来保障生活和脱贫致富。只要能通过从事其他产业获取比种地更高的收益,农民自然不愿意再通过种地来养家糊口。在这种情况下,不仅是石漠化坡面,整个坡耕地都能休戚养耕,恢复自然生态。

3.5.9　工程措施

在基本农田特别短缺,且又有其他产业(如旅游业)支撑的地方,可以通过修筑梯田、梯坎、排灌系统等工程措施,保证一定程度上的粮食生产。或者通过一定的工程措施辅助,采用客土造田等方式,增加基本农田面积。但是否实施工程措施需要核算成本,以及综合考虑当地自然条件和经济发展水平,只有那些对基本农田有刚性需求且有充足资金支撑的地方才可以考虑,不宜在整个石漠化地区广泛宣传和推广实施。

3.5.10　综合措施

由于喀斯特地区地形复杂,下垫面条件多样,石漠化治理也宜采用综合措施。但这里所提的综合措施已经不限于传统上面向的生物措施、工程措施和农耕措施,而是面向村、镇,或者地区生态建设和经济发展的综合途径。在具体实施时,贯彻因地制宜,综合配置,效益最大的方针。例如,对坡度陡且石漠化严重坡面可以采取自然恢复;对坡度较陡的中度石漠化坡面可以采取生物措施辅助的生态修复;对坡度较缓的轻度石漠化坡面可以发展特色种植业或特色果园等来提高农民收入。

第4章　石漠化治理技术库构建

　　基于海量资料,以功能为导向,以逻辑关系为线索,由大到小,由粗到细,层层递进,对现有治理措施进行整合与分类,形成石漠化治理技术框架,构建了较为全面、系统的石漠化生态治理技术体系,同时明确了各项技术的适用范围、特点或注意事项,可为具体的石漠化治理提供参考依据。

4.1　构建背景

　　在国际两大检索数据库(Scopus 和 Web of Science)中,通过高级检索式对石漠化地区生态环境和可持续发展问题相关的文献进行了搜索,检索时间为 2019 年 7 月 5 日。综合了两大数据库的结果显示:自 1909 年以来,国内外关注喀斯特石漠化地区生态环境和可持续发展问题的文献有 1 万多篇,中国学者发表文献占比 49.8%,其次是美国和德国,占比分别为 12.2% 和 6.9%。

　　此外,对关于喀斯特石漠化地区生态治理技术和模式的发明专利进行了搜索和统计,结果如图 4-1 所示。自 2003 年以来,国内外针对石漠化地区生态环境问题公开的发明专利有 400 余项,中文专利 301 项,英文专利 139 项,且均为中国专利。由此可见,中国的喀斯特石漠化问题在世界石漠化问题中最为严重,且在全球石漠化生态治理技术和模式的研发中起着领跑和中流砥柱的重要作用。

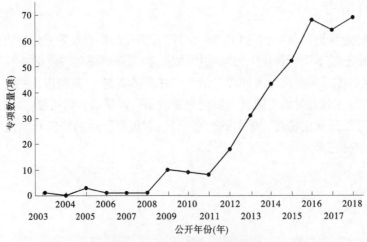

图 4-1　石漠化地区生态治理技术和模式相关专利的公开时间

4.2　构建目的

目前,石漠化防治依然具有长期性和艰巨性,防治工作任重道远。我国现有的石漠化生态治理技术众多浩繁,却缺乏全面和系统的总结,将严重影响治理措施配置效益的发挥和治理质量的提高。因此,拟构建全面、系统的石漠化生态治理技术库,形成适用于不同治理背景下的石漠化生态治理技术体系。

4.3　资料来源

在知网、万方、维普等中文数据库及 Web of Science、Elsevier SD、Engineering Village 等英文数据库中,通过关键词检索的方式检索并下载了 713 篇与喀斯特石漠化地区生态治理技术和模式相关的期刊文献,购入或检索了 15 本相关的图书[58-72],8 项行业或国家标准、规范和规程[73-80],9 项石漠化地区发展与生态治理相关的规划[46, 81-87]。这些资料及上述的 400 余项发明专利,均作为构建石漠化生态治理技术库的背景资料和参考来源。

4.4　构建思路

4.4.1　以水土资源为核心

水和土是人类赖以生存的物质基础。土壤侵蚀造成水土流失,是当今世界面临的主要环境问题之一。在本就缺水少土的西南喀斯特地区,水土资源的流失是导致石漠化的直接原因。因此,石漠化治理技术库的构建应围绕水土资源保持和水土资源保护为核心来展开。其中,水土资源保持技术是以水土保持的三大措施(生物措施、工程措施和耕作措施)为参考,分为生物技术、工程技术和耕作技术。水土资源保护技术则是针对石漠化地区水资源缺乏和土壤贫瘠现状,分为节水技术和培土技术。因此,将石漠化治理技术分为生物技术、工程技术、耕作技术、节水技术和培土技术五大类,作为技术库中的一级分类。

4.4.2　以功能为导向

根据以上五个一级分类技术,对现有海量资料中的石漠化治理方法与手段进行分类整合。在此基础上,以功能为导向,根据治理需求和技术特性,在每个一级分类技术下进一步划分二级分类技术。石漠化治理的对象主要是人为干扰形成的石漠化坡面,主要包括坡地农耕活动、牧伐樵采活动、开发建设活动等三大类活动不合理所导致的石漠化。因此,需要治理的石漠化土地类型主要包括坡耕地、林草荒地、开发建设用地。为了满足不同类型石漠化土地的治理需要,在划分二级技术时,会考虑其对不同石漠化土地类型的适宜度。石漠化生态治理技术库体系中每个二级分类对不同石漠化土地类型的适宜度如图 4-2 所示。

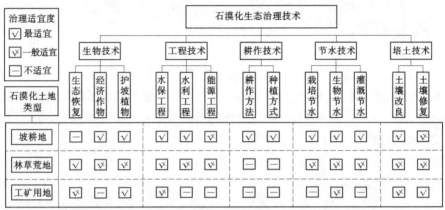

图 4-2　石漠化生态治理技术对不同石漠化土地类型的适宜度

4.4.3　以逻辑关系为线索

为了满足不同尺度(坡面、小流域、区域尺度)石漠化治理的需要,需要在以上二级分类技术的基础上进一步向下划分。以逻辑为线索,由大到小,由粗到细,层层递进,最终构建的石漠化生态治理技术库是一个具有层次性的多级分类系统。前四级构成石漠化生态治理技术框架(见图 4-3),主要包括 5 个一级分类、13 个二级分类、31 个三级分类、87 个四级分类。技术库体系的底层由五级分类和六级分类组成,共包含 1 125 项具体的单项技术,详见第 5 章石漠化生态治理技术说明。不同等级的技术对应不同尺度的治理。其中,一级、二级技术对应区域尺度的治理,三级、四级技术对应小流域尺度的治理,五级、六级技术对应坡面尺度具体的治理。

4.4.4　以区域特点为依据

岩溶地区水土流失和石漠化治理具有其特殊性,普遍面临缺水少土、坡陡石多、植被恢复困难、旱涝频发的自然环境,以及传统种植业为主的产业结构和人多地少、缺粮少钱、饮水灌溉困难的社会经济背景。因此,在构建石漠化治理技术库时,选取了大量具有区域特点或符合区域治理需求的技术,如经济林草类技术中的香料和中药材、抗旱植物、穴状种植、落水洞治理和洼地排水系统等。

4.5　技术库体系基本框架

最终构建的石漠化生态治理技术库体系基本框架如图 4-3 所示。

4.6　技术库详表

除了前四级分类构成的技术框架,底层的五级、六级技术属于具体的技术或措施,详见表 4-1 中第五列中的内容。各项技术的适用条件、技术特点或注意事项均附在表 4-1 第六列中。

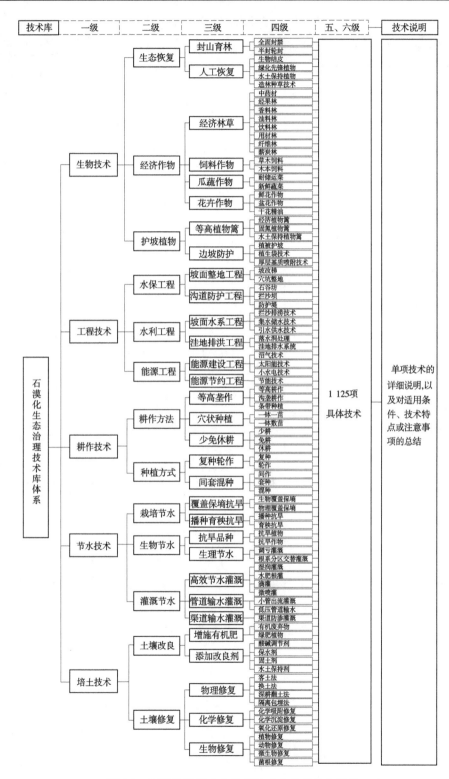

图 4-3　石漠化地区生态治理技术库体系基本框架

表 4-1　石漠化生态治理技术库详表

一级分类	二级分类	三级分类	四级分类	描述/具体技术/备选物种	适用条件/技术特点/注意事项
生物技术	生态恢复	封山育林	全面封禁	禁止割草、放牧、采伐、砍柴及其他一切不利于植物生长繁育的人为活动	土层薄,以砂粒、石粒为主,植被恢复困难且难以开发的重度石漠化地区
			半封	实行季节性干预,在树木生长旺盛的阶段实行封山,秋后林木生长缓慢季节,有计划、有组织地开山割草,砍去枯倒木、病腐木和劣质木,间伐过多萌条及修枝,保留幼苗、幼树和母树	土层薄,以砂粒、石粒为主,具有一定数量的母树和幼苗,基本具备封育条件的中度石漠化区域
			轮封	分地段封山,有计划地合理砍柴、放牧,1~2年后轮流封育	具有较强萌芽能力的乔灌木树种,基本具备封育条件,但缺乏能源的潜在石漠化和潜在石漠化区域
		人工恢复	生物结皮	藻类、地衣、苔藓	土壤富钙偏碱、质地细、土层薄、基岩出露率高的地区
			绿化先锋植物	【绿化先锋林】侧柏、滇合欢、化香、黄山松、文冠果、新银合欢、盐肤木、银荆、坡柳、须弥葛、常春藤、小叶黄杨、金叶女贞、红花继木、红叶石楠、金丝梅、剑麻、斜叶榕	土壤干旱贫瘠,光照充足,土层厚度不低于30 cm
				【绿化先锋草】高羊茅、白三叶、红三叶、光叶紫花苜、多花黑麦草、翦股颖、沿阶草、岩垂草、罗顿豆	石砾堆、石缝、沙滩、河谷等地方
				【绿化先锋藤】须弥葛、常春藤、爬山虎、常春油麻藤、络石、龙须藤、山葡萄、野蔷薇等	气候温热湿润,荒山石砾、悬崖峭壁缝隙上
			水土保持植物	【水土保持林】云南松、皂荚、滇柏、中山柏、枫杨、假苹婆、臭椿、光皮桦、圣诞树、台湾相思、福建柏、车桑子、香叶树、紫穗槐、白刺花、女贞、火棘、连翘、树苜蓿、慈竹、地枇杷、薜荔、野葛、地果、石柑子、顶果树、墨西哥柏木、铅笔柏、白栎、小桐子、楸树、梓树等	土壤贫瘠但土层厚度不低于20 cm、干旱缺水、水土流失严重的坡地或高海拔冷干地区
				【水土保持草】百脉根、龙须草、百喜草、狗牙根、香根草、皇竹草、小冠花、鸭茅、非洲狗尾草、伏生臂形草、结缕草、金茅、异燕麦、镰秆草、类芦、弯叶画眉草、坚尼草、牛尾草、鸡爪草、类芦、牛鞭草、五节芒、井栏边草、百脉根等	土壤贫瘠、干旱缺水,水土流失严重的坡地或高海拔冷干地区
				【水土保持藤】地枇杷、薜荔、野葛、地果、石柑子	石漠化和水土流失严重的陡坡地
			造林种草技术	飞播造林种草	适用于地势开阔高差小、集中连片(面积>350 hm²)、重度石漠化、高海拔冷干地区

续表 4-1

一级分类	二级分类	三级分类	四级分类	描述/具体技术/备选物种	适用条件/技术特点/注意事项
生态恢复	人工恢复	造林种草技术		【混交林营造】"栽针留阔抚灌""栽针留灌抚阔""栽阔留针抚灌"	土壤水分和光照条件较好,有合理的乔灌木密度
				乔木种植基盘	裂隙发育的石漠化地区
				容器苗	土壤干燥瘠薄,植被覆盖率低、岩石裸露率高、不耐干旱的石漠化地区
				切根苗	水分亏缺,土壤瘠薄的喀斯特地区
				生根剂	适宜于苗木的育苗、分苗、移苗、定植阶段使用
				藤冠技术	降水丰沛但水资源匮乏、岩石裸露率高、土壤贫瘠的地区
生物技术	经济作物	经济林草	中药材	【药林】余甘子、厚朴、杜仲、银杏、椰榆、香椿、降香黄檀、猴樟、旱冬瓜、川楝、皂荚、山茱萸、苏木、苦丁茶、桑、十大功劳、马桑、木豆、金银花、扶芳藤、山蚂蟥、刺五加、杭子梢、山银花、鸡血藤、木通、云实、凌霄、钩藤、何首乌、栝楼、葛藤、刺果茶藨子、火棘、吴茱萸、两面针、扶芳藤、山豆根、鸡蛋花、土茯苓、红豆杉、乌桕、皂角、五倍子	光照条件好、土层厚度不低于 30 cm、土壤未受到污染的地区
				【药草】砂仁、菊苣、牛蒡、红根草、白及、绞股蓝、铁线莲、车前草、桔梗、决明、天麻、石斛、太子参、半夏、黄精、薏苡、淫羊藿、头花蓼、板蓝根、虎耳草、南沙参、玄参、丹参、党参、重楼、杠板归、艾纳香、茵陈蒿、益母草、黄蜀葵、青蒿、金线兰、金荞麦、贝母、云木香、红花、白术、猪屎豆	林下、石缝、路边、槽谷山脚等排水条件良好的地方
				【药菌】灵芝、茯苓、雷丸、竹荪、大方冬荪	湿度高且光线昏暗的山林
			经果林	【水果】柿树、樱桃、番石榴、桑树、梨、黄皮果、枇杷、李子、红叶李、石榴、刺梨、柑橘、火棘、火龙果、猕猴桃、沃柑、脐橙、红江橙、蜜柚、杨梅、山莓、蓝莓、西番莲、青枣、苹果、无花果、杜果、毛葡萄、八月瓜、山桃	水热充足、灌溉方便的坡下坡中部位;需要交通便捷
				【坚果】深纹核桃、薄壳山核桃、贵州山核桃、湖南山核桃、板栗、华山松、澳洲坚果、榛子	交通不便的山区

续表 4-1

一级分类	二级分类	三级分类	四级分类	描述/具体技术/备选物种	适用条件/技术特点/注意事项
生物技术	经济作物	经济林草	香料林	八角、肉桂、香桂、花椒、岩桂	适宜于水热条件及土被较好的轻度、中度石漠化和潜在石漠化地区
			油料林	油桐、千年桐、东京桐、蝴蝶果、光皮树、乌桕、青檀、漆树、山苍子、蒜头果、樟树、油茶、山桐子、西康扁桃、星油藤、茶条木、光皮桦木、油橄榄、麻疯树	油料作物为大宗作物，适宜栽植在坡下或平坦部位，需要交通便捷
			饮料林	茶叶、咖啡、可可	降水充沛，年温差小、日夜温差大，无霜期长，光照条件好的山区坡上坡中部位
			用材林	柚木、苦楝、麻栎、南酸枣、泡桐、栓皮栎、喜树、白栎、滇楸、黄连木、构树、羽叶楸、枫香、柏木、柳杉、马尾松、墨西哥柏、响叶杨、藏柏、肥牛树、火炬松、任豆、广东松、木荷、复羽叶栾树、高山松、翅荚香槐、杉木、栲树、湿地松、圆柏、桉树、油松、吊丝竹、白藤、臭椿、泓森槐	多在山区的坡中和坡上部位
			纤维林	棕榈、剑麻、木棉、苎麻、青檀、构树	适宜栽植在坡下或平坦部位，需要交通便捷
			薪炭林	青冈、桤木、赤桉、马占相思、刺槐、黑荆、滇青冈、木麻黄、银合欢、栎类	适宜坡中部位；交通不便的山区
		饲料作物	草本饲料	象草、紫花苜蓿、沙打旺、草木樨、老芒麦、无芒雀麦、黑麦草、百脉根、牛鞭草、雀麦、求米草、箭筈豌豆、多年生黑麦草、苇状羊茅、早熟禾、伏生臂形草、扁穗牛鞭草、王草、黑籽雀稗、串叶松香草、聚合草、华须芒草、茅叶荩草、虎尾草、野古草、异燕麦、白草、截叶铁扫帚、宽叶雀稗、扁穗雀麦、狗尾巴草、皇竹草、大翼豆、柱花草、籽粒苋、东非狼尾草、盖氏虎尾草、串叶松香草、巨菌草、百喜草、墨西哥类玉米草、高丹草、桂牧一号杂交象草	坡中下部位；交通便捷
			木本饲料	桑树、杂交构树、苎麻、任豆、肥牛树、泡桐、多花木兰、大叶速生槐	土壤深厚的坡下部位；交通便捷
		瓜蔬作物	耐储运菜	辣椒、姜、韭菜、甜竹、竹笋、蕨菜、豆类(黄豆、豇豆、蚕豆、豌豆、鲎豆)、食用菌(香菇、大球盖菇、姬松茸、双孢蘑菇、草菇、木耳)、薯芋类(马铃薯、番薯、地瓜、木薯、蕉芋、菊芋)、瓜类(佛手瓜、南瓜、丝瓜、黄瓜、旱冬瓜)西兰花	土壤肥沃，灌溉便利，交通不便
			新鲜蔬菜	甘蓝、香椿芽、番茄、白菜、油麦菜、生菜、塌棵菜、芫荽、红菜薹、蕹菜、菠菜、茼蒿、欧洲油菜、青菜	土壤肥沃，灌溉便利，交通便捷

续表 4-1

一级分类	二级分类	三级分类	四级分类	描述/具体技术/备选物种	适用条件/技术特点/注意事项
生物技术	经济作物	花卉作物	鲜花作物	牡丹花、万寿菊、紫薇、郁金香、玫瑰、小叶杜鹃、山茶花、樱花、唐菖蒲、美人蕉、天蓝绣球、天竺葵、万寿菊、石竹、垂丝海棠、粉黛乱子草等花卉;仙人掌,景天科拟石莲属(鲁氏石莲、黑王子、蓝鸟、露西娜、千羽鹤、初恋、沙维娜、双子座)、景天属(佛甲草、铭月、薄雪万年草、黄金万年草、黄丽)、厚叶草属(冬美人、千代田之松、长叶红雀)、长生草属(长生草、观音莲)、银波锦属(福娘、轮回)、风车草属(秋丽、姬秋丽)、莲花掌属(小人祭)、费菜属(小球玫瑰、小球玫瑰锦)、瓦松属(子持莲华)、青锁龙属(若歌诗)、石莲属(滇石莲)及马齿苋科马齿苋属(金钱木)和番杏科鹿角海棠属(鹿角海棠)等多肉植物	土壤疏松,光热充足,灌溉便利,交通便捷
			盆花作物	火棘、杜鹃、月季、曼陀罗、栀子花、玫瑰、黄水仙等;食虫植物(猪笼草、捕蝇草、瓶子草、茅膏菜、毛毡苔、捕虫堇、土瓶草、锦地罗等);多肉植物(仙人球、仙人掌、虹之玉、熊童子、黑法师、金琥、玉扇、火祭、不夜城芦荟、八千代、乙女心、碧光环、吉娃莲、姬玉露、薄雪万年草、条纹蛇尾兰、筒叶花月、茜之塔、金钱木、玉龙观音、凝脂莲、姬秋丽、子持莲华、观音莲、冬美人、奔龙、沙漠玫瑰、梦椿、蟹爪兰、黄丽照波、神童、露薇花等)	土壤疏松,光热充足,灌溉便利,交通便捷
			干花精油	迷迭香、艾纳香、薰衣草、青花椒等	向阳、地势高、易排水、透气良好的地块
	护坡植物	等高植物篱	经济植物篱	薜荔、茶树、金荞麦、香根草、紫穗槐、金银花、黄花菜、花椒、香椿和植株较矮的果树如刺梨、火棘、榛子等	基岩裸露面积大,耕层浅薄,肥力较低的坡耕地
			固氮植物篱	白灰毛豆、距瓣豆、大叶千斤拨、紫穗槐、银合欢、肉桂、田菁、木豆树	
			水土保持植物篱	香根草、皇竹草、黄荆、鸭茅、高羊茅	
		边坡防护	植被护坡	【灌木护坡】黄花槐、刺槐、胡枝子、木豆、紫穗槐、多花木兰、马桑、车桑子、马棘、火棘、盐肤木等 【藤本护坡】常春油麻藤、常春藤、爬山虎、葛藤、薜荔、扶芳藤、络石、凌霄、地枇杷、过山枫、崖豆藤、雷公藤等 【草本护坡】杂交狼尾草、香根草、百喜草、狗牙根、石竹、芒草	适用于裸露坡面
			植生袋技术	在植生袋内装入按一定比例配置的种植土、有机基质、肥料、保水剂和乔、灌、草植物种子	适用于高陡裸露岩石或土质差的边坡
			厚层基质喷附技术	使用专用喷附机械将专用基质、土壤改良剂、保水剂、黏合剂、微生物肥料、菌根菌和植物种子等固体混合物、喷附到锚固镀锌机编网后的坡面上	

续表 4-1

一级分类	二级分类	三级分类	四级分类	描述/具体技术/备选物种	适用条件/技术特点/注意事项
工程技术	水保工程	坡面整地工程	坡改梯	将坡地改造成石埂、土埂的梯田或梯地。包括清除石礁、石芽、炸石集土、砌墙保土、归并地块、平整土地;地坎、地埂、田间便道和机耕道建设、完善坡面灌溉系统	在5°~25°的坡耕地中进行、尤以15°~25°的轻度及轻度以下石漠化坡耕地为主
			穴坑整地	植树造林的整地方法,一般沿等高线整成穴状、穴面与原坡面持平或稍向内倾斜、品字形配置	难以实现机械化,在土层不连续、有杂石裸露、土壤里碎石较多、坡度大于25°的中度、重度石漠化坡面进行
		沟道防护工程	石谷坊	治理小流域支、毛沟道水土流失的重要工程措施	地形起伏大、切割较深、沟谷发育的石漠化地区
			拦沙坝	拦截上游泥沙或防止岩屑及土沙淹埋下游农田	小集水区的汇流处、口小肚大的沟段
			防护堤	以防止水土流失冲毁农田为目的	水土流失沟道的上游狭口或山塘堤口的下方
	水利工程	坡面水系工程	拦沙排涝技术	截水沟	坡面下部是梯田或林草、上部是坡耕地或荒坡
				排水沟	坡脚或坡面局部低凹处
				沉沙池	蓄水池进水口的上游附近
			集水储水技术	防渗膜、防渗布集水	任意低洼地形
				屋顶集水、路面集水、坡面集水、完整岩面集水	降水丰沛、地表水资源匮乏的地区
				蓄水池、蓄水塘、蓄水凼	布设在坡脚或坡面局部低凹处、与排水沟或截水沟的终端相连
			引水供水技术	【引水技术】引水沟/渠/隧洞、岩溶泉扩泉引水、高位地下河出口引水	水资源丰富的表层岩溶带
				【蓄水技术】洼地水柜、山塘、钻井、开挖大口井、地下河堵洞成库、地下河出口建坝蓄水、洼地底部人工浅井、地表与地下联合水库	
				【提水技术】直接抽提水、落差提水、地下河天窗提水、光伏提水	地下河发育的地下河天窗
				【水资源联合开发技术】山腰水柜蓄水、管渠引水;山麓开槽截水、水柜山塘储蓄、管渠引水;泉口围堰、管渠引水;岩溶地下河联合开发	地表水匮乏、地下水资源丰沛的地区

续表 4-1

一级分类	二级分类	三级分类	四级分类	描述/具体技术/备选物种	适用条件/技术特点/注意事项
工程技术	水利工程	洼地排洪工程	落水洞治理	【增强排洪】落水洞清淤、洞口扩大加固硬化	暴雨集中,且岩溶管道容易淤塞积洪的岩溶洼地
				【减少淤堵】洞外种植灌草隔离带、修沉沙池、设枯枝落叶拦网	
			洼地排水系统	包括排水沟、截水沟、积水池、消能池、排水隧道等的综合排水系统	
	能源工程	能源建设工程	沼气技术	传统砖混沼气池	原料(粪便和秸秆等)供应充足、有相应技术服务的地区
				玻璃钢沼气池	
				太阳能沼气池	
			太阳能技术	太阳能热水器	光热资源丰富且有经济条件的地区
				储热太阳灶	
				太阳能室内照明系统	
			小水电技术	【工程勘测技术】常规勘测技术、CT 探测技术、EH-4 探测技术、地质雷达探测技术	水能资源丰富,并有一定资金技术支持的地区
				【工程防渗技术】集中岩溶管道的渗漏处理技术、裂隙性强渗流带的防渗处理技术	
		能源节约工程	节能技术	节柴灶	石漠化问题突出、燃料供应不足、煤使用率较高的地区
				节煤炉	
				生物质半气化炉	
				清洁煤	
农耕技术	耕作方法	等高垄作	等高耕作	在坡面上沿等高方向耕犁、作畦及栽培	适用于土被连续的坡耕地
			沟垄耕作	沿等高线开沟起垄并种植作物	
			条带种植	在植物篱所形成的等高环形条带之间的 5~8 m 空地上、沿等高线方向条带状种植作物	
		穴状种植	一钵一苗	穴直径 20~25 cm、穴距 30~40 cm、穴深 20~25 cm	适用于土壤分布零散的坡耕地
			一钵数苗	穴直径 50 cm、穴距约 50 cm、穴深 30~40 cm、每穴可种 2~3 株	
		少耕、免耕、休耕	少耕	尽量减少整地次数和减少土层翻动、留茬>30%	适用于土壤流失严重、肥力耗尽的坡耕地
			免耕	留茬 50%~100%、直接在前茬地上播种、不翻耕	
			休耕	在某一时期不种植农作物,以恢复地力	
	种植方式	复种轮作	复种	在同一耕地上一年种收一茬以上作物	适用于人口密度大、土地资源匮乏、人均耕地面积低、山地面积比例较大的喀斯特石山区
			轮作	在同一田块上有顺序地在季节间和年度间轮换种植不同作物	
		间套混种	间作	在同一田地上于同一季节内,把生育季节相近、生育期基本相同的两种或两种以上的作物、成行或成带地间种种植	
			套种	在同一地块内、前季作物生长的后期,在其行间或株间播种或移栽后季作物	
			混种	在同一时间或不同时间、在同一地块不按特定的行列宽窄等比例、但数量上有一定比例的种植	

续表 4-1

一级分类	二级分类	三级分类	四级分类	描述/具体技术/备选物种	适用条件/技术特点/注意事项
节水技术	栽培节水	覆盖保墒抗旱	生物覆盖保墒	留茬覆盖	适用于水分蒸发过快、表层土壤易流失且生物覆盖物来源较广的情况
				秸秆覆盖	
				草肥覆盖	
				枯枝落叶覆盖	
			物理覆盖保墒	地膜覆盖	农业和幼树造林
				砂石覆盖	适用于石块来源广的石漠化地区，主要用于农业生产及幼树造林
		播种育秧抗旱	播种抗旱	坐水点种	有一定水源供给的石漠化旱地
				垄沟播种	适宜糜子、谷子、胡麻等作物
				育苗移栽	适宜大粒种子作物
				引墒播种	适用于土块大、底墒差的地块
				顶凌播种	适宜扁豆、豌豆等作物
				秸秆放种	秸秆来源较广且干旱的地区
				浸种催芽	对于土壤墒情极差、无条件进行人工浇水的地块，不适宜此法
				干种等雨	其他播种方式均不适用时使用此法
				种子包衣	适用于缺水少土的石漠化地区，但应用成本较高
			育秧抗旱	旱育秧	石漠化山区沿河、丘陵和无盐碱的稻田
				薄膜覆盖育秧	水源不足、地形平坦的旱地
	生物节水	抗旱品种	抗旱植物	【乔木】余甘子、厚朴、杜仲、银杏、椰榆、香椿、降香黄檀、猴樟、旱冬瓜、川楝、皂荚、山茱萸、苏木、苦丁茶、桑、红豆杉、乌桕、皂角、柿树、樱桃、番石榴、桑树、梨、黄皮果、枇杷、李子、红叶李、沃柑、脐橙、红江橙、蜜柚、杨梅、青枣、苹果、无花果、杧果、山桃、深纹核桃、薄壳山核桃、贵州山核桃、湖南山核桃、板栗、华山松、澳洲坚果、榛子、八角、肉桂、香桂、油桐、千年桐、东京桐、蝴蝶果、光皮树、青檀、漆树、蒜头果、樟树、山桐子、光皮梾木、油橄榄、麻疯树、可可、柚木、苦楝、麻栎、南酸枣、泡桐、栓皮栎、喜树、白栎、滇楸、黄连木、构树、羽叶楸、枫香、柏木、柳杉、马尾松、墨西哥柏、响叶杨、藏柏、肥牛树、火炬松、任豆、广东松、木荷、复羽叶栾树、高山松、翅荚香槐、杉木、栲树、湿地松、圆柏、桉树、油松、臭椿、泓森槐、棕榈、木棉、青冈、桤木、赤桉、马占相思、刺槐、黑荆、滇青冈、木麻黄、大叶速生槐、杨树、楸树、大叶樟等	光照条件好，灌溉困难，土层厚度不低于 30 cm

续表 4-1

一级分类	二级分类	三级分类	四级分类	描述/具体技术/备选物种	适用条件/技术特点/注意事项
节水技术	生物节水	抗旱品种	抗旱植物	【灌木】十大功劳、马桑、木豆、金银花、山蚂蝗、刺五加、杭子梢、刺果茶藨子、火棘、吴茱萸、山豆根、土茯苓、五倍子、石榴、刺梨、柑橘、山莓、蓝莓、西番莲、花椒、岩桂、山苍子、油茶、西康扁桃、茶条木、茶叶、咖啡、苎麻、山茶、白灰毛豆、叶千斤拔、紫穗槐、新银合欢、木豆、黄荆、黄花槐、多花木兰、马桑、车桑子、马棘、盐肤木、山毛豆、银合欢、胡枝子、长叶女贞、枳椇属、黄栀子、山黄皮、滇榛、苦刺、三叶豆、连翘、树苜蓿、坡柳、木通、石柑子、红叶石楠、小桐子、黄连木、小叶黄杨、金丝梅、野蔷薇等	光照充足,灌溉困难,土层厚度不低于20 cm 的地方
				【草本】栝楼、砂仁、菊苣、牛蒡、红根草、白及、绞股蓝、铁线莲、车前草、桔梗、决明、天麻、石斛、太子参、半夏、黄精、薏苡、淫羊藿、头花蓼、板蓝根、虎耳草、南沙参、玄参、丹参、党参、重楼、杠板归、艾纳香、茵陈蒿、益母草、黄蜀葵、青蒿、金线兰、金荞麦、贝母、云木香、红花、白术、猪屎豆、象草、紫花苜蓿、沙打旺、老芒麦、无芒雀麦、百脉根、牛鞭草、雀麦、求米草、多年生黑麦草、苇状羊茅、早熟禾、伏生臂形草、扁穗牛鞭草、王草、黑籽雀稗、聚合草、华须芒草、茅叶荩草、虎尾草、野古草、异燕麦、白草、截叶铁扫帚、宽叶雀稗、扁穗雀麦、狗尾巴草、皇竹草、大翼豆、柱花草、籽粒苋、东非狼尾草、盖氏虎尾草、串叶松香草、巨菌草、百喜草、墨西哥类玉米草、高丹草、桂牧一号杂交象草、金荞麦、黄花菜、田菁、黄荆、鸭茅、狗牙根、石竹、芒草、紫云英、光叶苕子、草木樨、苜蓿、白三叶、铺地木蓝、小冠花、菽麻、竹豆、肥田萝卜、箭筈豌豆、苦荞、蜈蚣草、荩荩草、小花南芥、续断菊、岩生紫堇、中华山蓼、狼尾草、狗尾草、香根草、白茅、高羊茅、红三叶、马唐、铁扫帚、牛筋草、三叶鬼针草、蕨、葎草、五节芒、飞蓬、苍耳、遏蓝菜等	光照充足,灌溉困难的地方
				【藤本】扶芳藤、山银花、鸡血藤、木通、云实、钩藤、何首乌、葛藤、两面针、猕猴桃、毛葡萄、八月瓜、星油藤、白藤、距瓣豆、常春油麻藤、常春藤、爬山虎、薜荔、络石、凌霄、地枇杷、过山枫、崖豆藤、雷公藤、猫豆、眉豆、豇豆等	光照充足,灌溉困难的陡坡地段
			抗旱作物	【玉米】雅玉 10 号、正红 311、长玉 19、华龙玉 8 号、农大 95、雅玉 2 号、迪卡 007 和成单 30;资玉 2 号、川单 418、先玉 508、奥玉 28 和资玉 1 号(中等抗旱性)	干旱缺水,灌溉困难的农耕地
				【小麦】蜀万 8 号(强抗旱性);内麦 9 号、川麦 43、棉衣 1403、川麦 56、内麦 836、绵阳 26、蜀麦 482、川麦 51、渝麦 10 号、绵农 4 号、川麦 44、川麦 41、贵农 19、川麦 30(中等抗旱性);绵麦 1403(弱抗旱性)	

续表 4-1

一级分类	二级分类	三级分类	四级分类	描述/具体技术/备选物种	适用条件/技术特点/注意事项
节水技术	生物节水	抗旱品种	抗旱作物	【黄豆】小白黄豆175、旱黄豆189、小颗黄豆166、本地黄豆172、小黄豆174、黄豆177、六月豆164、绿皮黄豆186、马溪黄豆188、黄豆165	干旱缺水、灌溉困难的农耕地
				【马铃薯】米拉、丽薯6号、大西洋、青薯9号、中薯19号、晋薯24号、晋薯16号、同薯29号、晋旱1号、晋薯8号、冀张薯8号、延薯6号、冀薯12号、克新19号、东农310、云薯202、闽薯1号、延薯8号、丽薯6号、云薯304、延薯7号	
				【水稻】隆两优1025、C两优华占、江优919、福优325、锋优85、中浙优1号	
		生理节水	调亏灌溉	与充分灌溉相比,适时适度的调亏灌溉可节水增产	甘蔗、蔬菜和多年生果树的灌溉
			根系分区交替灌溉	交替调整灌溉水在作物根系层分布,使水平或垂直剖面根系的干燥区域交替出现	玉米、小麦、果树皆可应用
	灌溉节水	高效节水灌溉	湿润灌溉	在降雨时自动集蓄水分,然后通过土壤的毛细管作用,在土壤水分减少时能使土壤继续保持湿润状态,从而达到在没有自然降雨期间仍能缓慢供给植物水分	适用于须根系植物,如玉米、葱、大蒜、水稻、小麦,对大多乔木、灌木及某些草本植物不适用
			水肥根灌	根灌剂	适用于果树、瓜菜和药材等经济作物
				涌泉根灌	适合大型果树的节水灌溉
			滴灌	普通滴灌	适用于大面积种植果树、垄作蔬菜、盆栽花卉等经济作物、水源极缺、地势平坦的地区,投资成本较高、容易堵塞、对水质要求高
				膜下滴灌	
				地下滴灌	
				塑料袋/水瓶/水箱人工点式根部滴灌法	适用于紧急抗旱救灾和没有条件布设其他灌溉技术的情况
			微喷灌	利用折射、旋转或辐射式微型喷头将水均匀地喷洒到作物枝叶等区域的灌水形式,隶属于微灌范畴	应用于蔬菜、花卉、果园、药材、温室育苗及木耳、菇菌等种植场所
		管道输水灌溉	小管出流灌溉	通过安装在毛管上的涌水器或微管形成的小股水流,以涌泉方式涌出地面进行灌溉	适合于果园和植树造林的灌溉
			低压管道输水	从水库或山塘引水、利用低压灌溉管、自流引水到田间地块	适用于水源不足的水田、旱地。一般比土渠输水流速大、输水快、供水及时,可有效节约劳动力

续表 4-1

一级分类	二级分类	三级分类	四级分类	描述/具体技术/备选物种	适用条件/技术特点/注意事项
节水技术	灌溉节水	渠道输水灌溉	渠道防渗灌溉	膜料渠道防渗技术	适用于多种地形,冻融变形较大的地区效果理想
				砌石渠道防渗技术	适用于石料丰富地区大流量的水利工程渠道建设中
				沥青渠道防渗技术	适用于冻害地区,且有沥青料源的地区
				土料渠道防渗技术	适用于无冻害、黏土资源丰富、资金缺乏地区的中、小型渠道的建设
				混凝土渠道防渗技术	适用于各种地形、气候和运行条件的大、中、小型渠道,附近应有骨料来源
培土技术	土壤改良	增施有机肥	有机废弃物	动物粪便、秸秆、沼液、糟渣蔗渣、食用菌糠、塘泥等	土壤贫瘠的地区
			绿肥植物	【一年生绿肥】紫云英、光叶苕子、草木樨、猫豆等	适合与作物间套混种
				【多年生绿肥】苜蓿、白三叶草、铺地木蓝、小冠花、杂交狼尾草、黑麦草、山毛豆、木豆、紫穗槐、银合欢、胡枝子等	适合在果园、茶园、林地种植
				【短期绿肥】田菁、菽麻、竹豆、蚕豆、绿豆、黄豆、眉豆、豇豆、肥田萝卜、箭筈豌豆、苦荞等	适合与粮食作物轮作和间作
		添加改良剂	酸碱调节剂	【酸性土壤调节剂】石灰、草木灰、硅钙肥	适用于土壤过酸或过碱的情况
				【碱性土壤调节剂】石膏或磷石膏、硫黄粉、腐殖酸土或泥炭等	
			保水剂	【淀粉型保水剂】	干旱缺水,灌溉困难的农地或林地植苗造林
				【聚丙烯酸类保水剂】聚丙烯酰胺、聚丙烯酸钠、聚丙烯酸钾等	
			固土剂	【无机类土壤固化剂】石灰、水泥、矿渣和硅酸盐等	坡度较陡、土壤易流失的地区
				【有机类土壤固化剂】阴离子型聚丙烯酰胺(APAM)、聚乙烯醇(PVA)、聚氨酯(PU)	
			水土保持剂	【羧甲基纤维素-聚丙烯酸树脂】	
	土壤修复	物理修复	客土法	根据被污染土壤的污染程度,将适量清洁土壤添加到被污染的土壤中,降低土壤中重金属污染物含量或减少污染物与植物根系的接触,从而达到减轻危害的目的	仅适用于污染物含量不高、取土方便的地区
			换土法	将被污染的土壤移去、换上未被污染的新土。换土法主要的工艺有直接全部换土、地下土置换表层土、部分换土法等	只能适用于小面积污染程度高、修复后利用价值很高的土壤,如景区花园、科研场所土壤等

续表 4-1

一级分类	二级分类	三级分类	四级分类	描述/具体技术/备选物种	适用条件/技术特点/注意事项
培土技术	土壤修复	物理修复	深耕翻土法	采用深耕将上下土层翻动混合的做法,使表层土壤污染物含量降低	只适用于土层深厚且污染较轻的土壤,同时要增加施肥量以弥补因深耕导致的耕层养分减少
			隔离包埋法	用钢筋、水泥等在重金属污染的土壤四周及底部修建隔离墙、与周围环境隔离、防止污染地区淋溶水及渗漏水流到周围地区或喀斯特地下河,以减少其对环境污染的一种方法	重度重金属污染区域
		化学修复	化学吸附修复	生物炭、膨润土、沸石、蛭石	生物炭适用于酸性土;沸石和蛭石属于中性矿物,无论酸性还是碱性土均适用
			化学沉淀修复	磷酸盐、硅酸盐	磷酸盐适用于酸性土,硅酸盐适用于碱性土
			氧化还原修复	石灰、有机废弃物	石灰适用于酸性土,有机废弃物适用于碱性土
		生物修复	植物修复	【木本植物修复】桑树、构树、杨树、泓森槐、苎麻、大叶女贞、臭椿、楸树、木荷、麻栎、女贞、枳椇属、黑松、枫香、盐肤木、栾树、大叶樟、苦楝、泡桐、马尾松	尽量不要选择果实可食用的品种,或在使用这类植物修复重金属污染土壤时,其收获物只能作为废弃物处理掉。草本修复植物通常适用于清除土壤表层的重金属
				【草本植物修复】蜈蚣草、茭茭草、小花南芥、续断菊、岩生紫堇、中华山蓼、虎尾草、狼尾草、狗尾草、狗牙根、香根草、白茅、高羊茅、红三叶、马唐、铁扫帚、扁穗牛鞭草、牛筋草、三叶鬼针草、蕨、葎草、芒草、五节芒、黑麦草、飞蓬、苍耳、遏蓝菜	
			动物修复	蚯蚓、螨类、线虫	饲养成本较低、操作简便,但不能处理高浓度重金属污染的土壤
			微生物修复	培养土著土壤微生物或加入外源微生物	成本低,不会引起二次污染,不仅可治理农药、除草剂、石油、多环芳烃等有机污染,也可治理重金属等无机污染
			菌根修复	植物内生菌根	效率超过单一微生物和植物修复的效率,具有较大的推广潜力
				丛枝菌根	
				根瘤菌根	

第 5 章　石漠化生态治理技术说明

5.1　生物技术

5.1.1　生态恢复

5.1.1.1　封山育林

封山育林是利用自然修复力辅以人工措施,促进林草植被恢复的一种有效措施,投资小、见效快。为此,对人迹不易到达的深山、远山和重度石漠化区域,重点实施封山育林。建设内容包括设立封山育林标志、标牌、落实管护人员,实施有效的封育措施和管护措施。封山育林是利用森林的更新能力,在自然条件适宜的山区,实行定期封山,禁止垦荒、放牧、砍柴等人为的破坏活动,以恢复森林植被的一种育林方式。

封山育林必须具备一定条件:一是有培育前途的疏林地;二是每公顷具有天然下种能力且分布均匀的针叶母树 60 株以上或阔叶母树 90 株以上的无林地;三是每公顷有分布较均匀的针叶幼苗、幼树 900 株以上或阔叶树幼苗、幼树 600 株以上的无林地;四是每公顷有分布较均匀的萌蘖能力强的乔木根株 900 个以上或灌丛 750 个以上的无林地;五是分布有珍贵、稀有树种,且有培育前途的地块及人工造林困难的高山陡坡、岩石裸露地,经过封育可望成林或增加林草盖度的地块。

根据不同的封育目的和当地的自然、社会、经济条件,封山育林可采取 3 种方式,包含全封、半封、轮封[88]。

1. 全封

全封主要采取全面封禁的技术措施,减少人为活动和牲畜破坏,促进土壤积累,利用周围地区植物天然下种能力,先培育草类,进而培育灌木。通过较长时间的培育,自然形成乔、灌、草相结合的植物群落。封育时间视当地情况而定,通常为 5~10 年。技术措施主要包括全面封禁措施,禁止割草、放牧、采伐、砍柴及其他一切不利于植物生长繁育的人为活动。同时,采用补植、补播方式,以促进植物恢复。该技术适用于基岩裸露率在 50%以上,小地貌为岩溶峰丛,坡度陡峭,土壤极少,土层极薄,一般不超过 2~3 cm,以沙粒、石粒为主,植被恢复困难的石漠化地区。

2. 半封

半封指通过采取半封的技术措施,实行季节性的干预,促进林木生产和土壤积累,利用周围地区天然下种能力,形成乔、灌、草相结合的植物群落。封育时间视当地情况而定,通常为 5~10 年。主要技术措施包括在林木生长旺盛季节,实行封山,秋后林木生长缓慢季节,有计划、有组织地开山割草,砍去枯倒木、病腐木和劣质木,间伐过多萌条及修枝,保留幼苗、幼树和母树。该技术适宜于基岩裸露率在 50% 以上,乔木郁闭度低于 0.1,植被覆盖度 30%~50%,土层薄,以沙粒、石粒为主,具有一定数量的母树和幼苗,基本具备封育条件的中度石漠化地区。

3. 轮封

轮封指的是分地段进行封山。根据群众的生活需要,把封山林地分为若干片,一些片区实行封育,一些片区开放,有计划地合理砍柴、放牧,1~2 年后轮流封育。该技术主要适宜退化生态系统已恢复到灌木或乔灌木阶段,综合覆盖度达到 70% 以上,系统内具有较强萌芽能力的乔灌木树种,基本具备封育条件,但附近村庄缺乏能源的潜在石漠化和轻度石漠化区域。

5.1.1.2 人工恢复

1. 生物结皮

生物土壤结皮是由一些土壤细菌、微生物和蓝绿藻、地衣、苔藓,通过菌丝体、假根和分泌的黏性胶质,前期以胶结作用为主,后期机械缠缚为主控制力,与土壤颗粒形成稳定团粒并最终与土表紧密结合而构成的十分复杂的有机复合体,作为广泛生长于各生境的拓殖先锋,生物结皮具有强大的抗逆性与生态价值。生物土壤结皮可与土壤表面紧密结合,增加土壤表层细粒、粉粒含量,改善土壤理化性质;还具有一定的固氮能力,增加土壤养分;加速岩石风化,提高成土速率,促进种子与幼苗的萌发等。由于喀斯特地区生态环境恶劣,林草植被恢复工作难以开展,生物土壤结皮作为恶劣生态环境下的拓殖先锋,对于喀斯特石漠化地区生态修复具有重要意义[89]。生物结皮对水分的要求不高,仅仅利用少量降雨、融雪、雾或露水就能生存。除非地表或土壤不稳定,生物结皮基本不受坡度大小限制,在陡坡地段也能生长。此外,生物结皮偏好土壤富钙偏碱、质地细、土层薄、基岩出露率高的条件[90],在石漠化地区广泛分布,在喀斯特石漠化治理中有着广泛的应用前景。对于大面积快速构建生物结皮的方法,推荐制浆喷附法[91]。

2. 绿化先锋植物

1) 绿化先锋林

(1) 侧柏 (Platycladus orientalis)。乔木,高达 20 余 m。喜生于湿润肥沃排水良好的钙质土壤,耐寒、耐旱、抗盐碱,常为阳坡造林树种。

(2) 滇合欢 (Albizia simeonis)。乔木,幼枝无毛或近无毛,稍被白霜。喜光,稍耐阴,耐瘠薄耐干旱。

(3) 化香 (Platycarya strobilacea)。落叶小乔木,高可达 6 m。喜光性树种,喜温暖湿润的气候和深厚肥沃的中性壤土,在 pH 值为 4.5~6.5 时都可以生长。耐干旱瘠薄,速生萌芽性强,是一种速生多用途的绿化树种,也是荒山造林先锋树种之一。

(4) 黄山松 (Pinus taiwanensis)。乔木,高达 30 m,胸径 80 cm。喜光、深根性树种,喜凉润、空中相对湿度较大的高山气候,在土层深厚、排水良好的酸性土及向阳山坡生长良好;耐瘠薄,但生长迟缓,可做用材,适于在长江中下游地区海拔 700 m 以上酸性土荒山的造林树种。

(5) 文冠果 (Xanthoceras sorbifolium)。小乔木,高 1~10 m,种子含油率高,喜光,耐庇荫力差,耐寒耐旱,不耐水渍。蜜源植物,同时抗性很强,是荒山绿化的首选树种。

　　(6)新银合欢(Leucaena leucocephala)。灌木或小乔木,高 2~6 m。幼枝被短柔毛,老枝无毛,具褐色皮孔,无刺。生长于低海拔的荒地或疏林中,耐旱力强,适为荒山造林树种,亦可作咖啡或可可的荫蔽树种或植作绿篱。

　　(7)盐肤木(Rhus chinensis)。落叶小乔木或灌木,高 2~10 m。小枝棕褐色,被锈色柔毛,具圆形小皮孔。喜光、喜温暖湿润气候。适应性强,耐寒。对土壤要求不严,在酸性、中性及石灰性土壤乃至干旱瘠薄的土壤上均能生长。根系发达,根萌蘗性很强,生长快,为荒山绿化的主要树种。

　　(8)银荆(Acacia dealbata)。无刺灌木或小乔木,高 15 m。喜光树种,不耐庇荫。喜温暖湿润气候,对土壤 pH 值要求不严,微酸性、中性、微碱性土会造成生长不良,但以土层深厚疏松、排水性良好、肥沃的砂质壤土生长为好。耐寒性较强,能耐−8 ℃的低温。土壤改良和绿化观赏,生长迅速,抗逆性强,适作荒山绿化先锋树及水土保持树种。

　　(9)坡柳(Dodonaea viscosa)。灌木,高 3~5 m。为一种优良的、耐干旱的固沙保土灌木,干热地区荒山造林先锋树种。

　　(10)须弥葛(Pueraria wallichii)。豆科、葛属灌木状缠线藤本植物。较耐旱,分布于云南、西藏等地,生于海拔 1 600~1 700 m 的山坡灌丛中,可作为干热河谷地区恢复植被的造林先锋树种。

　　(11)常春藤(Hedera nepalensis)。多年生常绿攀缘灌木,长 3~20 m。阴性藤本植物,也能生长在全光照的环境中,在温暖湿润的气候条件下生长良好,耐寒性较强。对土壤要求不严,喜湿润、疏松、肥沃的土壤,不耐盐碱。常攀缘于林缘树木、林下路旁、岩石和房屋墙壁上,庭园也常有栽培。

　　(12)小叶黄杨(Buxus sinica)。黄杨科,黄杨属灌木。生于岩上,海拔 1 000 m。性喜温暖、半阴、湿润气候,耐旱、耐寒、耐修剪,属浅根性树种,生长慢,寿命长。

　　(13)金叶女贞 (Ligustrum × vicaryi Rehder)。木犀科女贞属植物,落叶灌木,株高 2~3 m。性喜光,而耐阴性较差,耐寒力中等,耐热耐旱,适应性较强,以疏松肥沃、通透性良好的沙壤土地块栽培为佳。

　　(14)红花继木(Loropetalum chinense)。灌木,有时为小乔木,喜光,稍耐阴,但阴时叶色容易变绿。适应性强,耐旱。喜温暖,耐寒冷。萌芽力和发枝力强,耐修剪。耐瘠薄,但适宜在肥沃、湿润的微酸性土壤中生长。

　　(15)红叶石楠(Photinia × fraseri Dress)。常绿小乔木或灌木。在温暖潮湿的环境生长良好,有极强的抗阴能力和抗干旱能力,耐瘠薄不抗水湿。抗盐碱性较好,耐修剪,对土壤要求不严格,适宜生长于各种土壤中,很容易移植成株。

　　(16)金丝梅(Hypericum patulum)。藤黄科金丝桃属的半常绿或常绿小灌木。适应性强,中等喜光,有一定耐寒能力,喜湿润土壤,忌积水,在轻壤土上生长良好。

　　(17)剑麻(Agave sisalana)。多年生热带硬质叶纤维作物,喜高温多湿和雨量均匀的高坡环境,尤其日间高温、干燥、充分日照,夜间多雾露的气候最为理想。适宜生长的气温为 27~30 ℃,上限温 40 ℃,下限温 16 ℃,昼夜温差不宜超过 7~10 ℃,适宜的年降雨量为 1 200~1 800 mm。耐瘠、耐旱、怕涝,但生长力强,适应范围很广,宜种植于疏松、排水良好、地下水位低而肥沃的砂质壤土。

(18) 斜叶榕 (Ficus tinctoria Forst)。灌木，喜温暖湿润气候，喜光耐半阴，耐旱湿。在瘠薄的土壤或石缝中均可生长，根系发达，因此有时也能见到其攀附于石壁或墙壁上。

2) 绿化先锋草

(1) 高羊茅 (Festuca elata)。禾本科，羊茅亚属多年生草本植物，秆成疏丛或单生，直立，高可达 120 cm。生于路旁、山坡和林下。性喜寒冷潮湿、温暖的气候，在肥沃、潮湿、富含有机质、pH 值为 4.7~8.5 的细壤土中生长良好。不耐高温，喜光，耐半阴，对肥料反应敏感，抗逆性强，耐酸、耐瘠薄，抗病性强。

(2) 白三叶 (Trifolium repens)。多年生草本，生长期达 6 年，高 10~30 cm。其适应性广，抗热抗寒性强，可在酸性土壤中旺盛生长，也可在沙质土中生长，有一定的观赏价值，是世界各国主要栽培牧草之一，在中国主要用于草地建设，具有良好的生态价值和经济价值。

(3) 红三叶 (Trifolium pratense)。多年生草本，喜温暖湿润气候，不耐高温、干旱。土壤要求以排水良好、土质肥沃、富含钙质的黏壤土为最宜，壤土次之，在贫瘠的沙土地上生长不良。喜中性至微酸性土壤，最适宜 pH 值为 5.5~7.5，常用于草地建植初期的先锋植物。

(4) 光叶紫花苕子 (Viciavillosa Rothvar)。越年生或一年生草本，适应性广，自平原至海拔 2 000 m 的山区均可种植，在红壤坡地以至黄淮间的碱沙土均生长良好。耐寒性、耐旱性强，但不及毛叶苕子，现蕾期之前也较能耐湿，耐瘠性及抑制杂草的能力均强，可以在 pH 值为 4.5~5.5、质地为沙土至重黏土、含盐量低于 0.2% 以下的各种土壤上种植。

(5) 多花黑麦草 (Lolium multiflorum)。一年生或越年生草本植物，喜温暖湿润气候，不耐严寒和高温，可作为先锋草种或保护草种用于草坪。

(6) 翦股颖 (Agrostis matsumurae)。多年生草本，常用的有甘青翦股颖和匍匐翦股颖。翦股颖具备一定的抗旱能力、耐盐碱力和抗病能力，耐瘠薄，不耐水淹。喜在沙壤或轻壤质土中生长。匍匐翦股颖是最抗寒的冷地型草坪草之一，可适应多种土壤，但最适宜于肥沃、中等酸度、保水力好的细壤中生长，抗盐性和耐淹性比一般冷季型草坪草好。

(7) 沿阶草 (Ophiopogon japonicus)。百合科沿阶草属多年生常绿草本植物，长势强健，植株低矮，根系发达，覆盖效果较快，具有耐阴、耐热、耐寒、耐旱、耐贫瘠、耐湿等特性，是良好的地被植物。

(8) 过江藤 (Phylanodiflora)。马鞭草科过江藤属多年生匍匐草本植物。具有耐旱、耐潮、耐寒、耐碱、耐压踏、喜钙的特性，适合在各种类型的土壤中生长，喜光也耐阴，适应性强，根系发达，萌蘖力强，对病虫害抵抗力强，对肥料需求低，适合石漠化地区粗放管理的种植方式。

(9) 罗顿豆 (Lotononis bainesii Baker)。多年生亚热带型牧草，耐湿、耐阴、耐践踏、耐瘠、耐酸 (最适 pH 值为 6~7)，不耐高温 (生长最适温度为 19~24 ℃)，不耐盐碱。不仅是一种优良的护坡植物，还用于城市绿化和观光果园中。

3) 绿化先锋藤

(1) 须弥葛 (Pueraria wallichii)。豆科、葛属灌木状缠线藤本植物。较耐旱，分布于云南、西藏等地，生于海拔 1 600~1 700 m 的山坡灌丛中，可作为干热河谷地区恢复植被的造林先锋树种。

（2）常春藤（Hedera nepalensis Hemsl.）。多年生常绿攀缘灌木，长 3～20 m。阴性藤本植物，也能生长在全光照的环境中，在温暖湿润的气候条件下生长良好，耐寒性较强。对土壤要求不严，喜湿润、疏松、肥沃的土壤，不耐盐碱。常攀缘于林缘树木、林下路旁、岩石和房屋墙壁上，庭园也常有栽培。

（3）爬山虎（Parthenocissus tricuspidata）。多年生大型落叶木质藤本植物，适应性强，性喜阴湿环境。耐寒，耐旱，耐贫瘠，气候适应性广泛。对土壤要求不严，阴湿环境或向阳处，均能茁壮生长，但在阴湿、肥沃的土壤中生长最佳。

（4）常春油麻藤（Mucuna sempervirens）。常绿木质藤本，长可达 25 m。耐阴，喜光、喜温暖湿润气候，适应性强，耐寒，耐干旱和耐瘠薄，对土壤要求不严，喜深厚、肥沃、排水良好、疏松的土壤。可药用，同时具有良好的生态防护功能。

（5）络石（Trachelospermum jasminoides）。常绿木质藤本，长达 10 m。喜阳，耐践踏，耐旱耐热，具有一定的耐寒力。喜弱光，亦耐烈日高温。攀附墙壁，阳面及阴面均可。对土壤的要求不严苛，一般肥力中等的轻黏土及沙壤土均适宜，酸性土及碱性土均可生长。

（6）龙须藤（Bauhinia championii Beth）。藤本，有卷须；嫩枝和花序薄被紧贴的小柔毛。喜光照，较耐阴，适应性强，耐干旱瘠薄，常生于岩石、石缝及崖壁上，低海拔至中海拔的丘陵灌丛或山地疏林和密林中。

（7）山葡萄（Vitis amurensis）。木质藤本，耐旱怕涝，对土壤条件的要求不严，多种土壤都能生长良好，但以排水良好、土层深厚的土壤最佳。

（8）野蔷薇（Rosa multiflora）。蔷薇属植物，性强健、喜光、耐半阴、耐寒、对土壤要求不严，在黏重土中也可正常生长。耐瘠薄，忌低洼积水，以肥沃、疏松的微酸性土壤最好。

3. 水土保持植物

1）水土保持林

（1）云南松（Pinus yunnanensis）。乔木，高达 30 m，胸径 1 m。喜光性强的深根性树种，适应性能强，能耐冬春干旱气候及瘠薄土壤，能生于酸性红壤、红黄壤及棕色森林土或微石灰性土壤上。但以生于气候温和、土层深厚、肥润、酸质沙质壤土、排水良好的北坡或半阴坡地带生长最好。在干燥阳坡或山脊地带则生长较慢，在强石灰质土壤及排水不良的地方生长不良，是良好的水土保持和用材树种。

（2）皂荚（Gleditsia sinensis Lam.）。落叶乔木，高可达 30 m，深根性树种。喜光而稍耐阴，喜温暖湿润的气候及深厚肥沃的湿润土壤，对土壤要求不严，在石灰质及盐碱甚至黏土或沙土均能正常生长。耐旱节水，根系发达，可用作防护林和水土保持林。

（3）滇柏（Cupressus duclouxiana）。乔木，高可达 25 m，胸径 80 cm。耐干旱瘠薄，喜气候温和、夏秋多雨、冬春干旱的山区，在深厚、湿润的土壤上生长迅速，是喀斯特地区良好的水土保持和园林绿化树种。

（4）中山柏（Cupressus lusitanica cv. ZhongShanbai）。乔木，喜温暖湿润气候，适生区年均温度 10～20 ℃，年降水量 900～2 200 mm。对土壤要求不严，耐瘠薄，在深厚疏松肥沃之地生长最好。喜中性至微碱性（pH 值为 6～8）土壤，对石灰岩山地、紫色土等造林困难地有突出适应能力，为优良用材、水土保持、荒山绿化和观赏树种。

(5)枫杨(Pterocarya stenoptera)。乔木,高达 30 m,胸径达 1 m。喜深厚肥沃湿润的土壤,以温度不太低、雨量比较多的暖温带和亚热带气候较为适宜。喜光树种,不耐庇荫,耐湿性强,但不耐长期积水和水位太高之地。深根性树种,主根明显,侧根发达。萌芽力很强,生长很快,为河床两岸低洼湿地的良好绿化树种,还可防治水土流失。

(6)假苹婆(Sterculia lanceolata)。乔木,小枝幼时被毛。喜钙植物,酸性土上有分布,但以石灰岩钙质土分布最为集中,生长于岩溶石山山谷、山坡、山沟阴处、疏林地、灌木丛中及密林中。根系发达,能穿插石缝、石隙,攀附岩壁,能很好地覆盖石山、保持水土。

(7)臭椿(Ailanthus altissima)。落叶乔木,高可达 20 余 m。喜光,不耐阴。适应性强,除黏土外,各种土壤和中性、酸性及钙质土都能生长,适生于深厚、肥沃、湿润的沙质土壤。耐寒,耐旱,不耐水湿,长期积水会烂根死亡。生长快,根系深,萌芽力强,是水土保持的良好树种,同时也是优良用材树种。

(8)光皮桦(Betula luminifera)。落叶乔木,高达 35 m。喜温、喜湿、喜肥,中等喜光。在湿润、土层深厚、肥沃、排水良好的黄红壤上生长迅速,阴湿山沟两旁生长较好,是良好的水土保持树种。

(9)圣诞树(Acacia dealbata)。常绿乔木,高可达 15 m,树干较直,树皮灰绿或灰色,花黄色。强阳性树种,树冠具有趋光性,在幼龄期就需要充足光照。适于凉爽湿润的亚热带气候,对土壤要求不严,土层较深厚、疏松、湿润的酸性至微酸性壤土或沙壤土生长良好,过于黏重、干燥和排水不良的土壤上则生长不良。有较强的耐旱能力,但山坡中下部或谷地生长更好。生长迅速,抗逆性强,适作荒山绿化先锋树及水土保持树种。

(10)台湾相思(Acacia confusa)。常绿乔木,高 6~15 m,无毛;枝灰色或褐色,无刺,小枝纤细。生长于热带和亚热带地区,对土壤条件要求不高,极耐干旱和瘠薄,在土壤冲刷严重的酸性粗骨土、沙质土均能生长。生长迅速,耐干旱,为华南地区荒山造林、水土保持和沿海防护林的重要树种。

(11)福建柏(Fokienia hodginsii Henry et Thomas)。常绿乔木,高可达 17 m。阳性树种,适生于酸性或强酸性黄壤、红黄壤和紫色土。喜生于雨量充沛、空气湿润的地方。适应性强,生长较快,可用作水土保持树种,同时也是重要的用材树种和庭园绿化的优良树种。

(12)车桑子(Dodonaea viscosa)。灌木或小乔木,高 1~3 m 或更高。喜光、耐旱、耐瘠薄,萌生性强,能在石灰岩裸露的荒山生长。在海拔 1 800 m 左右的干燥山坡、河谷或稀疏的灌木林中生长良好,起到保持水土的作用。

(13)香叶树(Lindera communis)。常绿灌木或小乔木,高 1~10 m,胸径 25 cm。耐阴,喜温暖气候,耐干旱贫瘠,在湿润、肥沃的酸性土壤上生长较好,是重要的水土保持、药材和工业原料树种。

(14)紫穗槐(Amorpha fruticosa)。落叶灌木,丛生,高 1~4 m。喜干冷气候,耐旱耐寒,同时具有一定的耐涝能力,对土壤要求不严。紫穗槐郁闭度强,截留雨量能力强,萌蘖性强,根系广,侧根多,生长快,不易生病虫害,具有根瘤,改土作用强,是保持水土的优良植物材料,同时具有药用、饲用和园林观赏价值。

(15)白刺花(Sophora davidii)。灌木或小乔木,高 2~4 m。具有突出的耐干旱、耐贫瘠、耐火烧、耐践踏、耐割刈等特性,根系深而强大,萌蘖能力强等一系列优良生态特性,可作为水土保持植物。

(16)女贞(Ligustrum lucidum)。常绿灌木,耐寒性好,耐水湿,喜温暖湿润气候,喜光耐阴。为深根性树种,须根发达,生长快,萌芽力强,耐修剪,但不耐瘠薄。对土壤要求不严格,以沙质壤土或黏质壤土栽培为宜,在红、黄壤土中也能生长,可作良好的环保、水土保持和园林绿化树种。

(17)火棘(Pyracantha fortuneana Li)。常绿灌木,高达3 m。性喜温暖湿润而通风良好,阳光充足,日照时间长的环境生长,具有较强的耐寒性,是良好的水土保持、行道树和药用树种,果实可食。

(18)连翘(Forsythia suspensa)。落叶灌木,喜光,有一定程度的耐阴性;喜温暖、湿润气候,也很耐寒;耐干旱瘠薄,怕涝;不择土壤,在中性、微酸或碱性土壤均能正常生长。萌发力强,树冠盖度增加较快,能有效防止雨滴击溅地面,减少侵蚀,具有良好的水土保持作用。

(19)树苜蓿(Chamaecytisus palmensis)。常绿豆科灌木,具有生长速度快、恢复能力及耐旱性强、适应范围广等优点。能在沙砾土、壤土、酸性红土、页岩土等大部分类型土壤上建植,是一种优良的饲用、水土保持、固氮、绿篱、蜜源灌木。

(20)慈竹(Neosino calamus affinis)。禾本科,主干高5~10 m。适生于海拔1 000 m以下,年平均气温14 ℃以上,1月平均温度4 ℃以上,年降水量在800 mm以上,相对湿度70%以上地区,要求造林地土层厚度40 cm以上、肥沃、湿润、疏松、排水良好、pH值5.0~7.5的沙壤土和壤质土,在干旱瘠薄、石砾太多和黏重土壤不宜选作造林地。良好的水土保持、园林绿化和建筑用材树种。

(21)地枇杷(Ficus tikoua)。匍匐木质藤本,生长于海拔400~1 000 m较阴湿的山坡路边或灌丛中,常生于荒地、草坡或岩石缝中,是优良的水土保持植物。

(22)薜荔(Ficus pumila Linn)。攀缘或匍匐灌木,攀缘及生存适应能力强,根系发达,可用于垂直绿化和保持水土。

(23)野葛(Pueraria montana)。藤本,块根肥厚,各部有黄色长硬毛。耐寒、抗旱、耐贫瘠,喜温暖潮湿。对土壤适应性强,疏松肥沃、排水良好的壤土或沙壤土长势较好,荒山石砾、悬崖峭壁缝隙上,只要有30 cm深的土层即可扎根生长。

(24)地果(Ficus tikoua)。桑科榕属的落叶匍匐的木质藤本植物,喜欢生长在荒地,草坡或岩石缝里,生长海拔不高,可以作药用和水土保持植物,分布在广西、云南等地。

(25)石柑子[Potho. Chine. sis (Raf.) Merr.]。附生藤本,长0.4~6 m。生长于海拔2 400 m以下的阴湿密林中,常匍匐于岩石上或附生于树干上。

(26)顶果树(Acrocarpus fraxinifolius)。乔木,枝下高可达30 m以上。喜肥沃、透气性好的土壤,适宜在阳光充足、地势较低湿润的地段生长,其生长最佳温度为18~23 ℃。喜温暖湿润环境,有一定的抗旱抗寒能力。对土壤的适应性较强,无论在石灰岩山地或土山都有分布,多生长在山谷、山脚和山坡的疏林中。根系发达,是改良土壤的良好生态林树种。

(27)墨西哥柏木(Cupressus lusitanica Miller)。乔木,高可达30 m。原产地为亚热带

温和至温暖的半湿润至湿润气候,年平均气温10~17 ℃,最冷月均气温4~14 ℃,最热月均气温20~30 ℃,年降雨量1 000~1 500 mm。墨西哥柏木耐干旱瘠薄,耐寒,是优良的用材、园林绿化和水源涵养树种。

(28)铅笔柏(Juniperus virginiana)。乔木,在原产地高达30 m。喜光,有时稍耐阴,喜凉爽湿润的气候。适合生长于肥沃湿润且排水良好的沙质壤土中,忌水湿,有利于土壤熟化和蓄水保墒,造林树种和园林树种。

(29)白栎(Quercus fabri Hance)。落叶乔木或灌木状,高达20 m。阳性树种,适应性强,在土壤瘠薄干燥之处亦能生长。耐干旱、耐瘠薄、用途广泛,可作用材林和薪炭林。同时由于其为深根性树种且根系发达,枯枝落叶层厚,能有效地改良土壤和防止水土流失。

(30)小桐子(Jatropha curcas L)。灌木或小乔木,高2~5 m,具水状液汁,树皮平滑;枝条苍灰色,无毛,疏生突起皮孔,髓部大。喜光阳性植物,因其根系粗壮发达,具有较强的耐干旱瘠薄能力,是保水固土、防沙化、改良土壤的主要选择树种。

(31)楸树(Catalpa bungei C. A. Mey.)。紫葳科小乔木,高8~12 m。该种性喜肥土,生长迅速,树干通直,木材坚硬,为良好的建筑用材,可栽培作观赏树、行道树,用根蘖繁殖。

(32)梓树(Catalpa ovata G. Don)。紫葳科梓属植物,乔木,高可达15 m。梓树喜光、幼苗耐阴。喜温暖湿润气候,有一定的耐寒性,冬季可耐-20 ℃低温。深根性,喜深厚、湿润、肥沃、疏松的中性土,微酸性土及轻度盐碱土也可生长。

2)水土保持草

(1)百脉根(Lotus corniculatus Linn.)。多年生草本植物,喜温暖湿润气候,适应性强,耐阴、耐瘠薄,较耐旱,对土壤要求不严,在弱酸性和弱碱性、湿润或干燥、沙性或黏性、肥沃或瘠薄地均能生长。固土防冲刷能力强,有改良土壤的功能,是很好的水土保持植物。

(2)龙须草(Eulaliopsis binata)。禾本科拟金茅属植物,具有耐瘠、耐旱的特点,对环境条件要求不太严格,在海拔1 000 m以下的河谷、荒坡、田边地坎,尤喜向阳、干燥、排水良好的地方,常生于河谷、裸岩、石缝之中。可绿化荒山荒坡,减少水土流失,保护生态环境。

(3)百喜草(Paspalum notatum Flugge)。多年生草本植物,具粗壮、木质、多节根状茎。杆密丛生,高约80 cm。适于温暖、潮湿气候较温暖的地区,不耐寒、耐阴、极耐旱。对土壤要求不严,在肥力较低、较干旱的沙质土壤上生长能力仍很强,为优良的道路护坡、水土保持和绿化植物。

(4)狗牙根(Cynodon dactylon)。低矮草本,具根茎。杆细而坚韧,下部匍匐地面蔓延甚长,节上常生不定根,直立部分高10~30 cm,直径1~1.5 mm。喜温暖湿润气候,耐阴性和耐寒性较差,喜排水良好的肥沃土壤,是良好的护坡固土、防止土壤侵蚀,减少水土流失的草本植物。

(5)香根草(Vetiveria zizanioides Nash)。禾本科多年生粗壮草本。须根含挥发性浓郁的香气。杆丛生,高1~2.5 m,直径约5 mm,中空。喜生水湿溪流旁和疏松黏壤土上,气候适应性广,光合能力强,耐瘠薄。其根系不但能够穿过土层起到锚固作用,还可以有效地提高土体的抗剪强度,从而起到稳定边坡的作用。

(6)皇竹草(Pennisetum sinese Roxb)。多年生直立丛生的禾本科植物。适宜热带与亚热带气候生长,喜温暖湿润气候。对土壤要求不严,贫瘠沙滩地、沙地、水土流失较为严重的陡坡地及酸性、粗沙、黏质、红壤土和轻度盐碱地均能生长,以土层深厚,有机质丰富的黏质壤土最为适宜。既可防止水土流失,保护生态,又可作为优质高产的牧草。鉴于皇竹草在生态环境治理和水土保持等方面应用的诸多成功实例,该种已被列为水土保持、荒坡治理、生态建设、种草养畜的主要推广草种。

(7)小冠花(Securigera varia)。多年生草本植物,喜温暖湿润气候,较抗旱,耐瘠薄,不耐涝,对土壤要求不严,在 pH 值为 5.0~8.2 的土壤上均可生长。生长健壮,适应性强,是抗性和固土能力极强的地被植物,生长蔓延快,覆盖度大,抗逆性强。

(8)鸭茅(Dactylis glomerata)。禾本科多年生草本,疏丛型。适应的土壤范围较广,在肥沃的壤土和黏土上生长最好,但在稍贫瘠干燥的土壤上,也能得到好的收成,多用于水土保持草坪。

(9)非洲狗尾草(Setaria anceps stapf)。多年生草本植物。适生性强,较耐酸、耐旱,亦稍耐水渍。目前已成为热带亚热带地区人工草地建植和水土保持的重要植物。

(10)伏生臂形草(Brachiaria decumbens Stapf)。臂形草属的丛生多年生牧草,植株高达 1~1.5 m。适应区域为海拔小于 1 400 m 的热带、亚热带地区。喜高温高湿气候,对土壤要求不严,尤喜含氮高排水良好的红壤,不耐严寒和霜冻。

(11)结缕草(Zoysia japonica)。多年生草本植物,高 12~15 cm。适应性强,耐干旱,耐高温,耐瘠薄耐践踏,耐盐性强,尤喜土层深、肥沃、排水良好的沙壤土;不耐低温、不耐阴,不耐强酸强碱土壤。

(12)金茅(Eulalia speciosa)。禾本科金茅属。多年生草本,秆高 80~150 cm。喜温暖,耐寒,耐旱,耐瘠。分布于西南各地区,遍及云南省各地,以滇东北、滇西北,海拔 1 500~2 400 m 处较多。

(13)异燕麦(Helictotrichon schellianum kitag)。禾本科异燕麦属多年生草本。秆高 30~70 cm。喜温暖,耐旱、耐寒,在西南山地等地都有分布。

(14)镰稃草(Harpachne harpachnoides)。禾本科镰稃草属多年生草本,秆高 15~30 cm。喜温暖,耐旱,耐瘠,可作固沙保土植物。

(15)类芦(Neyraudia reynaudiana keng ex Hithc)。禾本科类芦属多年生具木质根状茎草本,为热带、亚热带地区广泛分布的植物种,生态适应性强,抗逆性优越。成年植株根系深达 1 m 以上,具有耐干热条件的根鞘,地上节密布细毛状的气生根。部分须根变成为褐色的木质化走茎,暴露于空气中,旱生特征明显,耐贫瘠性极强。极耐干旱、高温和瘠薄土壤,适生石质、沙砾立地。只要少许水湿和尘土,在水泥板缝、石砾堆、沙滩、岩缝均能生长、分蘖、开花、结实。生长在海拔 300~1 500 m 的河边、山坡或砾石草地。

(16)弯叶画眉草(Eragrostis curvula Nees)。禾本科画眉草属植物,多年生。适应性很强,特别耐瘠、耐湿热、抗旱。能在年降水量 310~1 630 mm,年均气温 5.9~26.2 ℃,pH 值为 5~8.2 的大范围内良好生长。对土壤要求不严,耐瘠薄,在半干旱甚至沙漠地区也能生长,但在排水良好、肥沃的偏酸性沙壤土上生长最好。极耐干旱、高温和瘠薄土壤,适生石质、沙砾立地。只要少许水湿和尘土,在水泥板缝、石砾堆、沙滩、岩缝均能生长、分蘖、开花、结实。生长在海拔 300~1 500 m 的河边、山坡或砾石草地。

(17)坚尼草(Panicum maximum)。禾本科,黍属多年生簇生高大草本植物。耐长期干旱,在炎热、湿润、年降水量大于 1 000 mm 的热带地区生长良好,但不耐寒。

(18)牛尾草(Rabdosia ternifolia Hara)。唇形科,香茶菜属多年生粗壮草本或半灌木至灌木植物,高可达 7 m。生命力较强,能长在荫处及瘠薄山地,既耐湿又耐热耐旱,长江流域夏季炎热期时,生长良好。沼泽地、排水不良低湿地也能生长。牛尾草耐盐碱,pH 值9.5 的地区、含盐 0.3%的土壤上生长良好,以肥沃湿润的黏壤土最适宜,生长于海拔140~2 200 m 空旷山坡上或疏林下。

(19)鸡爪草(Calathodes oxycarpa)。小叶多年生草本,高 20~46 cm,无毛。喜生长在荫蔽、湿润、温暖处。海拔 2 400~3 200 m 间山地林下或草坡阴处。耐旱,在南方冬季,石缝中生长的植株经一二月干旱,仍不致完全枯死。

(20)牛鞭草(Hemarthria altissima)。禾本科、牛鞭草属植物,喜生于低山丘陵和平原地区的湿润地段、田埂、河岸、溪沟旁、路边和草地,喜温热而湿润的气候,生态幅不宽,它适应的气温范围为平均温度在 12~18 ℃,适应的降水范围为 500~1 500 mm;适应的土壤pH 值为 4~7.5。在沙质土、黏土上均能生长。固土保水性能良好,可用作护堤、护坡、护岸的保土植物。

(21)五节芒(Miscanthus floridulus Warb. ex Schum. et Lant.)。禾本科、芒属多年生草本,具发达根状茎。生于低海拔撂荒地与丘陵潮湿谷地和山坡或草地,粗生。根系发达,耐旱性较好,能够截留雨水、涵养水源、防止表土流失和滑坡。

(22)井栏边草(Pteris multifida)。生境较为广泛,常生长在海拔 1 000 m 以下的,井边、河边、山谷石缝中,墙壁缝隙,竹林边、林缘阴湿处。喜半阴,较耐寒,耐干旱,对空气湿度要求不高,对土壤适应性强,在酸性到碱性土壤中均能生长良好。

(23)百脉根(Lotus corniculatus)。多年生草本植物,高可达 50 cm。喜温暖湿润气候,根系发达,入土深,有较强的耐旱力,适宜的年降水量为 210~1 910 mm。对土壤要求不严,在弱酸性和弱碱性、湿润或干燥、沙性或黏性、肥沃或瘠薄地均能生长。适应的土壤pH 值为 4.5~8.2,耐水渍,在低凹水淹 4~6 周情况下不表现受害。茎叶柔软多汁,碳水化合物含量丰富,是良好的饲料,还可改良土壤。

4.造林种草技术

1)飞播造林种草

(1)飞播造林。用飞机装载林草种子飞行宜播地上空,准确地沿一定航线按一定航高,把种子均匀地撒播在宜林荒山荒沙上,利用林草种子天然更新的植物学特性,在适宜的温度和适时降水等自然条件下,促进种子生根、发芽、成苗,经过封禁及抚育管护,达到成林成材或防沙治沙、防治水土流失的目的的播种造林种草法。飞播应用时要注意选择适宜的造林地和树种。飞播造林地要连片集中,植被覆盖度要高,土壤水分供应较充足。飞播适用于不易被风吹走,且发芽率较高,种源又较丰富的树种。飞播虽然有工效高、成本低,便于在不易人工造林的地区大面积造林等各种优点,但是这种造林技术比较粗放,必须选择适宜的造林地、树种和注意飞播后的管护。

（2）飞播种草。指利用飞机作业将草种均匀撒在具有落种成草立地条件土地上的种草技术。

2）混交林营造

造林整地时不全面砍山、不炼山,采取"天然更新、人工造林"相结合的方式,为造林树种幼苗成活、生长创造良好条件,特别是提供较好的土壤水分条件,且利于形成良好结构的复层混交林。其技术要点是因地制宜,适度保留合理的原有的乔灌木密度,并适时调控透光度。营造复层混交林有利于发挥森林生态、经济功能和增强其稳定性,改善喀斯特石质山地的环境条件。混交林营造和培育关键在于正确处理好种间关系,营造时宜选用常绿树种和落叶树种、针叶树和阔叶树、深根和浅根树种,阳性和耐阴树种进行混交。该措施充分利用自然力和造林地原有植被,技术简单易行,投资少,见效快,具明显生态效益、经济效益和社会效益。

（1）栽针留阔抚灌。指在一定地段内选择几种灌木树种作为保留木,伐出保留木周边的杂灌进行抚育,以见土整地、见缝插针、适当密植的方式,在保留木密度较小地段,选择针叶林树种进行植苗造林,最终形成针叶混交林[92]。

（2）栽针留灌抚阔。指在石漠化程度较高的地区,采用天然更新和人工促进植被恢复相结合的措施。在尽量保留原有植被的基础上,以见土整地、见缝插针、适当密植的方式,选择适生树种进行种植和补播,促进针阔混交林的形成。造林地上保留的阔叶树一定要适度,否则会对针叶树的生长产生副作用。栽针保阔模式的关键是适度留灌、及时抚阔,调控密度。

（3）栽阔留针抚灌。指在一定地段内选择几种针叶林树种作为保留木,清理保留木+周边的杂灌木。以见土整地、见缝插针、适当密植的方式,在最终保留木密度较小的地段,选择几种阔叶适生树种进行人工种植,从而形成针阔混交林。

3）乔木种植基盘

石漠化地区乔木种植基盘包括基盘母体、汲湿根、防蒸发盖等 3 部分。基盘母体解决植物初期生长缺乏养分和水分的问题,呈圆柱形状,中部设有种植孔。直径 23～28 cm,高25～30 cm,种植孔孔径 5～10 cm,孔深 10～15 cm,满足乔木树苗栽种初期对水分和养分的需求;汲湿根是该技术的核心,外面包裹土工布,直径 1～1.5 cm,长度 10～30 cm,安设在基盘底部并深入岩体内,可从岩体裂隙内吸收地下水及其中的养分,补给基盘内所栽种的乔木树苗后期所需水分及养分,并为乔木树苗根系深入岩体裂隙提供了主要通道;防蒸发盖设置渗水孔,为微型漏斗集水器,顶部孔径 0.5～1 cm,底部孔径 0.1～0.3 cm,渗水孔可收集大气降雨,通过漏斗状集水器输送至树木种植基盘,使基盘母体减少水分蒸发并易于吸收大气降水,促进基盘内乔木树苗的早期成活。该技术突破了石漠化地区生态系统重建传统的"草本→灌木→乔木"自然演化模式,通过率先实现乔木恢复,保障乔木林下灌木、草本自然生长,实现石漠化地区生态系统重建。从基盘构件组成、营养土、基盘坑开挖人工费、基盘现场安设等方面对成本进行核算可知,每个基盘的造价约为 60 元[93]。

4）容器苗

容器苗是指用特定容器培育的作物或果树、花卉、林木幼苗。容器盛有养分丰富的培养土等基质,常在塑料大棚、温室等保护设施中进行育苗,可使苗的生长发育获得较佳的营养和环境条件。苗随根际土团栽种,起苗和栽种过程中根系受损伤少,成活率高、发棵快、生长旺盛,对不耐移栽的作物或树木尤为适用。该法还为机械化、自动化操作的工厂化育苗提供了便利。育苗容器有两类:一类具外壁,内盛培养基质,如各种育苗钵、育苗盘、育苗箱等;另一类无外壁,将腐熟厩肥或泥炭加园土,并混少量化肥压制成钵状或块状,供育苗用。

5)切根苗

切根是在培育两年生苗木过程中实施的一项技术措施,具体方法是:当年的播种苗,秋季苗木停止生长后,土壤即将封冻时或翌年春季苗木未萌动前,土壤解冻到 15~20 cm 深时,利用切(截)根机从苗木根部 15 cm 处切断,然后利用人工把苗床加以整理,伏踩,灌足水即可。秋季切根需掌握好时间,避免造成二次生长[94]。

(1)切(截)根技术操作起来不破坏床面,也不变换苗木的位置,只是按设计的时间、位置(深度)把苗木根切断,同时还把苗床内的弱苗、小苗、病苗拔去,为保留的苗木"整齐、健壮"奠定了基础。

(2)通过切(截)根,可把经过一年经营管理形成坚硬苗床 15 cm 深的表层土壤疏松,改良了土壤的理化性质,增加了土壤的透气性和吸水吸热的能力,为好气性微生物活动、繁殖创造了生活条件,有利于分解有机质,可较多地供给苗木所需要的养分,满足了苗木喜肥喜水的生理特性,改善了苗木的生活条件,这是切根苗生长健壮的最根本的机制。

(3)苗木通过切(截)根促进了茎部的粗生长,起到了蹲苗粗实,顶芽饱满,形成了"矮胖子"苗。由于根系短而集中,掘苗时创伤面积小,伤口很快就能愈合,栽植后能尽快恢复生机,可缩短缓苗期。

6)生根剂

生根剂是属于植物生长调节剂,促进剂类的生长素类化合物,在蔬菜生产应用中有吲哚乙酸、吲哚丁酸、萘氧乙酸,御根生,br 生根剂,复硝酚钠等多个成分,其作用是在植物体内维持植物的顶端优势,诱导同化产物向产品(果实)运输,促进植物生根等。例如吲哚乙酸(IAA)可促进细胞分裂、维管束分化、光合产物分配、叶片扩大、茎伸长、种子发芽、不定根和侧根形成等;吲熟酯(IZAA)可促进生根,控制营养生长;增产灵,主要作用是促进生长和发芽;诱抗素(ABA)以其为主要成分的调节剂有多种类型,包括壮菜、生根、叶喷施等多种类型,诱导植物产生对不良生长环境(逆境)的抗性,如诱导植物产生抗旱性、抗寒性、抗病性、耐盐性,还可控制发芽和蒸腾[95]。

7)藤冠技术

藤冠技术(国家专利申请号:201010220964.9)是依据热带、亚热带特别是石漠化地区自然植被次生演替序列的客观规律,参照自然演替序列中生物量及凋落物量最高、养分分解速率最快的最为重要的"藤冠"演替阶段,通过人工网络架构等技术手段,借助藤本植物生长迅速、用土节约等优点,将石漠化地块迅速进入"藤冠"演替阶段,收到快速、高效的生物生产效果,并为尽快恢复至多层多种森林植被打下环境基础。

藤冠技术的主体结构,是借助石漠化中的大小石头,建立供藤本植物攀爬的各类棚架,这些棚架,又可作为接雨棚的支架,将降雨接住,顺利解决了石漠化地块中重要的"水"问题。攀爬有藤本植物的棚架又是种植喜阴植物的遮阴棚,并具有大棚增温增湿效果。藤本植物的特殊性,又为石漠化地块中土壤缺乏找到了解决办法,棚架下的广阔天地,又是发展养殖业的良好场所。

5.1.2　经济作物

5.1.2.1　经济林草

1. 中药材

1)药林

(1)余甘子(Phyllanthus emblica)。乔木,生长于海拔 200~2 300 m 的山地疏林、灌丛、荒地或山沟向阳处,喜温暖湿润气候,喜光喜温,耐旱耐瘠,怕寒冷,适应性非常强,对土壤要求不严。

(2)厚朴(Magnolia officinalis)。落叶乔木,高达 20 m。喜温和湿润气候,怕炎热,能耐寒。幼苗怕强光,成年树宜向阳。以选疏松肥沃,富含腐殖质,呈中性或微酸性粉沙质壤土栽培为宜。

(3)杜仲(Eucommia ulmoides Oliver)。落叶乔木,高 20 m。喜光树种,只有在强光、全光条件下才能良好生长。喜温暖而凉爽的气候,对寒冷气候适应性极强,幼树及苗木新梢耐寒能力差。深根系树种,具有耐干旱的能力,不耐涝。对土壤条件要求不严格。在 pH 值 5.0~8.4 的微酸、微碱性土壤上均能正常生长,萌芽力极强。

(4)银杏(Ginkgo biloba)。落叶乔木,高达 40 m,喜光树种,深根性,对气候、土壤的适应性较宽,pH 值 4.5~8 土壤均能生长。不耐盐碱土及过湿的土壤。速生珍贵的用材树种,种子供食用(多食易中毒)及药用。

(5)榔榆(Ulmus parvifolia Jacq)。落叶乔木,高达 25 m,胸径可达 1 m,生长于平原、丘陵、山坡及谷地。喜光,耐干旱,在酸性、中性及碱性土上均能生长,但以气候温暖、土壤肥沃、排水良好的中性土壤为最适宜的生境。

(6)香椿(Toona sinensis)。落叶乔木,高 10 m,树干通直,嫩芽可食用,喜温,喜光,较耐湿,喜肥沃湿润土壤。pH 值为 5.5~8.0 土壤皆可生长。可作木本蔬菜,叶、果、种子、皮、根可入药。

(7)降香黄檀(Dalbergia odorifera)。乔木,高 10~15 m。较耐干旱,不耐涝,生长的土壤为微酸性或中性,以褐色砖红壤和赤红壤为主。对立地条件要求不严,在陡坡、山脊、岩石裸露、干旱瘦瘠地均能适生,具有药用、观赏和用材多种价值。

(8)猴樟(Cinnamomum bodinieri)。乔木,高达 16 m。喜光、稍耐阴。喜温暖湿润气候,耐寒性不强,对土壤要求不严,较耐水湿,为重要的药用和园林绿化树种。

(9)旱冬瓜(Alnus nepalensis)。乔木,高达 15 m。生长在海拔 700~3 600 m 的山坡林、河岸阶地及村落中。

(10)川楝(Melia toosendan)。乔木,高 10 余 m。喜温暖湿润气候,喜阳,不耐荫蔽,在海拔 1 000 m 以下均可生长。以选阳光充足,土层深厚,疏松肥沃的沙质壤土栽培为宜,果实可入药。

(11)皂荚(Gleditsia sinensis)。落叶乔木或小乔木,高可达 30 m,深根性树种。喜光而稍耐阴,喜温暖湿润的气候及深厚肥沃的湿润土壤,对土壤要求不严,在石灰质及盐碱甚至黏土或沙土均能正常生长。

（12）山茱萸（Cornus officinalis）。落叶小乔木或灌木，高 4~10 m，抗寒性强，较耐阴但又喜充足的光照，通常在山坡中下部地段，阴坡、阳坡、谷地及河两岸等地均生长良好，一般分布在海拔 400~1 800 m 的区域，其中 600~1 300 m 比较适宜。

（13）苏木（Cae salpinia sappan Linn.）。小乔木，高达 6 m，具疏刺，除老枝、叶下面和荚果外，多少被细柔毛；枝上的皮孔密而显著。在我国主要分布于广东、广西、云南、海南、福建、四川、贵州等地，其中以广西为主要生产及栽培区，具有活血化瘀、消肿止痛的功效。

（14）苦丁茶（Ilex latifolia）。常绿乔木，高 20 m。适应性广，抗逆性强，根系发达，生长迅速，喜温喜湿，喜阳怕渍，适合在土层深厚、肥沃、湿润，排灌良好，土壤 pH 值为 5.5~6.5，富含腐殖质的沙质壤土上种植。

（15）桑（Morus alba）。落叶乔木或灌木，高可达 15 m，胸径可达 50 cm。喜温暖湿润气候，稍耐阴。耐旱，不耐涝，耐瘠薄，对土壤的适应性强。气温 12 ℃ 以上开始萌芽，生长适宜温度 25~30 ℃，超过 40 ℃ 则受到抑制，降到 12 ℃ 以下则停止生长。

（16）十大功劳（Mahonia fortunei）。灌木，高 0.5~3 m。具有较强的抗寒能力，不耐暑热。喜温暖湿润的气候，性强健、耐阴、忌烈日曝晒，有一定的耐寒性，也比较抗干旱。极不耐碱，怕水涝。土壤要求不严，在疏松肥沃、排水良好的沙质壤土上生长最好，具有较强的分蘖和侧芽萌发能力，可入药。

（17）马桑（Coriaria nepalensis）。灌木，高 1.5~2.5 m。喜光、耐炎热、耐寒、萌芽力强、耐潮湿，忌涝，喜沙壤土。果可提酒精，种子含油，茎叶含栲胶，全株有毒，可作土农药。

（18）木豆（Cajanus cajan）。直立灌木，高可达 3 m。喜温耐干旱，最适宜生长温度为 18~34 ℃，适宜种植在海拔 1 600 m 以下地区，尤其以海拔 1 400 m 以下地区产量最高。木豆比较耐瘠，对土壤要求不严，各类土壤均可种植，适宜的土壤 pH 值为 5.0~7.5。

（19）金银花（Lonicera japonica）。落叶藤本灌木，高 4 m，果实、花可药用，适应性很强，喜阳，耐寒性强，也耐干旱和水湿，对土壤要求不严，但以湿润、肥沃的深厚沙质壤上生长最佳。

（20）扶芳藤（Euonymus fortunei）。常绿藤本灌木，高一至数米。性喜温暖、湿润环境，喜阳光，亦耐阴。在雨量充沛、云雾多、土壤和空气湿度大的条件下，植株生长健壮。对土壤适应性强，酸碱及中性土壤均能正常生长，可在砂石地、石灰岩山地栽培，适于疏松、肥沃的沙壤土生长，适生温度为 15~30 ℃，具有药用和饲用价值。

（21）山蚂蝗（Desmodium podocarpum）。豆科山蚂蝗属多年生半灌木，喜温暖气候，耐干旱。对土壤的适应范围较广，能生长于山地黄壤、红壤、褐土上，具有一定的药用价值。

（22）刺五加（Radix acanthopanacis）。五加科五加属，灌木，生于山坡林中及路旁灌丛中；药圃常有栽培。分布于华中、华东、华南和西南。

（23）杭子梢（Campylotropis macrocarpa）。豆科子梢属，灌木，喜温暖、湿润，耐热，植株强健，根系发达，萌芽力强，易更新。同属的还有西南子梢（C. delavayi）、滇子梢（C. yunnanensis）、三棱枝子梢（C. trigonoclada）。

（24）山银花（Lonicera hypoglauca）。木质藤本，长 2~5 m。树皮黄褐色渐次变为白色，嫩时有短柔毛。生于溪边、旷野疏林下或灌木丛中，海拔 300 m 以下。其药用功效有清热解毒,疏散风热。

(25)鸡血藤(Spatholobus suberectus Dunn)。攀缘藤本,幼时呈灌木状。生于海拔800~1 700 m 的山地疏林或密林沟谷或灌丛中。

(26)木通。落叶木质藤本。阴性植物,喜阴湿,较耐寒。常生长在低海拔山坡林下草丛中。在微酸、多腐殖质的黄壤中生长良好,也能适应中性土壤。

(27)云实(Caesalpinia decapetala Alstan)。藤本植物,树皮暗红色,枝、叶轴和花序均被柔毛和钩刺。阳性树种,喜光,耐半阴,喜温暖、湿润的环境,在肥沃、排水良好的微酸性壤土中生长为佳。根、茎及果可药用,还可栽培作为绿篱。

(28)凌霄[Campsis grandiflora(Thunb.)Schum.]。攀缘藤本,茎木质,表皮脱落,枯褐色,以气生根攀附于它物之上。喜充足阳光,也耐半阴。适应性较强,耐寒、耐旱、耐瘠薄。较耐水湿,并有一定的耐盐碱性能力。

(29)钩藤(Uncaria rhynchophylla Nliq. ex Havil)。藤本,嫩枝较纤细,方柱形或略有四棱角,无毛。适应性强,对土壤要求不严,在一般土壤上能正常生长,喜温暖、湿润、光照充足的环境,在土层深厚、肥沃疏松、排水良好的土壤上生长良好。常生长于海拔 800 m以下的山坡、山谷、溪边、丘陵地带的疏生杂木林间或林缘向阳处,具有观赏和药用价值。

(30)何首乌(Fallopia multiflora)。蓼科蓼族,何首乌属多年生缠绕藤本植物,块根肥厚,长椭圆形,黑褐色。生山谷灌丛、山坡林下、沟边石隙,海拔 200~3 000 m。产陕西南部、甘肃南部、华东、华中、华南、四川、云南及贵州。

(31)栝楼(Trichosanthes kirilowii Maxim.)。多年生攀缘型草本植物。喜生于深山峻岭、荆棘丛生的山崖石缝之中。其果实、果皮、果仁(籽)、根茎均为上好的中药材。生于海拔 200~1 800 m 的山坡林下、灌丛中、草地和村旁田边。产于辽宁、华北(北京、天津、河北、内蒙古、山西、山东)、华东、中南、陕西、甘肃、四川、贵州和云南。

(32)东京银背藤(Argyreia pierreana Bois)。旋花科银背藤属植物,木质藤本。喜温暖湿润的气候,喜生于阳光充足的阳坡,分布于海拔 300~1 500 m 处。常生长在草坡灌丛、疏林地及林缘等处,攀附于灌木或树上的生长最为茂盛。对土壤适应性广,除排水不良的黏土外,山坡、荒谷、砾石地、石缝都可生长,而以湿润和排水通畅的土壤为宜。耐酸性强,土壤 pH 值为 4.5 左右时仍能生长。耐旱,年降水量 500 mm 以上的地区可以生长。耐寒,在寒冷地区,越冬时地上部分冻死,但地下部分仍可越冬,翌年春季再生。全年生长期为 275~280 d,萌发期在 3 月初,6~7 月开花,5~10 月为生长旺盛期,11 月下旬开始休眠,休眠期只落叶。

(33)刺果茶藨子(Ribes burejense Fr. Schmidt)。虎耳草科茶藨子属植物,落叶灌木,高 1~1.5 m。适应性强,耐寒、抗旱、耐盐碱、耐水湿,在沙土、黄土、重盐碱土上都可生长。生态适应幅度大,垂直分布可高达海拔 4 040 m,耐寒力极强,能忍受-37 ℃的极端低温,在年均气温-0.2 ℃,气温年较差为 31.9 ℃,最冷月 1 月平均气温为-16 ℃,月平均气温低于 0 ℃的时间持续 6 个月,冬季长达 7 个月之久,气温低于-30 ℃的极寒天数有 3~7 d,无霜期在 80~108 d,年降水量 200~1 114 mm 气候条件下亦能适应。生长于海拔 900~2 300 m 的山地针叶林、阔叶林或针、阔叶混交林下及林缘处,也见于山坡灌丛及溪流旁。

(34)火棘[Pyracantha fortuneana(Maxim.)Li]。常绿灌木或小乔木,高可达 3 m,通

常采用播种、扦插和压条法繁殖。喜强光,耐贫瘠,抗干旱,耐寒;黄河以南露地种植,华北需盆栽,塑料棚或低温温室越冬,温度可低至-16 ℃,水搓子。对土壤要求不严,而以排水良好、湿润、疏松的中性或微酸性壤土为好。产于陕西、江苏、浙江、福建、湖北、湖南、广西、四川、云南、贵州等省(区)。

(35)吴茱萸[Tetradium ruticarpum T. G. Hartley]。芸香科、吴茱萸属植物。小乔木或灌木,高3~5 m,嫩枝暗紫红色,与嫩芽同被灰黄或红锈色绒毛,或疏短毛。生长于平地至海拔1 500 m山地疏林或灌木丛中,多见于向阳坡地。喜阳光充足、温暖的气候环境。虽然也较为耐寒,但冬季严寒多风且干燥的地区则生长不良。在阴湿地带病害多,结果少,亦不宜生长。对土壤要求不严,除过于黏重而干燥的黄泥外,中性、微碱性或微酸性的土壤都能种植生长,尤以土层深厚、疏松肥沃、排水良好的壤土或沙质壤土为好。不耐涝、低洼积水的土地不宜生长。

(36)两面针[Zanthoxylum nitidum (Roxb.) DC.]。芸香科、花椒属木质藤本植物。产于中国台湾、福建、广东、海南、广西、贵州及云南。见于海拔800 m以下的温热地方,山地、丘陵、平地的疏林、灌丛中、荒山草坡的有刺灌丛中较常见。

(37)扶芳藤[Euonymus fortunei (Turcz.) Hand.-Mazz]。卫矛科卫矛属常绿藤本灌木。高可达数米。性喜温暖、湿润环境,喜阳光,亦耐阴。在雨量充沛、云雾多、土壤和空气湿度大的条件下,植株生长健壮。对土壤适应性强,酸碱及中性土壤均能正常生长,可在砂石地、石灰岩山地栽培,适于疏松、肥沃的沙壤土生长,适生温度为15~30 ℃。

(38)山豆根(Euchresta japonica Hook. f. ex Regel)。豆科、山豆根属藤状灌木,不分枝,茎上常生不定根。分布于中国广西、广东、四川、湖南、江西、浙江,亦分布于日本。生长在海拔800~1 350 m的山谷或山坡密林中。

(39)鸡蛋花(Plumeria rubra L. cv. Acutifolia)。属落叶灌木或小乔木。阳性树种,性喜高温,湿润和阳光充足的环境。适宜鸡蛋花栽植的土壤以深厚肥沃、通透良好、富含有机质的酸性沙壤土为佳。耐干旱,忌涝渍,抗逆性好。耐寒性差,最适宜生长的温度为20~26 ℃,越冬期间长时间低于8 ℃易受冷害。

(40)土茯苓(Smilax glabra Roxb.)。多年生常绿攀缘状灌木,根茎块根状,有明显缩节,着生多数须根。花期7~8月,果期9~10月。生长于山坡、荒山及林边的半阴地。

(41)红豆杉[Taxus chinensis (Pilger) Rehd.]。乔木,高达30 m,胸径达60~100 cm。红豆杉在中国南北各地均适宜种植,具有喜阴、耐旱、抗寒的特点,要求土壤pH值为5.5~7.0。生境性耐阴,密林下亦能生长,多年生,不成林。多见于以红松为主的针阔混交林内。生于山顶多石或瘠薄的土壤上,多呈灌木状。多散生于阴坡或半阴坡的湿润、肥沃的针阔混交林下。性喜凉爽湿润气候,可耐零下30 ℃以下的低温,抗寒性强,最适温度20~25 ℃,属阴性树种。喜湿润但怕涝,适于在疏松湿润排水良好的沙质壤土上种植。

(42)乌桕[Sapium sebiferum (L.) Roxb.]。大戟科、乌桕属落叶乔木。喜光树种,对光照、温度均有一定的要求,在年平均温度15 ℃以上,年降水量在750 mm以上地区均可栽植。在海拔500 m以下当阳的缓坡或石灰岩山地生长良好。能耐间歇或短期水淹,对土壤适应性较强,红壤、紫色土、黄壤、棕壤及冲积土均能生长,中性、微酸性和钙质土都能适应,在含盐量为0.3%以下的盐碱土也能生长良好。

（43）皂角（Gleditsia sinensis）。我国特有的苏木科皂荚属树种之一，应呈剑鞘状，略弯曲，长 100~400mm，宽约 40 mm，厚 10~15 mm。喜光而稍耐阴，喜温暖湿润气候及肥沃土壤，亦耐寒冷和干旱，对土壤要求不严。生于路旁和家种、沟旁、宅旁。主产山东、河南、江苏、湖北、广西、安徽、贵州。

（44）五倍子（Rhus chinensis Mill.）。落叶小乔木或灌木，高 2~10 m；小枝棕褐色，被锈色柔毛，具圆形小皮孔。喜温暖湿润气候，也能耐一定寒冷和干旱。对土壤要求不严，酸性、中性或石灰岩的碱性土壤上都能生长，耐瘠薄，不耐水湿。根系发达，有很强的萌蘖性。五倍子的生长，必须同时具备致瘿蚜虫、夏寄主树和冬寄主苔藓 3 个条件。五倍子是一种药材，可以治疗多种疾病。

2）药草

（1）砂仁（Amomum villosum L.）。多年生草本植物，株高 1.5~3 m。喜温暖湿润气候，不耐寒，不耐旱，忌水涝。需适当荫蔽，喜漫射光。以上层深厚、疏松、保水保肥力强的壤土和沙壤上栽培为宜，不宜在黏土、沙土上栽种。

（2）菊苣（Cichorium intybus L.）。多年生草本植物，该植物耐寒，耐旱，喜生于阳光充足的田边、山坡等地。植物的地上部分及根可供药用，中药名分别为菊苣、菊苣根，具有清热解毒、利尿消肿、健胃等功效。

（3）牛蒡（Arctium lappa）。菊科两年生草本植物，喜温暖气候条件，既耐热又较耐寒。从暖温带到亚热带的气候均能很好地适应，在云南、广西、广东等都有野生分布。最适宜的土壤 pH 值为 6.5~7.5。

（4）红根草（Lysimachia fortunei）。唇形科、鼠尾草属一年生草本植物。红根草生长能适应较大的气温变幅，既耐严寒又耐酷暑，可耐 40 ℃极端高温，在-16.1 ℃的极端低温情况下无冻害发生。红根草栽培对水湿条件要求较高，喜湿润，但怕淹渍。对土壤的适应性较广，在低洼草地沙壤土、低丘疏林草地红壤土，以及石灰岩槽谷山脚坡积土均可生长，但以酸红壤或中壤土较适宜。

（5）白及（Bletilla striata）。兰科、白及属地生草本植物。喜潮湿环境，生于海拔 100~3 200 m 的常绿阔叶林下，栋树林或针叶林下、路边草丛或岩石缝中。

（6）绞股蓝（Gynostemma pentaphyllum Makino）。喜阴湿温和的气候，多野生在林下、小溪边等荫蔽处，多年生攀缘草本。喜荫蔽环境，上层覆盖度 50%~80%，通风透光，富含腐殖质壤土的沙地、沙壤土或瓦砾处。中性微酸性土或微碱性土都能生长。

（7）铁线莲（Clematis florida）。多数为落叶或常绿草质藤本，喜肥沃、排水良好的碱性壤土，忌积水或夏季干旱而不能保水的土壤。耐寒性强，可耐-20 ℃低温。

（8）车前草（Plantago depressa）。一年生或两年生草本，适应性强，耐寒、耐旱，对土壤要求不严，在温暖、潮湿、向阳、沙质沃土上能生长良好。

（9）桔梗（Platycodon grandiflorus）。多年生草本植物，喜凉爽气候，耐寒、喜阳光。宜栽培在海拔 1 100 m 以下的丘陵地带，半阴半阳的沙质壤土中，以富含磷钾肥的中性夹沙土生长较好。

（10）决明（Cassia toraLinn）。豆科，属一年生亚灌木状草本植物，直立、粗壮、高可达 2 m。喜光植物，喜欢温暖湿润气候，阳光充足有利于其生长。对土壤的要求不严，向阳缓坡地、沟边、路旁,均可栽培,以土层深厚、肥沃、排水良好的沙质壤土为宜,pH 值为 6.5~7.5 均可,过黏重、盐碱地不宜栽培。

(11)天麻(Gastrodia elata Bl.)。多年生寄生草本,高 60~100 cm。全株不含叶绿素。喜凉爽、湿润环境,怕冻、怕旱、怕高温,并怕积水。天麻无根,无绿色叶片,由种子到种子的 2 年整个生活周期中除有性期约 70 d 在地表外,常年以块茎潜居于土中。营养方式特殊,专从侵入体内的蜜环菌菌丝取得营养,生长发育。宜选腐殖质丰富、疏松肥沃、土壤 pH 值为 5.5~6.0,排水良好的沙质壤土栽培。生于海拔 1 200~1 800 m 的林下阴湿、腐殖质较厚的地方。

(12)石斛(Dendrobium nobile Lindl)。又名仙斛兰韵、不死草、还魂草。茎直立,肉质状肥厚,稍扁的圆柱形,长 10~60 cm,粗达 1.3 cm。喜在温暖、潮湿、半阴半阳的环境中生长,以年降水量 1 000 mm 以上、空气湿度大于 80%、1 月平均气温高于 8 ℃的亚热带深山老林中生长为佳,对土肥要求不甚严格,野生多在疏松且厚的树皮或树干上生长,有的也生长于石缝中。

(13)太子参(Pseudostellaria heterophylla)。多年生草本,高 15~20 cm。产于辽宁、内蒙古、河北、陕西、山东、江苏、安徽、浙江、江西、河南、湖北、湖南、四川。生于海拔 800~2 700 m 的山谷林下阴湿处。

(14)半夏(Pinellia ternata)。属天南星目、天南星科、半夏属植物。半夏除内蒙古、新疆、青海、西藏尚未发现野生的外,全国各地广布,生长于海拔 2 500 m 以下,常见于草坡、荒地、玉米地、田边或疏林下,是旱地中的杂草之一。

(15)黄精(Polygonatum sibiricum)。黄精属植物,根茎横走,圆柱状,结节膨大。生林下、灌丛或山坡阴处,海拔 800~2 800 m。种植时宜选择湿润和有充分荫蔽的地块,土壤以质地疏松、保水力好的壤土或沙壤土为宜。播种前先深翻 1 遍,结合整地每亩施农家肥 2 000 kg,翻入土中作基肥,然后耙细整平,作畦,畦宽 1.2 m。

(16)薏苡(Coix lacryma-jobi L.)。禾本科、薏苡属植物。一年生粗壮草本,须根黄白色,海绵质,直径约 3 mm。薏苡为湿生性植物,适应性强,喜温暖气候,忌高温闷热,不耐寒,忌干旱,对土壤要求不严。多生长于湿润的屋旁、池塘、河沟、山谷、溪涧或易受涝的农田等地方,海拔 200~2 000 m 处常见,野生或栽培。

(17)淫羊藿(Epimedium brevicornu Maxim.)。多年生草本植物,植株高 20~60 cm。喜阴湿,土壤湿度 25%~30%,空气相对湿度以 70%~80%为宜,对光较为敏感,忌烈日直射,要求遮光度 80%左右,淫羊藿对土壤要求比较严格,以中性酸或稍偏碱、疏松、含腐殖质、有机质丰富的土壤油沙壤土为好,海拔在 450~1 200 m 的低、中山地的灌丛、疏林下或林缘半阴环境中适合生长。中国陕西、甘肃、山西、河南、青海、湖北、四川等地区均有栽培。

(18)头花蓼(Polygonum capitatum Buch.-Ham. ex D. Don)。蓼科,蓼属多年生草本植物。湿中生性植物,喜阴湿生境。适应性强,较耐寒。一般在海拔 600~1 500 m 的地块上都能生长,生长期 210 d。

(19)板蓝根(Isatisindigotica Fort)。两年生草本,植株高 50~100 cm。原产我国,现各地均有栽培。

（20）虎耳草（Saxifraga stolonifera Curt.）。多年生草本，高 8~45 cm。产河北（小五台山）、陕西、甘肃东南部、江苏、安徽、浙江、江西、福建、台湾、河南、湖北、湖南、广东、广西、四川东部、贵州、云南东部和西南部。生于海拔 400~4 500 m 的林下、灌丛、草甸和阴湿岩隙。喜阴凉潮湿，土壤要求肥沃、湿润，以密茂多湿的林下和阴凉潮湿的坎壁上较好。

（21）南沙参（Adenophora tetraphylla Fisch.）。茎高大，可达 1.5 m，不分枝，无毛，少有毛。生于草地和灌丛中，在南方可至海拔 2 000 m 的地方。产东北、内蒙古东部、河北、山西（灵空山）、山东（牟平）、华东各省、广东、广西（南宁）、云南（砚山）、四川（峨边、峨眉山）、贵州（兴仁、安龙、普安、毕节）。

（22）玄参（Radix Scrophulariae）。玄参科草本植物，可达 1 m 余。支根数条，纺锤形或胡萝卜状膨大，粗可达 3 cm 以上。茎四棱形，有浅槽，无翅或有极狭的翅，无毛或多少有白色卷毛，常分枝。生于海拔 1 700 m 以下的竹林、溪旁、丛林及高草丛中。喜温和湿润气候，耐寒、耐旱、怕涝。茎叶能经受轻霜。适应性较强，在平原、丘陵及低山坡均可栽培，对土壤要求不严，但以土层深厚、疏松、肥沃、排水良好的沙质壤土栽培为宜。分布于河北、山西、陕西、江苏、安徽、浙江、江西、福建、河南、湖北、湖南、广东、四川、贵州。南方各地均有栽培。主产浙江、四川、湖北。

（23）丹参（Salvia miltiorrhiza Bunge）。唇形科植物，多年生草本，高 30~80 cm。根细长，圆柱形，外皮朱红色。茎四棱形，上部分枝。叶对生；单数羽状复叶，小叶 3~5 片。顶端小叶片较侧生叶片大，小叶片卵圆形。轮伞花序顶生兼腋生，花唇形，蓝紫色，上唇直立，下唇较上唇短。小坚果长圆形，熟时暗棕色或黑色。花期 5~10 月，果期 6~11 月。生于向阳山坡草丛、沟边、路旁或林边等地。全国大部分地区都有分布。

（24）党参［Codonopsis pilosula（Franch.）Nannf.］。桔梗科党参属，多年生草本植物，有乳汁。喜温和凉爽气候，耐寒，根部能在土壤中露地越冬。幼苗喜潮湿、荫蔽、怕强光。播种后缺水不易出苗，出苗后缺水可大批死亡。高温易引起烂根。大苗至成株喜阳光充足。适宜在土层深厚、排水良好、土质疏松而富含腐殖质的沙质壤土栽培。产于中国西藏东南部、四川西部、云南西北部、甘肃东部、陕西南部、宁夏、青海东部、河南、山西、河北、内蒙古及东北等地区。朝鲜、蒙古和苏联远东地区也有。生于海拔 1 560~3 100 m 的山地林边及灌丛中。中国各地有大量栽培。

（25）重楼。多年生草本，一般重楼叶 5~9 片，通常 7 片，轮生于茎顶，壮如伞，其上生花 1 朵，花梗青紫色或紫红色，故称七叶一枝花，是百合科植物重楼的根茎，主要分布于我国西南部的云南、四川和贵州省一带。生于山地林下或路旁草丛的阴湿处。主产于云南、贵州、四川。

（26）杠板归（Polygonum perfoliatum L.）。蓼科蓼属植物，一年生草本。杠板归适生性强，对土壤要求不严格，但性喜温暖、向阳环境，以土层较深厚肥沃的沙壤土生长为好。

（27）艾纳香［Blumea balsamifera（L.）DC］。菊科艾纳香属多年生草本或亚灌木植物。茎根系发达，延伸可达 115 m，喜向阳、地势高燥、易排水的地块；土壤以土层深厚、含沙（砾石）酸性或中性土壤为好，忌重茬连作。适宜生长的年平均温度为 18~21 ℃，最冷月平均气温为 8~11 ℃。轻度干旱胁迫下，缺水对艾纳香影响不显著。中度和重度胁迫下，植物细胞受损，植株生长缓慢，植株虽可生长，但长势不良；重度胁迫下，艾纳香叶片掉落甚至植株死亡。

(28)茵陈蒿(Artemisia capillaris Thunb.)。菊科,蒿属半灌木状草本植物,植株有浓烈的香气。生于低海拔地区河岸、海岸附近的湿润沙地、路旁及低山坡地区。人工种植整地应选择阳光充足,土壤肥力较高的沙质壤土及排水良好的地块,将土壤耕翻、耙平、去杂草、开沟做畦,畦高 20 cm,宽 1 m,畦面东西向,种植行南北向,以利于充分吸收阳光,并施腐熟的有机肥 4 000 kg 作基肥。

(29)益母草(Leonurus artemisia)。一年生或两年生草本,有于其上密生须根的主根。茎直立,通常高 30~120 cm。喜温暖湿润气候,喜阳光,对土壤要求不严,一般土壤和荒山坡地均可种植,以较肥沃的土壤为佳,需要充足水分条件,但不宜积水,怕涝。生长于多种环境,海拔可高达 3 400 m。野荒地、路旁、田埂、山坡草地、河边,以向阳处为多。

(30)黄蜀葵[Abelmoschus manihot (Linn.) Medicus]。锦葵科、秋葵属一年生或多年生粗壮直立草本植物,高 1~2 m,疏被长硬毛。常生于山谷草丛、田边或沟旁灌丛间。喜温暖、雨量充足、排水良好而疏松肥沃的土壤,怕涝,应选用高地栽培,以蒜地或麦茬口最好。生长温度 25~30 ℃,开花期最适合温度 26~28 ℃,月均温度低于 17 ℃影响开花,夜间温度低于 14 ℃生长不良,喜光。

(31)青蒿(Artemisia annua L.)。一年生草本,高 40~150 cm。全株具较强挥发油气味。生于旷野、山坡、路边、河岸等处。分布于我国南北各地。

(32)金线兰[Anoectochilus roxburghii (Wall.) Lindl.]。兰科、开唇兰属植物,植株高 8~18 cm。金线兰是一种土生兰,生长于海拔 50~1 600 m 的常绿阔叶林下或沟谷阴湿处。喜肥沃潮湿的腐殖土壤,空气清新、荫蔽的森林生态环境中能形成成片的较为单纯的群落;也能在山坡半荫蔽状态下的林窗、林缘生长,在此类环境条件下,往往个体稀疏呈散生状态;偶见于林下水渍地单生的个体与苔藓伴生。

(33)金荞麦[Fagopyrum dibotrys (D. Don) Hara]。蓼科,蓼属多年生草本植物。适应性较强,对土壤肥力、温度、湿度的要求较低,耐旱耐寒性强。适宜栽培在排水良好的高海拔、肥沃疏松的沙壤土中,而不宜栽培在黏土及排水性差的地块。金荞麦属于喜温植物,在 15~30 ℃条件下生长良好,在约-10 ℃的地区栽培可安全越冬。

(34)贝母(Fritillaria)。百合科贝母属多年生草本植物,其鳞茎供药用,药材"贝母"为本属植物的干燥鳞茎。贝母以排水良好、土层深厚、疏松、富含腐殖质的沙壤土种植为好。

(35)云木香[Saussurea costus (Falc.) Lipech.]。菊科,风毛菊属多年生高大草本植物,高可达 2 m。适应底肥强,喜冷凉、湿润的气候条件。云木香是深根植物,要求土层深厚(0.5 m 以上),土壤 pH 值为 6.5~7,地下水位低,排水性能良好,肥沃疏松的沙壤土或壤土。沉沙土、石渣土、黏土及土层薄的地均不宜种植。在海拔 2 500~3 200 m;≥10 ℃活动积温 2 000~3 200 ℃,极端最高温度 ≤28 ℃,极端最低温度 ≥ -14 ℃,无霜期 120~200 d,年降水量 800~1 200 mm,全年空气湿度 68%~75%的地区生长良好。云木香在 8~25 ℃的温度范围内均可萌发,适宜温度为 12~20 ℃,温度低于 8 ℃或高于 30 ℃萌发均受到抑制。土壤水分要求常年保持在 22%~35%,土壤湿度低于 15%,云木香植株会出现萎蔫。

（36）红花（Carthamus tinctorius L.）。一年生草本。喜温暖、干燥气候,抗寒性强,耐贫瘠。抗旱怕涝,适宜在排水良好、中等肥沃的沙壤土上种植,以油沙土、紫色夹沙土最为适宜。种子容易萌发,5 ℃以上就可萌发,发芽适温为15~25 ℃,发芽率为80%左右。适应性较强,生活周期120 d。

（37）白术（Atractylodes macrocephala Koidz.）。菊科苍术属多年生草本植物,高可达60 cm,结节状根状茎。白术喜凉爽气候,怕高温高湿环境,对土壤要求不严格,但以排水良好、土层深厚的微酸、碱及轻黏土为好。平原地区要选土质疏松、肥力中等的地块。土壤过肥,幼苗生长过旺,易当年抽薹开花,影响药用质量。在山区可选择土层较厚,有一定坡度的土地种植。前茬最好是禾本科作物,不宜选择烟草、花生、油菜等作物茬,否则易发生病害。

（38）猪屎豆（Crotalaria pallida Ait.）。多年生草本,或呈灌木状;茎枝圆柱形,具小沟纹,密被紧贴的短柔毛。栽培或野生于山坡、路旁。分布于山东、浙江、福建、台湾、湖南、广东、广西、四川、云南等地。

3）药菌

（1）灵芝（Ganoderma Lucidum Karst）。又称为瑞草、神芝、仙草等,是一种多孔菌科真菌灵芝的子实体。灵芝一般生长在湿度高且光线昏暗的山林中,主要生长在腐树或是其树木的根部。

（2）茯苓[Poria cocos Wolf]。多孔菌科真菌茯苓。分布于河北、河南、山东、安徽、浙江、福建、广东、广西、湖南、湖北、四川、贵州、云南、山西等地。主产于安徽、云南、湖北。

（3）雷丸（Omphalia lapidescens Schroet）。白蘑科真菌雷丸。类球形或不规则团块,直径1~3 cm。表面黑褐色或灰褐色,有略隆起的不规则网状细纹。质坚实,不易破裂,断面不平坦,白色或浅灰黄色,常有黄白色大理石样纹理。主产于甘肃、四川、云南、贵州。

（4）竹荪[Dictyophora indusiata（Vent. ex Pers）Fisch]。又名竹笙、竹参。竹荪是典型的中温型菌类。菌丝的生长温度为4~28 ℃,最适温度为20~23 ℃;低于16 ℃或高于36 ℃,生长缓慢。菌丝生长阶段,要求培养基含水量达60%~70%,低于50%,菌丝生长受阻,低于30%,则休眠或死亡。竹荪基部菌索与竹鞭和枯死竹根相连,长裙竹荪多产于高温高湿地区,而同属的短裙竹荪则多长在温湿环境。

（5）大方冬荪。学名白鬼笔,又称竹下菌、竹菌、无裙荪,是一种珍稀食用菌,有重要的药食两用价值。其产地为大方县,位于贵州省西北部,毕节市中部,乌江支流六冲河北岸,大娄山西端。属亚热带湿润季风气候,气候温和,雨量充沛,雨热同期,具有冬无严寒,夏无酷暑。年平均气温在11.8 ℃左右,年平均降水量为1 155 mm,常年相对湿度84%。

2. 经果林

1）水果

（1）柿树（Diospyros kaki）。乔木,高3~15 m,果实可食用。喜阳树种,耐寒耐旱,喜湿润,能在空气干燥而土壤较为潮湿的环境下生长,忌积水。深根性,根系强大,吸水、吸肥力强,耐瘠薄,适应性强,对土壤要求不严。

（2）樱桃（Prunus davidiana）。乔木,高2~6 m,喜光、喜温、喜湿、喜肥。适合在年均气温10~12 ℃,年降水量600~700 mm,年日照时数2 600~2 800 h以上的气候条件下生长。土壤以土质疏松、土层深厚的沙壤土为佳。

（3）番石榴（Psidium guajava）。乔木,高达 13 m。适宜热带气候,怕霜冻,对土壤要求不严,以排水良好的沙质壤土、黏壤土栽培生长较好,pH 值 4.5~8.0 均能种植。

（4）桑树（Morus alba）。乔木,高 3~16 m,树冠呈倒卵圆形,叶可作饲料,喜光,对气候、土壤适应性都很强,耐寒,不耐水湿,喜深厚疏松肥沃土壤。

（5）梨（Pyrus spp）。乔木,极少数品种为常绿。喜光喜温,宜选择土层深厚、排水良好的缓坡山地种植,尤以沙质壤土山地为理想。

（6）黄皮果（Clausena lansium）。乔木,高达 12 m。对光照的适应能力较强,喜光也耐半阴。喜欢肥沃、疏松、深厚、排灌良好的土层,忌积水、干旱高燥、土壤黏重板结。

（7）枇杷（Eriobotrya japonica）。常绿小乔木,高可达 10 m;小枝粗壮,黄褐色,密生锈色或灰棕色绒毛。喜光,稍耐阴,喜温暖气候和肥水湿润,对土壤要求不严,适应性较广,一般土壤均能生长结果,但以含沙或石砾较多疏松土壤生长较好。种子可酿酒及提炼酒精;木材质坚韧,供制木梳、木棒等用材;叶和果实可入药。

（8）李子（Prunus salicina）。落叶小乔木,根系发达,枝叶繁茂,具有截留隔水、固持水土、涵养水源、净化空气等生态功能。李类果树是传统的经济林造林绿化树种之一,适应性强,对土壤要求不严,易于种植与管理。适宜于岩溶谷地,一般海拔在 200 m 以下,气候温暖湿润,土壤质地疏松,有机质含量中等,pH 值呈微酸性或微碱性,土层厚度在 60~120 cm 中度石漠化、轻度石漠化与潜在石漠化土地。

（9）红叶李（Prunus Cerasifera）。落叶小乔木,高可达 8 m。紫叶李喜阳光、温暖湿润气候,有一定的抗旱能力。对土壤适应性强,较耐水湿,但在肥沃、深厚、排水良好的黏质中性、酸性土壤中生长良好,不耐碱。以沙砾土为好,黏质土亦能生长,根系较浅,萌生力较强。

（10）石榴（Punica granatum）。落叶乔木或灌木,树高 3~5 m。喜温暖向阳的环境,耐旱、耐寒,也耐瘠薄,不耐涝和荫蔽。对土壤要求不严,但以排水良好的夹沙土栽培为宜。

（11）山桃（Amygdalus davidiana）。落叶小乔木或落叶灌木,高 4~10 m,大多高 4~5 m,根系发达,主根明显。其根系穿透力强,能穿过干燥坚实的土层,甚至基岩的节理和裂缝,固土性能非常好。抗旱耐寒,又耐盐碱土壤,生于山坡、山谷沟底或荒野疏林及灌丛内,海拔 800~3 200 m。

（12）刺梨（Rosa roxbunghii）。灌木,高 1~3 m,果实可食用,喜光,喜温暖湿润,适应性强,耐寒、抗旱、耐盐碱、耐水湿,在沙土、黄土、重盐碱土上都可生长。生态适应幅度大,垂直分布可高达海拔 4 040 m,耐寒力极强侧根发达,对土壤要求不严,以 pH 值为 5.5~7 的酸性或微酸性土壤为好,为重要的药用、观赏和园林绿篱植物种。

（13）柑橘（Citrus reticulata Blanco）。灌木至小乔木。稍耐阴,喜温暖湿润气候,不耐寒,气温低于-7 ℃时会发生冻害,适于生长在深厚肥沃的中性至微酸性的沙壤土。

（14）火棘（Pyracantha fortuneana Li）。常绿灌木,高达 3 m,果实药用价值高,喜光,适应庇荫、潮湿,对土壤要求不严,耐旱、耐涝、耐瘠薄、耐盐碱、抗寒。

（15）火龙果（Hylocereus undulatus）。多年生攀缘性的多肉植物,根系发达,耐旱耐瘠,对促进荒山植被恢复,涵养水源,防止水土流失,绿化环境都具有很好的促进作用,最适宜在石漠化地区广泛种植。

（16）猕猴桃（Actinidia chinensis）。多年生藤本植物。宜在土层深厚、温润、疏松、富含有机质土壤上生长。需水又怕涝，属于生理耐旱性弱、耐湿性弱的果树。一般在 800～1 800 m 都能种植，但以海拔 1 000～1 600 m 较为适宜。土壤以深厚肥沃、透气性好，地下水位在 1 m 以下，有机质含量高，pH 值 5.5～6.5 微酸性的沙质土壤为宜，强酸或碱性土壤需改良后再栽培。

（17）沃柑（Citrus reticulata Blanco.）。属很晚熟杂交柑桔品种，属春桔。生长势强，树冠初期呈自然圆头形，结果后逐步开张。枝梢上具短刺。沃桔耐寒性中等，适宜年均温 17.5 ℃ 以上的柑橘产区种植，要求冬季最低气温不低于-5 ℃。要求土壤土层深厚（60 cm）、肥沃；土壤 pH 值在 5.5～7.0；果园地势坡度低于 25°。

（18）脐橙（Citrus sinensis Osb. var. brasliliensis Tanaka）。芸香科乔木。枝少刺或近于无刺，叶片卵形或卵状椭圆形，花白色，很少背面带淡紫红色，果圆球形，扁圆形或椭圆形，橙黄至橙红色，果顶部有一些发育不完全的心皮群形成的脐，果心实或半充实，果肉淡黄、橙红或紫红色。花期 3～5 月，果期 10～12 月，迟熟品种至次年 2～4 月。脐橙种植适宜年降水量 1 600 mm 左右，年平均气温 18～22 ℃、绝对最低温度不低于-5 ℃、1 月平均气温不低于 7 ℃、≥10 ℃ 年均有效积温 5 500～6 500 ℃、空气相对湿度 70%～80%、年日照时数 1 800 h 左右、全年无霜期 280 d 以上、果实成熟期昼夜温差在 10 ℃ 以上的环境条件。

（19）红江橙［Citrus sinensis Osbeck］。果大形好、皮薄光滑、果肉橙红、肉质柔嫩、多汁化渣、甜酸适中、风味独特，在国内被誉为"人间仙桃"，在国外则被冠为"中国橙王"，是我国柑橙的名优新品种。要求土壤土层深厚（60 cm），肥沃；土壤 pH 值在 5.5～7.0；果园地势坡度低于 25°。

（20）蜜柚（Honey pomelo）。又名香抛，属亚热带常绿小乔木果树，系柚子优质品的一种。多见生长于南方，并以福建省平和县、广东韶关所产柚子最为著名。蜜柚的生长发育需良好的生态条件：年均温 21.2 ℃，土壤 pH 值在 4.8～5.5，该柚忌荫蔽。适于东南方向、地势平缓的低海拔丘陵山地种植。

（21）杨梅［Myricarubra S. et Zucc］。属木兰纲、杨梅科、杨梅属小乔木或灌木植物，常绿乔木，高可达 15 m 以上，胸径达 60 余 cm。喜酸性土壤，原产中国温带、亚热带湿润气候的海拔 125～1 500 m 的山坡或山谷林中，主要分布在长江流域以南、海南岛以北，即北纬 20°～31°，与柑橘、枇杷、茶树、毛竹等分布相仿，但其抗寒能力比柑桔、枇杷强。

（22）山莓（Rubus corchorifolius L. f.）。又名树莓，直立灌木，高 1～3 m；枝具皮刺，幼时被柔毛。多生于向阳山坡、溪边、山谷、荒地和疏密灌丛中潮湿处。海拔 200～2 200 m。特别是刚开垦的生荒地，只要有山莓营养繁殖体，即以根蘖芽成苗，改变周围生境。系荒地的一种先锋植物，耐贫瘠，适应性强，属阳性植物。在林缘、山谷阳坡生长，有阳叶、阴叶之分。

（23）蓝莓（blueberry）。分两种：一种是低灌木，矮脚野生，颗粒小，富含花青素；另一种是人工培育蓝莓，能成长至 240 cm 高，果实较大，果肉饱满，改善了野生蓝莓的食用口感，增强了人体对花青素的吸收。抗旱、喜水、怕涝。蓝莓抗旱能力强，但由于根系较浅，过度干旱会影响其生长。生长于海拔 900~2 300 m 的地区,多见于针叶林、泥炭沼泽、山地苔原和牧场,也是石楠灌丛的重要组成部分。

(24)西番莲(Passiflora caerulea L.)。为多年生常绿攀缘木质藤本植物,属热带、亚热带水果,喜光、向阳及温暖的气候环境。西番莲的适应性强,对土壤要求不严,房前屋后、山地、路边均可种植,但以富含有机质、疏松、土层深厚、排水良好、阳光充足的向阳园地生长最佳,忌积水,不耐旱,应保持土壤湿润。

(25)青枣(Zizyphus mauritiana Lam.)。属小乔木果树,与中国乔木枣为同科同属,但不同种,其对温度适应性强,能耐 35 ℃的高温到-10 ℃的低温,适于热带、亚热带地区种植,在温带地区也能生长;在热带、亚热带地区种植为常绿果树,在温带地区种植为落叶果树。青枣适应性强。但对水源、阳光、肥料要求较高。宜选择光照充足,排灌方便的水田、旱地种植。

(26)苹果(Malus domestica)。蔷薇科,是落叶乔木,有较强的极性,通常生长旺盛,树冠高大,树高可达 15 m,栽培条件下一般高 3~5 m。树干灰褐色,老皮有不规则的纵裂或片状剥落,小枝光滑。果实为仁果,颜色及大小因品种而异。喜光,喜微酸性到中性土壤。最适于土层深厚、富含有机质、心土为通气排水良好的沙质土壤。

(27)无花果(Ficus carica Linn.)。桑科榕属植物,主要生长于一些热带和温带的地方,属亚热带落叶小乔木。喜温暖湿润气候,耐瘠,抗旱,不耐寒,不耐涝。以向阳、土层深厚、疏松肥沃。排水良好的沙质壤土或黏质壤土栽培为宜。

(28)杧果(Mangifera indica L.)。常绿大乔木,高 10~20 m;树皮灰褐色,小枝褐色,无毛。杧果性喜温暖喜光照,不耐寒霜。温度最适生长温度为 25~30 ℃,在年雨量 700~2 000 mm 的地区生长良好,对土壤要求不苛,在海拔 600 m 以下的地区均可栽培杧果。但以土层深厚,地下水位低于 3 m 以下,排水良好,微酸性的壤土或沙壤土为好。

(29)毛葡萄(Vitis heyneana Roem. et Schult)。葡萄科、葡萄属木质藤本植物。具有耐热、耐瘠、耐旱等特点,生长在海拔 100~3 200 m 的山坡、沟谷灌丛、林缘或林中。

(30)山葡萄(Vitis amurensis Rupr.)。木质藤本。山葡萄对土壤条件的要求不严,多种土壤都能生长良好。但是,以排水良好、土层深厚的土壤最佳。山葡萄的特点是耐旱怕涝。生于山坡、沟谷林中或灌丛,海拔 200~2 100 m。

(31)八月瓜(Holboellia latifolia Wall.)。常绿木质藤本。浅根性树种,无主根,侧根特别发达,对土壤要求不太严格。但喜光,喜钙,一般选择地势开阔、背风向阳的沙壤土和中壤土为好,水渍地不宜。质地疏松保水、保肥性强,透气良好,土层较厚的土壤栽植的八月瓜生长快,产量高,质量好,生产成本也低。

(32)山桃[Amygdalus davidiana (Carrière) de Vos ex Henry]。蔷薇科,桃属乔木,高可达 10 m。生于山坡、山谷沟底或荒野疏林及灌丛内。该种抗旱耐寒,又耐盐碱土壤。山桃育苗地要选择地势平坦、排水良好、较肥沃的沙壤土或轻壤土为宜,还要具有灌溉条件,不宜选土壤过于黏重或低洼积水地,也不要选在迎风口处。

2)坚果

(1)深纹核桃(Juglans sigillata)。乔木,树势强,树姿直立开张,高达 30 多 m,深根性树种,根系发达,喜肥,较喜温,喜光,能耐干燥的空气,对土壤水分状况较敏感,适宜 pH

值 6.3~8.2。种子含油率高,可食用,木材坚硬。

(2)薄壳山核桃(Carya illinoinensis K. Koch)。乔木,高可达 50 m,原产北美洲,城乡绿化树种和果材兼用树种。阳性树种,喜光,喜温暖湿润气候,有一定耐寒性。适生于疏松、排水良好、土层深厚肥沃的沙壤、冲积土。根系发达,耐水湿,不耐干旱瘠薄。对土壤酸碱度的适应范围比较大,微酸性、微碱性土壤均能生长良好。

(3)贵州山核桃(Carya kweichowensis Kuang & A. M. Lu)。乔木,阳性树种,喜光,喜湿润生境。分布区年均温 17.9~21.1 ℃。年降水量 1 200~2 000 mm,相对湿度为 79%~82%;酸性红壤、黄壤或棕褐色石灰土(pH 值为 5.5~7.5)。

(4)湖南山核桃(Carya hunanensis)。乔木,高 6~14 m。喜温暖湿润气候,年平均温度 15.2 ℃为宜,能耐最高温度为 41.7 ℃,较耐寒,−15 ℃也不受冻害。适合生长在海拔 500~800 m,土壤为酸性或微酸性,背风向阳,土层深厚的地方。

(5)板栗(Castanea mollissima)。乔木,高 20~40 m,果实可食用,树冠圆广、枝茂叶大。喜光,适应性强,喜欢潮湿土壤怕雨涝,耐旱耐钙,对土壤酸碱度敏感,适宜微酸性土壤。

(6)华山松(Pinus armandii)。乔木,高达 35 m。球果圆锥状长卵圆形,长 10~20 cm,径 5~8 cm。喜气候温凉而湿润,稍耐干燥瘠薄的土地,能生于石灰岩石缝间。可用材、割取树脂、栲胶,针叶可提炼芳香油,种子食用,亦可榨油供食用或工业用油。

(7)澳洲坚果(Macadamia ternifolia F. Muell.)。也叫夏威夷果,乔木,高 5~15 m。根系分布浅,抗风能力弱,适生气温 10~30 ℃,最适宜气温 15~30 ℃,低于 10 ℃或超过 30 ℃对坚果生长不利。年降水量在 1 000~2 000 mm 的地区种植生长,结果较好,降水量在 1 000 mm 以下或干旱地区种植生长慢,果实变小,发育不良,落果严重。

(8)榛子(Corylus heterophylla Fisch.)。山毛榉目桦木科榛属灌木或小乔木,高 1~7 m。榛树对土壤的适应性较强,在轻沙土、壤土、轻黏质土及轻盐碱土上均能生长发育和结实,但最适宜的土壤是沙壤土。土层厚度 50 cm 以上。对土壤酸碱土适应性强,在 pH 值 5.5~8.0 范围内均可正常生长结实。喜光、耐低温,最适宜的年降水量为 700~1 000 mm。

3. 香料林

(1)八角(Illicium verum)。乔木,高 10~15 m。喜冬暖夏凉的山地气候,适宜种植在土层深厚、排水良好、肥沃湿润、偏酸性的沙质壤土或壤土上,生长良好,在干燥瘠薄或低洼积水地段生长不良。

(2)肉桂(Cinnamomum wilsonii Gamble)。乔木,喜温暖湿润、阳光充足的环境,喜光又耐阴,喜暖热、多雾高温之地,不耐干旱、积水、严寒和空气干燥,怕霜雪。栽培宜用疏松肥沃、排水良好、富含有机质的酸性沙壤土。枝、叶、果实、花梗可提制桂油也可入药。

(3)香桂(Cinnamomum subavenium Miq.)。乔木,高达 20 m,胸径 50 cm。生于山坡或山谷的常绿阔叶林中,海拔 400~1 100 m,香桂叶油可作香料及医药上的杀菌剂,皮油可作化妆用及牙膏用的香精原料。

(4)花椒(Zanthoxylum bungeanum Maxim.)。落叶灌木或小乔木,高 3~7 m。喜光,适宜温暖湿润及土层深厚肥沃壤土、沙壤土,耐寒耐旱,抗病能力强,隐芽寿命长。适宜于岩溶地区山地中下部、洼地河谷地区,坡度相对平缓,轻度石漠化、中度石漠化和潜在石漠化土地,岩层倾斜,岩缝较发达,水热条件及土被较好的地区。

(5)岩桂(Cinnamomum pauciflorum)。常绿灌木或小乔木,高3~15 m。喜光,幼苗期要求有一定的庇荫。喜温暖和通风良好的环境,耐旱耐涝,不耐寒。适生于土层深厚、排水良好,富含腐殖质的偏酸性沙壤土,忌碱性土和积水。树皮及根入药,枝叶含芳香油。

4. 油料林

(1)油桐(Vernicia fordii)。落叶乔木,高达10 m。树皮灰色,近光滑;枝条粗壮,无毛,具明显皮孔。喜温暖湿润气候,怕严寒。以阳光充足、土层深厚、疏松肥沃、富含腐殖质、排水良好的微酸性沙质壤土栽培为宜。油桐是中国著名的木本油料树种。

(2)千年桐(Vcmicia Montana)。落叶乔木,高达20 m。枝条无毛,散生突起皮孔。喜光喜温暖湿润气候,不耐庇荫,喜生于向阳避风、排水良好的缓坡。对霜冻有一定抗性,适生于土层深厚、疏松、肥沃、湿润、排水良好的中性或微酸性土壤上。在过酸、过碱、过黏,干燥瘠薄、排水不良的地方,均不宜栽植。生长速度快,耐热、不耐寒。是我国重要的工业油料植物和优良水土保持树种。

(3)东京桐(Deutzianthus tonkinensis Gagnep.)。乔木,高达12 m,胸径达30 cm。喜湿、喜肥,偏阴性,是典型的喜钙树种,较耐阴,常为二层林冠。石灰岩山区及酸性土山区均有分布,pH值为4.5~7.5均适宜。喜肥沃湿润的森林土壤,在石灰岩山区,多分布于积土深厚的峰丛中下部;酸性土山也多分布在山坡中下部,山脊少见。是石灰岩地区的"油、材"两用经济树种。

(4)蝴蝶果(Cleidiocarpon cavaleriei Airy Shaw)。乔木,高达25 m。喜光,喜温暖多湿气候,耐寒。对土壤的适应性较广,多生长在石灰岩石山上,在沙壤土或轻黏土上都能生长;在石砾土和重黏土上则生长不良,是一种粮油兼用的经济树种。

(5)光皮树(Swida wilsoniana Sojak)。落叶乔木,高5~18 m。喜光,耐寒,喜深厚、肥沃而湿润的土壤,在酸性土及石灰岩土生长良好。生长于海拔130~1 130 m的森林中,是一种木本油料植物,又是良好的用材和绿化树种。

(6)乌桕(Sapium sebiferum)。落叶乔木,喜光树种,对光照、温度均有一定的要求,在年平均温度15 ℃以上,年降水量在750 mm以上地区均可栽植。在海拔500 m以下当阳的缓坡或石灰岩山地生长良好。能耐间歇或短期水淹,对土壤适应性较强,红壤、紫色土、黄壤、棕壤及冲积土均能生长,中性、微酸性和钙质土都能适应,较耐干旱瘠薄,为我国南方重要的工业油料树种和山地造林树种。

(7)青檀(Pteroceltis tatarinowii Maxim.)。乔木,高达20 m。阳性树种,喜光,适应性较强,喜钙,喜生于石灰岩山地。抗干旱、耐盐碱、耐土壤瘠薄,耐旱,耐寒,不耐水湿。根系发达,萌蘖性强。树皮纤维制宣纸的主要原料,可作石灰岩山地的造林树种,种子可榨油。

(8)漆树(Toxicodendron vernicifluum)。落叶乔木或小乔木,高达10 m。喜光不耐庇荫;喜温暖气候及深厚肥沃而排水良好的土壤,在酸性、中性及钙质土上均能生长。较耐寒,大多分布在山脚、山腰或农田垄畔等海拔较低的地方。为我国重要的特用经济林,为天然涂料、油料和木材兼用树种。

(9)山苍子(Litsea cubeba)。落叶灌木或小乔木,高3~8 m。喜光或稍耐阴,浅根性,生于向阳丘陵和山地的灌丛或疏林中;海拔100~2 900 m的荒山、荒地、灌丛中或疏林内、林缘及路边均有。对土壤和气候的适应性较强,但在土壤pH值5~6的地区生长更为旺盛。

(10)蒜头果(Malania oleifera)。常绿乔木,高达20 m,胸径可达40 cm。喜生长在湿润肥沃的土壤上和石灰岩山地混交林内或稀树灌丛林中,在砂岩、页岩地区的酸性土上也有生长。为良好的木本油料植物,其种仁油脂可作为合成麝香酮的理想原料。

(11)樟树(Cinnamomum bodinieri)。常绿乔木。喜光稍耐阴,喜温暖湿润气候,耐寒性不强,对土壤要求不严,较耐水湿,不耐干旱、瘠薄和盐碱土,深根性主根且发达,抗风,萌芽力强。枝叶含芳香油,果仁含脂肪。

(12)油茶(Camellia oleifera Abel.)。灌木或中乔木,嫩枝有粗毛。油茶喜温暖,怕寒冷,要求年平均气温16~18 ℃,花期平均气温为12~13 ℃。突然的低温或晚霜会造成落花、落果。要求有较充足的阳光,否则只长枝叶,结果少,含油率低。要求水分充足,年降水量一般在1 000 mm以上,但花期连续降雨,影响授粉。要求在坡度和缓、侵蚀作用弱的地方栽植,对土壤要求不甚严格,一般适宜土层深厚的酸性土,而不适于石块多和土质坚硬的地方。

(13)山桐子(Idesia polycarpa Maxim)。落叶乔木,高8~21 m。喜光树种,不耐庇荫。喜深厚,潮润,肥沃疏松土壤,而在干燥和瘠薄山地生长不良。在降水量800~2 000 mm地区的酸性、中性、微碱土壤上均能生长。能耐-14 ℃的低温。生长于海拔400~2 500 m的低山区的山坡、山洼等落叶阔叶林和针阔叶混交林中,通常集中分布于海拔900 m(秦岭以南地区)至海拔1 400 m(西南地区)的山地。

(14)西康扁桃(Amygdalus tangutica Korsh.)。蔷薇科桃属植物,密生小灌木,高1~2(4)m。生长于海拔1 500~2 600 m山坡向阳处或溪流边。为喜光性树种,根系发达,耐旱、耐寒、耐瘠薄,但在水肥条件较好的地块树体高大、生长旺盛、结果良好。一般能耐-25 ℃的低温,在降水量300~500 mm地区生长正常,花期能耐-2 ℃低温,在pH值7.5~8.5的碱性土壤上生长良好。

(15)星油藤(Plukenetia volubilis L.)。大戟科星油藤属植物,多年生木质藤本,长可达3 m以上。喜温植物,要求冬无严寒,夏无酷暑,适宜的温度范围是年平均气温12~36 ℃,冬季极端低温不低于5 ℃,夏季最高月均温不高于36 ℃。生长期(3~9月)平均气温在12~30 ℃,夏季(6~8月)平均气温在18~36 ℃,最适合星油藤的生长。喜日照充足。在年降水量1 000 mm以上地区生长良好;适宜生长于肥力充足、排水良好,土质疏松、富含有机质的土壤,土壤pH值为5.5~7.5的红壤或砖红壤为宜,土层厚度大于或等于0.5 m以上。

(16)茶条木(Delavaya toxocarpa Franch.)。无患子科,茶条木属灌木或小乔木,高可达8 m。分布于中国云南大部分地区、广西西部和西南部。越南北部也有分布。生长在海拔500~2 000 m处的密林中,有时亦见于灌丛。

(17)光皮梾木[Swida wilsoniana (Wanger.) Sojak]。落叶乔木,高5~18 m,稀达40 m。光皮梾木喜光,耐寒,喜深厚、肥沃而湿润的土壤,在酸性土及石灰岩土生长良好。分布于中国陕西、甘肃、浙江、江西、福建、河南、湖北、湖南、广东、广西、四川、贵州等省（区）。生长于海拔 130~1 130 m 的森林中。该种是一种木本油料植物，果肉和种仁均含有较多的油脂，用土法榨油，出油率为 30% 左右，其油的脂肪酸组成以亚油酸及油酸为主，食用价值较高；叶作饲料，牲畜特别爱吃，又为良好的绿肥原料；木材坚硬，纹理致密而美观，为家具及农具的良好用材；树形美观，寿命较长，为良好的绿化树种。

（18）油榄（Olea europaea L.）。木犀科（Oleaceae）齐墩果属的油料作物，常绿小乔木，高可达 10 m；树皮灰色。油橄榄对其生长的土壤没有特别的要求，只要 pH 值在 6.5~8.0，土壤疏松透气，无论是在硅质土里还是在钙质土里都能生长。

（19）麻风树（Jatropha curcas L.）。灌木或小乔木，高 2~5 m，具水状液汁，树皮平滑；枝条苍灰色，无毛，疏生突起皮孔，髓部大。麻疯树为喜光阳性植物，根系粗壮发达，具有很强的耐干旱耐瘠薄能力，对土壤条件要求不严，生长迅速，抗病虫害，适宜中国北纬 31°以南（秦岭淮河以南地区）种植。

5. 饮料林

（1）茶叶（tea-leaf）。茶树种植的自然条件包括地貌、气候、土壤类型等。地形以丘陵为主，排水条件要好。降水充沛，年温差小、日夜温差大，无霜期长，光照条件好，这样的气候条件适宜各种类型的茶树生长，尤其适合大叶种茶树生长。冬末至夏初日照比较多，夏秋雨多雾大（云南茶区），日照较少利于茶树越冬和养分积累，利于夏秋茶的品质。砖红壤、砖红壤性红壤、山地红壤或山地黄壤、棕色森林土，这些土壤发育程度较深，结构良好，适合茶树生长。

（2）咖啡（coffee）。属茜草科多年生常绿灌木或小乔木，高 5~8 m。小粒咖啡最适宜生长在海拔 800~1800 m 的山地上，根系发达，吸收根分布浅，要求疏松、肥沃、排水良好的土壤，并且选择坡度在 25°以下的坡地。对温度的要求随栽培品种而异，小粒种较耐寒、喜温凉的气候，要求年平均气温为 19~22 ℃，最低月平均气温为 11.5 ℃以上，绝对最低气温在 4 ℃以上。小粒咖啡不耐强光，在年降水量在 1 250 mm 以上且分布均匀生长最为适宜。

（3）可可（Theobroma cacao L.）。锦葵科、可可属常绿乔木，高达 12 m。喜生于温暖和湿润的气候和富于有机质的冲积土所形成的缓坡上，在排水不良和重黏土上或常受台风侵袭的地方则不适宜生长。喜阳，但幼苗期不能接受烈日暴晒。原生长地最冷月份的平均气温为 16~21 ℃，最热月份的平均气温为 26~29 ℃，全年无霜冻，年平均气温也在 22~26.5 ℃，年降水量大多在 1 500~2 000 mm。原产于美洲中部及南部，广泛栽培于全世界的热带地区。在中国海南和云南南部有栽培。

6. 用材林

（1）柚木（Tectona grandis）。落叶或半落叶大乔木，树高可达 40~50 m。柚木喜光，喜深厚、湿润、肥沃、排水良好的土壤，能生长于砂页岩、花岗岩发育成的红壤和赤红壤上。柚木是制造高档家具、地板、室内外装饰的好材料，同时也具有观赏和药用价值。

（2）苦楝（Melia azedarach）。落叶乔木，高可达 10 m。喜温暖湿润气候，耐寒、耐碱、耐瘠薄。适应性较强。以上层深厚、疏松肥沃、排水良好、富含腐殖质的沙质壤土栽培为宜。对土壤要求不严，在酸性土、中性土与石灰岩地区均能生长，可作材用和药用，也具有园林观赏价值。

（3）麻栎（Quercus acutissima Carruth）。落叶乔木，喜光，深根性，对土壤条件要求不严，耐干旱、瘠薄，亦耐寒；宜酸性土壤，亦适石灰岩钙质土，是荒山瘠地造林的先锋树种。木材坚硬，不变形，耐腐蚀，作建筑、枕木、车船、家具用材，还可药用。

（4）南酸枣（Choerospondias axillaris）。落叶乔木，高 8～20 m。性喜阳光，略耐阴；喜温暖湿润气候，不耐寒；适生于深厚肥沃而排水良好的酸性或中性土壤，不耐涝。为我国南方优良速生用材树种，果可入药。

（5）泡桐（Paulownia fortunei）。落叶乔木，喜光，较耐阴，喜温暖气候，耐寒性不强，对黏重瘠薄土壤有较强适应性。耐干旱能力较强，在土壤肥沃、深厚、湿润但不积水的阳坡山场或平原、岗地、丘陵、山区栽植，均能生长良好，是良好的用材树种。

（6）栓皮栎（Quercus variabilis）。落叶乔木，高可达 30 m，胸径达 1 m 以上。喜光树种，幼苗能耐阴。深根性，根系发达，萌芽力强。适应性强，抗风、抗旱耐瘠薄，在酸性、中性及钙质土壤中均能生长，尤以在土层深厚肥沃、排水良好的壤土或沙壤土生长最好。是中国生产软木的主要原料，同时也是营造防风林、水源涵养林及防护林的优良树种。

（7）喜树（Camptotheca acuminata.）。落叶乔木，高达 20 余 m。喜温暖湿润，不耐严寒和干燥。对土壤酸碱度要求不严，在酸性、中性、碱性土壤中均能生长，在石灰岩风化的钙质土壤和板页岩形成的微酸性土壤中生长良好，但在土壤肥力较差的粗沙土、石砾土、干燥瘠薄的薄层石质山地生长不良，是用材、防护和药用的良好树种。

（8）白栎（Quercus fabri Hance）。落叶乔木，高达 20 m。阳性树种，适应性强，耐干旱、耐瘠薄，在土壤瘠薄干燥之处亦能生长。用途广泛，可做用材林和薪炭林。同时由于其为深根性树种且根系发达，枯枝落叶层厚，能有效地改良土壤和防止水土流失。

（9）滇楸（Catalpa fargesii Bur. f. duclouxii Gilmour）。落叶乔木，树高可达 20 m，主干端直，树皮有纵裂，枝杈少分歧。喜光树种，喜温暖湿润的气候，适生于年平均气温 10～15 ℃、年降水量 700～1 200 mm 的地区。对土、肥、水条件的要求较严格，适宜在土层深厚肥沃，疏松湿润而又排水良好的中性土、微酸性土和钙质土壤上生长。

（10）黄连木（Pistacia chinensis Bunge）。落叶乔木，高达 25～30 m。喜光，幼时稍耐阴；喜温暖，畏严寒；耐干旱瘠薄，对土壤要求不严，微酸性、中性和微碱性的沙质、黏质土均能适应，而以在肥沃、湿润而排水良好的石灰岩山地生长最好。深根性，主根发达，抗风力强，萌芽力强，可作为优良的木本油料和优质用材树种。

（11）构树（Broussonetia papyrifera）。落叶乔木，高 10～20 m。喜光，适应性强，耐干旱瘠薄，也能生于水边，多生于石灰岩山地，也能在酸性土及中性土上生长；耐烟尘，抗大气污染力强。构树叶可作饲料；韧皮纤维是造纸的高级原料；其乳液、根皮、树皮、叶、果实及种子可入药。

（12）羽叶楸（Stereospermum colais Mabberley）。落叶乔木，高 15～20 m，胸径 15～25 cm。喜温暖环境，典型热带季雨林与干热河谷稀树灌丛树种。耐旱，喜光，耐石灰岩钙质土环境，在岩溶石山谷地、坡地甚至石岩均能生长，为优质用材树种。

（13）枫香（Liquidambar formosana Hance）。落叶乔木，高达 30 m，胸径最大可达 1 m。喜温暖湿润气候，性喜光，幼树稍耐阴，耐干旱瘠薄土壤，不耐水涝。在湿润肥沃而深厚的红黄壤土上生长良好。深根性,主根粗长,抗风力强,不耐盐碱,可作优良的观赏、药用和用材树种。

(14)柏木(Cupressus funebris)。乔木,高可达35 m。喜温暖湿润,需充分上方光照,耐侧方庇荫。对土壤适应性广,耐干旱瘠薄,也稍耐水湿,在石灰岩山地钙质土上生长良好。主根浅细,侧根发达。抗风耐烟尘。

(15)柳杉(Cryptomeria fortunei)。乔木,高可达48 m,胸径可达2 m多。中等喜光;喜欢温暖湿润、云雾弥漫、夏季较凉爽的山区气候;喜深厚肥沃的沙质壤土,忌积水。生于海拔400~2 500 m的山谷边,山谷溪边潮湿林中、山坡林中都有栽培。柳杉幼龄能稍耐阴,在温暖湿润的气候和土壤酸性、肥厚而排水良好的山地,生长较快;在寒凉较干、土层瘠薄的地方生长不良。

(16)马尾松(Pinus massoniana Lamb)。乔木,高可达45 m,胸径1.5 m。耐庇荫,喜光、喜温。适生于年均温13~22 ℃,年降水量800~1 800 mm。对土壤要求不严格,喜微酸性土壤,但怕水涝,不耐盐碱,在石砾土、沙质土、黏土、山脊和阳坡的冲刷薄地上,以及陡峭的石山岩缝里都能生长。

(17)墨西哥柏(Cupressus lusitanica Mill.)。乔木,耐干旱瘠薄,耐寒,病虫害少。优良的用材、园林绿化和水源涵养树种。

(18)响叶杨(Populus adenopoda)。乔木,高15~30 m。喜光,耐寒耐旱,对土壤要求不严格,黄壤、黄棕壤、沙壤土、冲积土、钙质土上均能生长。在海拔300 m上下土壤深厚肥沃的冲积土上,生长最为迅速;在贫瘠的向阳露岩上,长成弯曲细长的干形,对土壤的酸碱度适应幅度较大,酸性、微碱性土都能生长。

(19)藏柏(Cupressus torulosa)。乔木,高约20 m。适宜温凉湿润气候,抗寒耐旱能力较强。喜钙树种,要求中性至微碱性土壤,也能适宜缓坡地带的微酸性土壤。在深厚肥沃的石灰岩地区和棕色土上生长良好,是良好的石山造林、用材和观赏树种。

(20)肥牛树(Cephalomappa sinensis)。乔木,高达25 m,嫩枝被短柔毛,后变无毛。宜生长在海拔120~500 m石灰岩山常绿林中。适于石灰岩地区绿化树种,可做用材树种。

(21)火炬松(Pinus taeda)。乔木,在原产地高达30 m。喜光、喜温暖湿润。对土壤要求不严,能耐干燥瘠薄的土壤,除含碳酸盐的土壤外,能在红壤、黄壤、黄红壤、黄棕壤、第四纪黏土等多种土壤上生长,在黏土、石砾含量50%左右的石砾土以及岩石裸露、土层较为浅薄的丘陵岗地上都能生长。怕水湿,更不耐盐碱。但在土层深厚、质地疏松、湿润的土壤上其生长尤为良好,喜酸性和微酸性的土壤,pH值为4.5~6.5生长最好,是重要造林树种和工业用材树种。

(22)任豆(Zenia insignis chun)。乔木,高15~20 m。强喜光树种,分布区年平均温度17~23 ℃,极端最低温-4.9 ℃,年降水量约1 500 mm。土壤为棕色石灰岩土,pH值6.0~7.5在酸性红壤和赤红壤上也能生长。喜钙,在石灰岩山地常见,多生于石山山腰、山脚甚至石崖。能在岩缝间穿透生长,极耐干旱瘠薄,根系具根瘤,能固定空气中游离氮素,可防止土壤退化,增强地力。可作为园林绿化树种和用材树种。

(23)广东松(Pinus kwangtungensis Chun et Tsiang)。乔木,高达30 m,胸径1.5 m。

喜温凉湿润气候,也能耐瘠薄,在悬岩、石隙中也能生长,在土壤深厚,排水良好的酸性土生长良好。可作家具用材,亦可提取树脂。

(24)木荷(Schima superba)。大乔木,高 25 m,嫩枝通常无毛。喜光,幼年稍耐庇荫。适应亚热带气候,分布区年降水量 1 200~2 000 mm,年平均气温 15~22 ℃。对土壤适应性较强,酸性土如红壤、红黄壤、黄壤上均可生长,但以在肥厚、湿润、疏松的沙壤土生长良好。

(25)复羽叶栾树(Koelreuteria bipinnata Franch.)。乔木,高可达 20 余 m;皮孔圆形至椭圆形;枝具小疣点。喜生于石灰质的土壤,在微酸性及微碱性土壤都能生长,也能耐盐渍及短期水涝;但以深厚、肥沃、湿润的土壤上生长良好。深根性,主根发达,抗风力强,萌蘖能力强,不耐干旱瘠薄修剪。

(26)高山松(Pinus densata)。乔木,高达 30 m,胸径达 1.3 m,阳性树种,耐干旱瘠薄。可作用材和造林树种,种子含油可食用,亦可制肥皂、润滑油等。

(27)翅荚香槐(Cladrastis platycarpa Makino)。大乔木,高 30 m,胸径 80~120 cm。喜光树种,在酸性、中性、石灰性土壤上均能适生,生长在海拔 1 000 m 以下的山谷疏林中和村庄附近的山坡杂木林中。木材黄色,可提染料。材质坚硬有光泽,可制作器具、农具用。

(28)杉木(Cunninghamia lanceolata)。乔木,高达 30 m,胸径可达 2.5~3 m。喜光,喜温暖湿润、多雾静风的气候环境,不耐严寒及湿热,怕风,怕旱。适应年平均温度 15~23 ℃,极端最低温度−17 ℃,年降水量 800~2 000 mm 的气候条件。耐寒性大于它的耐旱能力,水湿条件的影响大于温度条件。怕盐碱,对土壤要求比一般树种要高,喜肥沃、深厚、湿润、排水良好的酸性土壤。

(29)栲树(Castanopsis fargesii)。常绿乔木,高可达 10~30 m,胸径 20~80 cm。滇栲较耐旱,不耐盐碱。栲树类木材坚重、抗压力强、耐腐朽、水湿,供建筑、桥梁、坑柱、家具等用材。

(30)湿地松(pinus elliottii)。速生常绿乔木,适生于低山丘陵地带,耐水湿。适生于夏雨冬旱的亚热带气候地区,在中性以至强酸性红壤丘陵地及表土 50~60 cm 以下铁结核层和沙黏土地均生长良好,而在低洼沼泽地边缘尤佳。较耐旱,在干旱贫瘠低山丘陵能旺盛生长,有良好的适应性和抗逆力。湿地松是很好的经济树种,松脂和木材的收益率都很高,也可作风景林和水土保持林。

(31)圆柏(Sabina chinensis)。常绿乔木,高达 20 m,胸径达 3.5 m。喜光树种,较耐阴,喜温凉、温暖气候及湿润土壤。在华北及长江下游海拔 500 m 以下,中上游海拔 1 000 m 以下排水良好之山地可选用造林。忌积水,耐修剪,易整形。耐寒、耐热,对土壤要求不严,能生于酸性、中性及石灰质土壤上,对土壤的干旱及潮湿均有一定的抗性。

(32)桉树(Eucalyptus robusta)。乔木,适生于酸性的红壤、黄壤和土层深厚的冲积土,但在土层深厚、疏松、排水好的地方生长良好。主根深,抗风力强。多数根茎有木瘤,有贮藏养分和萌芽更新的作用。

(33)油松(Pinus tabuliformis Carr.)。常绿乔木,高达 30 m,胸径可达 1 m。深根性,喜光、抗瘠薄、抗风,在土层深厚、排水良好的酸性、中性或钙质黄土上,−25 ℃的气温下均能生长,可供建筑、电杆、矿柱、造船、器具、家具及木纤维工业等用材。

(34)吊丝竹(Dendrocalamus minor)。禾本科,喜酸性土和石灰土壤,要求年平均气温 22~25 ℃,年降水量 1 200~1 800 mm。适合海拔 300 m 以下的坡地、石灰地,河流水溪两旁和石山下部土层较厚的地块生长良好。

(35)白藤(Calamus tetradactylus Hance)。攀缘藤本植物,丛生,茎细长,带鞘茎粗 0.6~1 cm,裸茎粗约 0.5 cm。喜温而不耐寒,适宜的气候条件是年均气温 21~25 ℃。适于白藤生长的土壤类型有黄色砖红壤、砖红壤、褐色砖红壤及赤红壤等,pH 值 5.0~6.4。

(36)臭椿(Ailanthus altissima)。苦木科,落叶乔木,树皮灰色至灰黑色。喜光,不耐阴。适应性强,除黏土外,各种土壤和中性、酸性及钙质土都能生长,适生于深厚、肥沃、湿润的沙质土壤。耐寒,耐旱,不耐水湿,长期积水会烂根死亡。深根性。垂直分布在海拔为 100~2 000 m。在年平均气温 7~19 ℃、年降水量 400~2 000 mm 范围内生长正常;年平均气温 12~15 ℃、年降水量 550~1 200 mm 内最适生长。产各地,为阳性树种,喜生于向阳山坡或灌丛中,村庄房前屋后多栽培,常植为行道树。对土壤要求不严,但在重黏土和积水区生长不良。耐微碱,pH 值的适宜范围为 5.5~8.2。对中性或石灰性土层深厚的壤土或沙壤土适宜,对氯气抗性中等,对氟化氢及二氧化硫抗性强。生长快,根系深,萌芽力强。

(37)泓森槐(Robinia pseudoacacia)。属蝶形花科刺槐属的落叶乔木。此品种耐旱、耐瘠薄、速生性好,且病虫害较少的优势,既能在杨柳科品种地区发展,又可填补杨柳科不能适应的丘陵岗地种植的空白,为大范围发展速生用材林的优良品种。有一定的抗烟尘、耐盐碱作用。适生范围广,是改良土壤、水土保持、防护林、"四旁"绿化的优良多功能树种。可作为行道树、住宅区绿化树种、水土保持树种、荒山造林先锋树种等。我国除青海、西藏外,都适宜栽植。

7.纤维林

(1)棕榈[Trachycarpus fortunei (Hook. F.) H. Wendl.]。属棕榈科常绿乔木,高可达 7 m。垂直分布在海拔 300~1 500 m,西南地区可达 2 700 m。棕榈性喜温暖湿润的气候,极耐寒,较耐阴,成品极耐旱,唯不能抵受太大的日夜温差。棕榈是国内分布最广,分布纬度最高的棕榈科种类。喜温暖湿润气候,喜光。耐寒性极强,稍耐阴。适生于排水良好、湿润肥沃的中性、石灰性或微酸性土壤,耐轻盐碱,也耐一定的干旱与水湿。抗大气污染能力强。易风倒,生长慢。

(2)剑麻(Agave sisalana Perr. ex Engelm.)。又名菠萝麻,龙舌兰科龙舌兰属,是一种多年生热带硬质叶纤维作物。喜高温多湿和雨量均匀的高坡环境,尤其日间高温、干燥、充分日照,夜间多雾露的气候最为理想。适宜生长的气温为 27~30 ℃,上限温 40 ℃,下限温 16 ℃,昼夜温差不宜超过 7~10 ℃,适宜的年水量为 1 200~1 800 mm。其适应性较强,耐瘠、耐旱、怕涝,但生长力强,适应范围很广,宜种植于疏松、排水良好、地下水位低而肥沃的沙质壤土,排水不良、经常潮湿的地方则不宜种植。耐寒力较低,易发生生理性叶斑病。

(3)木棉(Bombax ceiba L.)。木棉科、木棉属落叶大乔木,高可达 25 m。生于海拔 1 400(-1 700)m 以下的干热河谷及稀树草原,也可生长在沟谷季雨林内木棉种植地,宜选择阳光充足,排水良好、土层深厚肥沃的中性或稍偏碱性冲积土为佳,在干旱瘠薄、土壤黏重的地方易致生长不良。

（4）苎麻［Boehmeria nivea（L.）Gaudich.］。荨麻科苎麻属亚灌木或灌木植物,高 0.5~1.5 m。苎麻原产热带、亚热带,为喜温短日照植物,在中国一般都种在山区平地、缓坡地、丘陵地或平原冲击土上,土质最好是沙壤到黏壤,土壤 pH 值以 5.5~6.5 为宜,以土壤含水量 20%~24%,或相对土壤最大持水量的 80%~85% 最好。

（5）青檀（Pteroceltis tatarinowii Maxim.）。榆科、青檀属植物,乔木,高达 20 m 及以上,胸径达 70 cm 或 1 m 以上。喜光,抗干旱、耐盐碱、耐土壤瘠薄,耐旱,耐寒,-35 ℃ 无冻梢。不耐水湿。根系发达,对有害气体有较强的抗性。适应性较强,喜钙,喜生于石灰岩山地,也能在花岗岩、砂岩地区生长。常在岩石隙缝间盘旋伸展。生长速度中等,萌蘖性强,寿命长,山东等地庙宇留有千年古树。

（6）构树（Broussonetia papyrifera）。落叶乔木,高 10~20 m。喜光,适应性强,耐干旱瘠薄,也能生于水边,多生于石灰岩山地,也能在酸性土及中性土上生长;耐烟尘,抗大气污染力强。构树具有速生、适应性强、分布广、易繁殖、热量高、轮伐期短的特点。其根系浅,侧根分布很广,生长快,萌芽力和分蘖力强,耐修剪。

8. 薪炭林

（1）青冈（Quercus glauca）。乔木,高可达 20 m,小枝无毛。适应性较强,酸性至碱性基岩均可生长,在石灰岩山地,可形成单优群落,天然更新力强,生长中速。青冈比较耐寒,耐受极端低温-10 ℃,且耐阴耐瘠薄,深根性,直根系,耐干燥,萌芽力强,可萌芽更新。可作用材林、薪炭材、水保树种,能保持水土、改善土壤肥力,有重要的生态和经济效益。

（2）桤木（Alnus cremastogyne Burk.）。乔木,高可达 30~40 m。喜光,喜温暖气候,耐瘠薄,对土壤适应性强,适生于年平均气温 15~18 ℃,降水量 900~1 400 mm 的丘陵及平原、山区。喜水湿,多生于河滩低湿地。木材较松,宜作薪炭及燃料,生长迅速,是理想的荒山绿化树种。

（3）赤桉（Eucalyptus camaldulensis）。乔木,高 25 m。喜光树种,对气候和土壤的适应力较强。对酸性,微碱性土,以及较瘦薄的砾质沙壤土均能适应。在 pH 值为 8 的碱性土上,生长良好。在深厚的冲积土和红黄壤土,生长迅速。木材主要用于柱材、薪材、木炭、枕木,同时也是重要的蜜源树种。

（4）马占相思（Acacia mangium Willd.）。乔木,树高可达 30 m,胸径可达 50~60 cm。喜光树种,喜湿润、向阳、土壤较好立地,在酸性的红壤、砖红壤及沙质土均能生长良好,中性及碱性土不适生长。木材可作纸浆材,树皮可提取栲胶,也是绿化荒山、营造水土保持、防风固沙和薪炭林的优良树种。

（5）刺槐（Robinia pseudoacacia）。落叶乔木,高 10~25 m。喜光,喜温暖湿润气候,对土壤要求不严,较耐干旱,贫瘠,适应性强,萌芽力和根蘖性都很强,是良好的水土保持、园林绿化和速生用材树种。

（6）黑荆（Acacia mearnsii De Wilde）。乔木,高 9~15 m,小枝有棱,被灰白色短绒毛,强阳性树种,适宜于冬无严寒、夏无酷热的湿润气候区栽培。土壤适应性较强,但以土层深厚疏松、肥沃湿润、通透性好、少石砾,pH 值在 4.5~8.0 的堆积土和沙质壤土为佳,而在瘠薄黏质土上则生长不良。宜选择阳坡的山腰、山脚地带种植。适生海拔为 120~

1 800 m。最佳海拔为 200~500 m。

（7）滇青冈（Cyclobalanopsis glaucoides Schotky）。常绿乔木，高达 20 m。小枝灰绿色，幼时有绒毛，后渐无毛。冬芽被绒毛。生于海拔 1500~2 500 m，仅见于中山陡坡或石灰岩山区。可作用材林、薪炭材、水保树种，能保持水土、改善土壤肥力，有重要的生态效益和经济效益。

（8）木麻黄（Casuarina equisetifolia）。常绿乔木，高可达 30 m，强阳性树种，生长期间喜高温多湿，生长迅速，萌芽力强，耐干旱耐盐碱。适生于海岸的疏松沙地，在离海较远的酸性土壤亦能生长良好，尤其在土层深厚、疏松肥沃的冲积土上更为繁茂。土壤以中性或微碱性最为适宜，而在黏重土壤上则生长不良。

（9）银合欢（Leucaena leucocephala）。豆科灌木或小乔木，高 2~6 m。银合欢喜温暖湿润气候，最适生长温度为 20~30 ℃，具有很强的抗旱能力。不耐水淹，低洼处生长不良。适应土壤条件范围很广，以中性至微碱性土壤最好，在酸性红壤土上仍能生长，适应 pH 值在 5.0~8.0，石山的岩石缝隙只要潮湿也能生长，木质坚硬，为良好薪炭材。

（10）栎类（Quercus acutissima）。常绿、落叶乔木，稀灌木。栎类具有适应性强、材质坚硬、耐烧、且萌芽能力强的特性，还可作为食用菌培植材。由于栎类的萌芽更新能力强，具有很好的绿化作用，同时能满足当地薪炭材的需要，并可将部分栎类树木用于培育香菇、木耳，增加农民收入，该模式的生态效益、经济效益和社会效益都十分显著。可在基岩裸露率 70% 以下，降水量 1 000 mm 左右的轻度石漠化、中度石漠化土地，营造栎类薪炭林。

5.1.2.2 饲料作物

1. 草本饲料

（1）象草（Pennisetum purpureum）。多年生丛生大型草本，有时常具地下茎。生态适应性很强。一般可耐 37.9 ℃ 的高温和忍受冬季 1~2 ℃、相对湿度 20%~25% 的寒冷干燥气候条件，没有死亡现象。象草在沙土和黏土中均能生长，且抗土壤酸性能力强，在 pH 值 4~5 的红壤土中可种植。象草是动物的优良饲草，同时也具有含蓄水源、净化空气、调节气候，保持水土、固堤护坡的生态效益。

（2）紫花苜蓿（Medicago sativa）。多年生草本，高 30~100 cm。喜温暖和半湿润到半干旱的气候，适应性广，较耐旱，为优良饲料植物，还具有药用价值。大量的侧支根纵横交错形成强大的根系网络及其固氮作用，不仅有利于土壤团粒结构的形成，而且能改善土壤的理化性质，增强土壤的持水性和透水性，从而起到保持水土的作用。再生能力强，为山区优良的水土保持植物。

（3）沙打旺（Astragalus adsurgens Pall.）。多年生草本，高 20~100 cm，适应性较强，根系发达，能吸收土壤深层水分，故抗盐、抗旱。

（4）草木樨（Melilotus officinalis）。两年生草本植物，高可达 250 cm。草木樨花期比其他种早半个多月，耐碱性土壤，生长在山坡、河岸、路旁、砂质草地及林缘，为常见的牧草。

（5）老芒麦（Elymus sibiricus）。禾本科，披碱草属多年生丛生草本植物。抗寒力强，在 -30~-40 ℃ 的低温和海拔 4 000 m 左右的高原能安全越冬。翌年返青较早，从返青到成熟需活动积温 1 500~1 800 ℃。能耐湿,抗旱力稍差,在年降水量 400~600 mm 的地区可旱作栽培,而在干旱地区若有灌溉条件可以获得高产。对土壤的适应性较广,适于弱酸性或微碱性腐殖质土壤生长。

(6)无芒雀麦(Bromus inermis)。禾本科,雀麦属多年生草本植物。喜肥性强,最适宜在黑钙土上生长,在经过改良的黄土、褐色土、棕壤、黄壤、红壤等地上也可获得较高的产量。耐寒喜光、耐酸抗碱,对土壤的适应能力强,能顺利在 pH 值为 8.5、土壤含盐量为0.3%、钠离子含量超过 0.02% 的盐碱地上生长。

(7)黑麦草(Lolium perenne)。多年生植物,秆高 30~90 cm。喜温凉湿润气候。较能耐湿,不耐旱。对土壤要求比较严格,喜肥不耐瘠。略能耐酸,适宜的土壤 pH 值为 6~7。须根发达,适应性强,是重要的栽培牧草、绿肥作物和水土保持植物。

(8)百脉根(Lotus corniculatus Linn.)。多年生草本植物,高可达 50 cm。喜温暖湿润气候,根系发达,入土深,有较强的耐旱力,适宜的年降水量为 210~1 910 mm。对土壤要求不严,在弱酸性和弱碱性、湿润或干燥、沙性或黏性、肥沃或瘠薄地均能生长。适应的土壤 pH 值为 4.5~8.2,耐水渍,在低凹水淹 4~6 周情况下不表现受害。茎叶柔软多汁,碳水化合物含量丰富,是良好的饲料,还可改良土壤。

(9)牛鞭草(Hemarthria altissima)。禾本科、牛鞭草属植物,喜生于低山丘陵和平原地区的湿润地段、田埂、河岸、溪沟旁、路边和草地,喜温热而湿润的气候,生态幅不宽,它适应的气温范围为 12~18 ℃,适应的降水范围为 500~1 500 mm;适应的土壤 pH 值为 4~7.5。在沙质土、黏土上均能生长。适口性好,是畜、禽、鱼的优良饲草。固土保水性能良好,可用作护堤、护坡、护岸的保土植物。

(10)雀麦(Bromus japonicus)。又称燕麦草,一年或两年生草本。茎秆直立,高 30~100 cm。喜温暖湿润气候,能耐夏季炎热,也较耐寒。在西北高寒山区越冬困难,耐旱抗碱力中等。对土壤要求不严,适生于富含腐殖质的砂质黏土或黏土及干涸的沼泽地,不适于沙土和含氮低的土壤。

(11)求米草[Oplismenus undulatifolius(Arduino)Beauv.]。多年生草本,常生长于海拔 740~2 000 m 的山坡疏林下。喜温暖阴湿环境,也耐干旱。对水肥反应敏感,在土壤肥沃、水分充足处生长繁茂。对土壤要求不严,可生长在不同类土壤上。

(12)箭筈豌豆(common vetch)。双子叶植物纲蔷薇目豆科野豌豆属,一年生或越年生叶卷须半攀缘性草本植物。适于气候干燥、温凉、排水良好的沙质壤土上生长,适宜土壤的 pH 值为 6.5~8.5,比苕子抗逆力稍差。早发、速生、早熟、产种量高而稳定。全国各地均产,生于海拔 50~3 000 m 荒山、田边草丛及林中,为绿肥及优良牧草。

(13)多年生黑麦草(perennial ryegrass)。多年生疏丛型草本植物,在昼夜温度为 12~27 ℃时再生能力强,抗寒性较好,难耐-15 ℃的低温,喜肥沃湿润、排水良好的壤土或黏土,也可在微酸性土壤上生长。

(14)苇状羊茅(Festuca arundinacea)。多年生牧草。抗寒、耐热、耐干旱、耐潮湿,有一定的耐盐能力,适应性广泛。

(15)早熟禾(Poa annua)。一年生或两年生牧草,高 8~30 cm。冷地型禾草,喜光,耐阴性也强,耐旱性较强,在-20 ℃低温下能顺利越冬,-9 ℃下仍保持绿色,抗热性较差,在气温达到 25 ℃左右时,逐渐枯萎,对土壤要求不严,耐瘠薄,但不耐水湿。

(16)伏生臂形草(Brachiaria decumbens stapf)。臂形草属的丛生多年生牧草,植株高达 1~1.5 m。适应区域为海拔小于 1 400 m 的热带、亚热带地区。喜高温高湿气候,对土壤要求不严,尤喜含氮高排水良好的红壤,不耐严寒和霜冻。

(17)扁穗牛鞭草(Hemarthria compressa)。多年生草本植物,喜炎热,耐低温,耐水淹。极端最高温度达 39.8 ℃生长良好,−3 ℃枝叶仍能保持青绿。该草适宜在年平均气温 16.5 ℃的地区生长,气温低影响产量。扁穗牛鞭草对土壤要求不严格,以 pH 值为 6 时生长最好,但在 pH 值为 4~8 时也能存活。

(18)皇竹草(Pennisetum sinese Roxb)。多年生丛生性高秆禾草,喜温暖湿润的气候条件,不耐严寒,耐干旱,耐火烧。对土壤的适应性广泛,在酸性红壤或轻度盐碱土上生长良好,尤其在土层深厚,有机质丰富的壤土至黏土上生长最盛。

(19)黑籽雀稗(Paspalum atratum)。多年生丛生性牧草,喜热带潮湿气候,适应性强,耐酸瘦土壤,耐涝和一定程度耐旱,分蘖能力强。

(20)串叶松香草(Silpnium perfoliatum)。菊科多年生宿根草本植物。耐高温,也极耐寒,喜肥沃壤土,耐酸性土,不耐盐渍土。在酸性红壤、沙土、黏土上也生长良好。

(21)聚合草(Symphytum officinale L.)。紫草科聚合草属多年生牧草。耐寒、喜温暖、湿润的气候。对土壤要求不严,除低洼地、重盐碱地外,一般土壤都能生长。

(22)华须芒草(Andropogon chinensis)。禾本科须芒草属多年生牧草,秆丛生,直立,高 55~100 cm。生长于开阔而干旱的山坡、草地、疏林下或林缘,生长地土壤多为黄红色、砖红壤,耐酸性土、耐瘠、极耐干旱。

(23)茅叶荩草(Arthraxon Beauv)。多年生草本,高 45~60 cm。喜暖热,耐旱耐瘠,生于海拔 1 500~2 700 m 的干热草地,喜生于褐红壤、燥红壤及紫色土。

(24)虎尾草(Chloris virgata)。一年生草本植物,适应性极强,耐干旱,喜湿润,不耐淹;喜肥沃,耐瘠薄。对土壤要求不严,在沙土和黏土土壤上均能适应,在碱性土壤上亦能良好生长。

(25)野古草(Arundinella anomala)。多年生草本,性喜温热,耐热耐瘠薄。多生于干燥的红壤山坡和丘陵地,分布于我国华南、华东、西南等省区,可用作牛羊的饲料。野古草具有肥厚的根茎,固土力强,便于固堤护坡植物。

(26)异燕麦(Helictotrichon schellianum)。多年生草本,秆高 30~70 cm。喜温暖,耐旱耐寒,在西南山地等地都有分布。

(27)白草(Pennisetum flaccidum)。多年生草本,秆高 20~90 cm。适应生态范围广,喜暖温,耐寒,耐热,耐旱耐瘠。分布于四川、云南等各地,海拔 800~3 000 m。

(28)截叶铁扫帚(Lespedeza juncea)。豆科胡枝子属,直立小灌木,高 30~100 cm。耐干旱,也耐瘠薄。对土壤要求不严,在红壤、黄棕壤黏土上都能生长,也耐含铝量高、pH≤5 的酸性土壤,但最适于生长在肥沃的壤土上,叶较粗糙,但牛羊喜食,为良等牧草,宜放牧利用。

(29)宽叶雀稗(Paspalum wettsteinii Hack.)。多年生草本植物,性喜高温多雨的气候和土壤肥沃排水良好的地方生长,牧草产量高,耐旱、耐牧,适应性强,在干旱贫瘠的红、黄壤坡地亦能生长。

(30)扁穗雀麦(Bromus catharticus)。一年生草本植物。在中国云南、贵州、广西、四川表现为短期多年生。喜温暖湿润气候,不耐炎热、积水和寒冷。最适生长温度10~25℃,气温超过35℃便生长不良。稍耐旱,能在盐碱土上生长。耐阴,适于林、果树下用于建植林间草地。在云南适宜海拔1 700~2 200 m的北亚热带和暖温带肥沃潮湿土壤上种植。

(31)狗尾巴草(Setaria viridis)。属禾本科、狗尾草属一年生草本植物,生于海拔4 000 m以下的荒野、道旁。种子发芽适宜温度为15~30℃。适生性强,耐旱耐贫瘠,酸性或碱性土壤均可生长。

(32)皇竹草(Pennisetum sinese)。多年生,直立丛生的禾本科植物。适宜热带与亚热带气候生长,喜温暖湿润气候。对土壤要求不严,贫瘦沙滩地、沙地、水土流失较为严重的陡坡地以及酸性、粗沙、黏质、红壤土和轻度盐碱均能生长,以土层深厚、有机质丰富的黏质壤土最为适宜。既可防止水土流失,保护生态,又可作为优质高产的牧草。

(33)大翼豆(Macroptilium lathyroides)。豆科硬皮豆属长期多年草本植物,喜温暖湿润的气候。耐旱性良好,耐盐碱性能差,不耐寒。耐酸性强,对土壤要求不严,pH值为4.6~8.0的各种类型土壤上均能生长,但以肥沃土壤有利生长。

(34)柱花草(Stylosanthes guianensis)。多年生豆科植物。喜高温多雨的气候,适应性较强,病虫害较少,能耐受短暂的水浸;耐贫瘠,抗干旱和耐夏季高温,能够忍受强酸性土壤,但耐盐性差;由于其自身的固氮作用,能适应于干燥沙土至重黏土等干旱和低肥力的区域种植。

(35)籽粒苋(Amaranthus hypochondriacus)。苋科苋属一年生牧草。对土壤要求不严,最适宜于半干旱、半湿润地区,在酸性土壤、重盐碱土壤、贫瘠的风沙土壤及通气不良的黏质土壤上也可生长,抗旱性强,耐盐渍。

(36)东非狼尾草(Pennisetum clandest inum)。多年生草本植物,耐瘠、耐旱、耐涝、耐淹、耐盐、耐践踏、耐重牧、耐侵蚀等特性。对土壤要求不严,喜土层深厚、排水良好的壤土、沙壤土。

(37)盖氏虎尾草(Chloria gayana)。多年生草本植物,喜温热气候,较耐寒、耐旱、耐盐,而不耐渍。对土壤要求不严,各种土质都能生长,能耐碱性土和弱酸性土。

(38)串叶松香草(Silphium perfoliatum)。菊科松香草属植物,多年生草本。生长喜温暖湿润气候,日均气温在20~28℃时生长迅速。适于在年降水量450~1 000 mm的地区生长。在酸性至中性沙壤土和壤土上生长良好,也可在沟坡地、撂荒地、房前屋后休闲地等非耕种地生长,抗盐性较差。

(39)巨菌草(Pennisetum giganteum z. x. lin)。多年生禾本科直立丛生型植物,干直叶宽高大,不易倒伏,生物质重量大,一年可以长高5~7 m,具有较强的分蘖能力。巨菌草的生长除需高温外,还需湿润的土壤条件。巨菌草能耐受短期的干旱,但不耐涝。适宜在平均气温大于12℃的季节种植或雨季开始时种植。巨菌草是高产优质的菌草之一,用巨菌草作为培养料,目前已知可栽培香菇、灵芝等49种食用菌、药用菌。除作为菌料外,还可作饲料,同时还是水土保持的优良草种。近年来开始应用于生物质发电、纤维板、制造燃料乙醇等能源用途。

(40)百喜草(Paspalum notatum Flugge)。禾本科,雀稗属多年生草本植物。百喜草对土壤要求不严,在肥力较低、较干旱的沙质土壤上生长能力仍很强。基生叶多而耐践踏,匍匐茎发达,覆盖率高,所需养护管理水平低,是南方优良的道路护坡、水土保持和绿化植物。百喜草适宜于热带和亚热带,年降水量高于 750 mm 的地区生长。

(41)墨西哥玉米草(Purus frumentum)。蜀黍属,在热带多刈割表现为短期多年生,其余地区表现一年生草本植物,喜温暖湿润气候,耐热不耐寒,在 10~15 ℃时生长迅速,遇见高温环境生长出现缓慢情况。遇霜逐渐凋萎,耐酸性土壤,亦稍耐盐碱,在灌溉良好、土质肥沃的农田产量高。耐酸、耐水肥、耐热,适于我国内地大部分农区种植。生育期为 200~235 d,再生力强,一年可以收割 7~9 次。

(42)高丹草(Sorghum hybrid sudangrass)。根系发达,茎高 2~3 m,分蘖能力强,叶量丰富,叶片中脉和茎秆呈褐色或淡褐色。疏散圆锥花序,分枝细长;种子扁卵形,棕褐色或黑色,千粒重 10~12 g。喜温植物,幼苗期不抗旱,较适生长温度为 24~33 ℃,抗病性强、再生能力强,一年能刈割 3~4 茬。干草中含粗蛋白质 15%以上,含糖量较高,适宜青贮。各种畜禽喜食,供草期为 5~10 月。

(43)桂牧一号。是广西壮族自治区农业部门的研究成果,是一种适合多种牲畜食用的杂交象草。喜温暖湿润的气候,在广西全区乃至我国南方均可种植。桂南一带能越冬,在桂北重霜雪时,部分叶枯萎,但地下部分能安全过冬。抗倒伏性强,抗旱耐湿。对土壤要求不严,土层深厚和保水良好的沙壤土生长最好。桂牧一号杂交象草分蘖多,生长迅速,再生能力强,产量高,年可刈割 5~7 次,产鲜草 20 000~30 000 kg/亩。

2.木本饲料

(1)桑树(Morus alba L.)。桑科,桑属,落叶乔木或灌木,高可达 15 m。喜温暖湿润气候,稍耐阴。气温 12 ℃以上开始萌芽,生长适宜温度 25~30 ℃,超过 40 ℃则受到抑制,降到 12 ℃以下则停止生长。耐旱,不耐涝,耐瘠薄。对土壤的适应性强。

(2)杂交构树(Broussonetia papyrifera)。具有速生性、丰年性、耐砍伐的特性。杂交构树可在年降水量 300 mm 以上、最低气温-25 ℃以内、含盐碱 6‰以下的大面积边际土地上种植,当年成林,当年采收见效。

(3)苎麻[Boehmeria nivea (L.) Gaudich.]。荨麻科苎麻属亚灌木或灌木植物,高 0.5~1.5 m。苎麻原产热带、亚热带,为喜温短日照植物,在中国一般都种在山区平地、缓坡地、丘陵地或平原冲击土上,土质最好是沙壤到黏壤,土壤 pH 值以 5.5~6.5 为宜,以土壤含水量 20%~24%,或相对土壤最大持水量的 80%~85%最好。

(4)任豆(Zenia insignis)。乔木,高 15~20 m。强喜光树种,分布区年平均温度 17~23 ℃,极端最低温-4.9 ℃,年降水量约 1 500 mm。土壤为棕色石灰岩土,pH 值 6.0~7.5,在酸性红壤和赤红壤上也能生长。喜钙,在石灰岩山地常见,多生于石山山腰、山脚甚至石崖。能在岩缝间穿透生长,极耐干旱瘠薄,根系具根瘤,能固定空气中游离氮素,可防止土壤退化,增强地力。可作为园林绿化树种和用材树种[96]。

(5)肥牛树(Cephalomappa sinensis)。乔木,高达 25 m,嫩枝被短柔毛,后变无毛。宜生长在海拔 120~500 m 石灰岩山常绿林中。适于石灰岩地区绿化树种,可作用材树种。

(6)泡桐(Paulownia fortunei)。落叶乔木,喜光,较耐阴,喜温暖气候,耐寒性不强,对黏重瘠薄土壤有较强适应性。耐干旱能力较强,在土壤肥沃、深厚、湿润但不积水的阳坡山场或平原、岗地、丘陵、山区栽植,均能生长良好,是良好的用材树种。

(7)多花木兰(Magnolia multiflora M. C. Wang et C. L. Min)。木兰科,落叶乔木,高可达 14 m,树皮灰色。植株高 80 cm 以上时,大部分杂草受到抑制,适时中耕。多花木兰耐高温干旱,但怕渍水,若渍水则生长不良或烂根死苗。多花木兰具有较高的水土保持效益,根系发达、生长速度快。

(8)大叶速生槐(Robiniapseudoacacia L.)。由韩国引入的饲料新品种,为豆科乔木。耐寒、耐旱,在年降水量 200 mm 以上的地区均能生长。但不耐水淹,根部积水则会烂根死亡。其对土壤要求不严,在坡地、沙土、黏土、轻盐碱地、甚至多年矿渣堆上及壤土地上生长最快。根有根瘤,因此有固氮改良土壤的作用,喜光性强,不耐庇荫。抗寒、耐旱,在干旱、沙土、荒坡等地栽植,生长正常。与其他饲料作物相比,在干旱地区及山地种植,大叶速生槐具有明显高产耐旱优势。

5.1.2.3　瓜蔬作物

1.耐储运菜

(1)辣椒(Ca. sicum annuum L.)。木兰纲、茄科、辣椒属一年或有限多年生草本植物。高 40~80 cm。辣椒对温度的要求介于薯茄和茄子之间。种子发芽适温为 23~30 ℃,低于 15 ℃ 则不能发芽。辣椒幼苗要求较高的温度,温度低,生长缓慢。开花结果初期白天适温为 20~25 ℃,夜间为 15~20 ℃,结果期土温过高,尤其是强光直射地面,对根系生长不利,且易引起毒素病和日烧病。

(2)姜(Zingiber officinale Rosc.)。姜科姜属多年生草本植物。株高 0.5~1 m;根茎肥厚,多分枝,有芳香及辛辣味。喜欢温暖、湿润的气候,耐寒和抗旱能力较弱,植株只能无霜期生长,生长最适宜温度是 25~28 ℃。耐阴而不耐强日照,对日照长短要求不严格。耐旱抗涝性能差,喜肥沃疏松的壤土或沙壤土,在黏重潮湿的低洼地栽种生长不良,在瘠薄保水性差的土地上生长也不好。

(3)韭菜(Allium tuberosum Rottler ex Sprengle)。百合科、葱属多年生草本植物,具倾斜的横生根状茎。中国广泛栽培,亦有野生植株,但中国北方的为野化植株。原产亚洲东南部。在世界上已普遍栽培。适生于地势平坦,排灌方便,土壤肥沃、理化性状良好,以沙培土为宜。

(4)甜竹(Leleba oldhami)。株高为 4~8 m,径为 5~7 cm,节间 28~40 cm,叶长椭圆形,长 18~21 cm,宽 2~5 cm,地下茎合轴丛生,竹笋由侧芽萌发,笋型呈牛角弯曲,面光滑无毛,肉质细嫩清甜。性喜高温多湿,生育适温 30~35 ℃,30 ℃ 以上成长迅速,竹笋产量高。

(5)蕨[Pteridium aquilinum (L.) Kuhn var. latiusculum (Desv.) Underw. ex Heller]。蕨科蕨属欧洲蕨的一个变种,植株高可达 1 m。蕨生长于海拔 200~830 m 的山地阳坡及森林边缘阳光充足的地方。耐高温也耐低温,32 ℃ 仍能生长,-35 ℃ 下根茎能安全越冬。在地温 12 ℃,气温 15 ℃ 时嫩茎叶片开始迅速生长。蕨菜的抗逆性很强,适应性很广,喜欢湿润、凉爽的气候条件,要求有机质丰富、土层深厚、排水良好、植被覆盖率高的中性或微酸性土壤。

(6)大豆[Gl. cine m. x (Linn.) Merr.]。通称黄豆,为双子叶植物纲、豆科、大豆属的一年生草本,高30~90 cm。大豆性喜暖,种子在10~12 ℃开始发芽,以15~20 ℃最适,生长适温20~25 ℃,开花结荚期适温20~28 ℃,低温下结荚延迟,低于14 ℃不能开花,温度过高植株则提前结束生长。种子发芽要求较多水分,开花期要求土壤含水量在70%~80%,否则花蕾脱落率增加。大豆在开花前吸肥量不到总量的15%,而开花结荚期占总吸肥量的80%以上。

(7)豇豆[Vigna unguiculata (Linn.) Walp.]。豆科、豇豆属一年生缠绕、草质藤本或近直立草本植物。豇豆起源于热带非洲,中国广泛栽培。旱地作物,宜生长在土层深厚、疏松、保肥保水性强的肥沃土壤。

(8)芸豆(Phaseolus vulgaris)。根系较发达,茎蔓生、半蔓生或矮生。初生真叶为单叶,对生;以后的真叶为三出复叶,近心脏形。芸豆适宜在温带和热带高海拔地区种植,比较耐冷喜光。菜豆为喜温植物,生长适宜温度为15~25 ℃,开花结荚适温为20~25 ℃,10 ℃以下低温或30 ℃以上高温会影响生长和正常授粉结荚。

(9)黄豆(Vicia faba L.)。属于豆科、豌豆属,一年生或越年生草本植物。生于北纬63°温暖湿地,耐-4 ℃低温,但畏暑。中国各地均有栽培,以长江以南为主。原产欧洲地中海沿岸,亚洲西南部至北非。

(10)豌豆(Pisum sativum L.)。豆科一年生攀缘草本,高0.5~2 m。为半耐寒性作物,喜温和湿润的气候,不耐燥热。豌豆为长日照作物,喜温,抗旱性差。对泥土的适应性较广,对土质要求不高,以保水力强、通气性好并富含腐殖质的沙壤土和壤土最适宜。pH值为6.0~7.2。

(11)黧豆(Mucuna pruriens Dc. var. utilis Baker ex Burck)。豆科黧豆属植物。一年生缠绕藤本。枝略被开展的疏柔毛。生长于亚热带石山区,属喜温暖湿润气候的短日照植物,对土壤要求不严,多生长在裸露石山、石缝以及石山坡底的砾石层中,有极强的耐旱、耐瘠薄性。分布于中国广东、海南、广西、四川、贵州、湖北和台湾(逸生)等省区。亚洲热带、亚热带地区均有栽培。

(12)香菇(Lentinus edodes)。腐生性真菌,对外界环境条件的要求主要有水分、养料、温度、空气、光线和酸碱度。只能从现成的营养基质中吸收碳源、氮源、矿物质等进行生长发育。它需要的碳源有单糖和多糖,这些养分主要来自木屑中的纤维、半纤维素和木质素的分解。孢子萌发的最适温度为22~26 ℃,最适温度为23~27 ℃以上菌丝生长快,但易衰老。水分一般以55%~65%为最适,低于50%或高于65%丝生长不良。香菇菌丝在pH值3~7内均能生长,但最适pH值为4~6。

(13)大球盖菇。子实体单生、丛生或群生,中等至较大,单个菇团可达数千克重。大球盖菇从春至秋生于林中、林缘的草地上或路旁、园地、垃圾场、木屑堆或牧场的牛马粪堆上。人工栽培在福建省除7~9月未见出菇外,其他月份均可长菇,但以10月下旬至12月初和3~4月上旬出菇多,生长快。野生大球盖菇在青藏高原上生长于阔叶林下的落叶层上,在攀西地区生于针阔混交林中。

(14)姬松茸(Agarcus blazei Murr.)。种夏秋生长的腐生菌,生活在高温、多湿、通风的环境中,具杏仁香味,口感脆嫩。松茸是夏秋间发生在有畜粪的草地上的腐生菌,要求高温、潮湿和通风的环境条件。菌丝生长不需要光线,少量的微光有助于子实体的形成。培养料的 pH 值在 6~11 范围内皆可生长,最适 pH 值为 8.0。

(15)双孢蘑菇(Agaricus bisporus)。又称白蘑菇,双孢蘑菇的生长需要较大量的钙、磷、钾、硫等矿质元素,因此培养料中常加有一定量的石膏、石灰、过磷酸钙、草木灰、硫酸铵等。菌丝可在 5~33 ℃生长,适宜生长温度 20~25 ℃,最适生长温度 22~24 ℃。菌丝生长阶段含水量以 60%~63%为宜。子实体生长阶段含水量则以 65%左右为好。大气相对湿度高些,应在 80%~85%,pH 值在 7.0 左右时生长最好。

(16)草菇[Volvariell. Vo. vacea. (Bull. Fr.) Sing.]。草菇属高温性菌类,生长发育温度 10~44 ℃,对温度的要求因品种、生长发育时期而不同。适宜在较高湿度条件下生长,培养料含水量在 70%左右,空气相对湿度 90%~95%为适宜。空气湿度低于 80%时,子实体生长缓慢,表面粗糙无光泽,高于 96%时,易坏死和发病。对 pH 值要求在 4~10.3,担孢子萌发率以 pH 值为 7.5 时最高,菌丝和子实体阶段,以 pH 值为 4.7~6.5 和 8 适宜。

(17)木耳(Auricularia auricula)。木耳菌丝体是由无色透明,具有横隔和分枝的管状菌丝组成。菌丝在基质中吸收养料,在树皮下形成扇状菌丝体。寄生于阴湿、腐朽的树干上,生长于栎、杨、榕、槐等 120 多种阔叶树的腐木上;勃勃生机的银杏树上也可生长。人工培植以椴木的和袋料的为主,人工培植以椴木和袋为基体,潮湿地带生长比较多。

(18)马铃薯(Solanum tuberosum L.)。属茄科,一年生草本植物,块茎可供食用,是全球第四大重要的粮食作物,仅次于小麦、稻谷和玉米。性喜冷凉,不耐高温,生育期间以日平均气温 17~21 ℃为适宜。光照强度大,叶片光合作用强度高,块茎形成早,块茎产量和淀粉含量均较高。马铃薯的蒸腾系数在 400~600。如果总降水量在 400~500 mm,且均匀分布在生长季,即可满足马铃薯的水分需求。植株对土壤要求十分严格,以表土层深厚,结构疏松,排水通气良好和富含有机质的土壤最为适宜,特别是孔隙度大,通气度良好的土壤,更能满足根系发育和块茎增长对氧气的需要。马铃薯的生长发育需要十多种营养元素,对肥料三要素的需求,以钾最多,氮次之,磷最少。

(19)番薯[Ipomoea batatas (L.) Lam.]。一年生草本植物,地下部分具圆形、椭圆形或纺锤形的块根,茎平卧或上升,偶有缠绕,多分枝,叶片形状、颜色常因品种不同而异,通常为宽卵形,叶柄长短不一,聚伞花序腋生,蒴果卵形或扁圆形,种子 1~4 粒,通常 2 粒,无毛。喜温、怕冷、不耐寒,适宜的生长温度为 22~30 ℃,温度低于 15 ℃时停止生长。喜光、耐旱适应性强,土壤持水量宜控制在 60%~70%。耐酸碱性好,土壤环境适应性强。其根系发达、吸肥能力强,宜选择土层深厚、土壤疏松、土质良好、灌排能力强、pH 值在 4.2~8.3 的地块。

(20)地瓜。豆科植物豆薯的别称之一,但多指栽培范围更广的豆科植物凉薯。白地瓜一般是在 4 月中旬的时候种植,种子呈椭圆扁状,深橙色,把种子以营养土的方式取苗,这样长出来的苗子比较能抗虫病害,因为在营养土里加入防虫病害的药物可以让地瓜在后期的成长过程中更加健康,以免被虫害侵蚀,温度以常温为宜,偏高温要加强浇水,以免果实缺少水分干涩,阳光要充足,有利于光合作用,合成甜味素,这样长出来的果实才爽口香甜。

（21）木薯（Manihot esculenta Crantz）。大戟科木薯属植物，直立灌木，高 1.5～3 m。耐旱抗贫瘠，广泛种植于非洲、美洲和亚洲等 100 余个国家或地区，是三大薯类作物之一，热区第三大粮食作物，全球第六大粮食作物，被称为"淀粉之王"，是世界近 6 亿人的口粮。食用木薯一般需要在无霜期 8 个月左右、年平均温度 18 ℃ 及以上的地区种植。

（22）蕉芋（Canna. edulis Ker Gawl.）。多年生草本，高达 3 m。蕉芋喜高温，用块茎繁殖 14 ℃ 以上出苗，茎叶生长最适温度为 30 ℃，块茎膨大期约 25 ℃，喜光。较耐旱，怕涝。要求土层深厚肥沃的壤土。

（23）菊芋（Helianthus tuberosus）。又名洋姜，多年生草本植物，高 1～3 m，有块状的地下茎及纤维状根。原产北美洲，经欧洲传入中国，现中国大多数地区有栽培。耐寒抗旱，块茎在-30 ℃ 的冻土层中可安全越冬。早春幼苗能忍受轻霜，秋季成叶能忍受短期-4～-5 ℃。温带 18～22 ℃，光照 12 h，有利于块茎形成。耐瘠薄，对土壤要求不严，除酸性土壤，沼泽和盐碱地带不宜种植外，一些不宜种植其他作物的土地，如废墟、宅边、路旁都可生长。抗逆性强：在年积温 2 000 ℃ 以上，年降水 150 mm 以上，-40～-50 ℃ 的高寒沙荒地只要块茎不裸露均能生长。

（24）佛手瓜（Sechium edule）。具块状根的多年生宿根草质藤本，茎攀缘或人工架生，有棱沟。种瓜需选择个头肥壮、质量 500 g 左右、表皮光滑润薄、蜡质多、微黄色、茸毛不明显、芽眼微微突起、无伤疤破损、充分成熟的瓜做种瓜。将种瓜于 11 月下旬放在 5～7 ℃ 的室内保存。育苗期间要保持 20～25 ℃，并还要注意保持较好的通风光照条件。断霜后即可定植。大棚栽培可于 3 月上、中旬定植，露地栽植以于 4 月中旬为宜。定植时，穴要大而深，约 1 m 见方，1 m 深。将挖出的土再填入穴内 1/3，每穴施腐熟优质圈肥 200～250 kg，并与穴土充分混合均匀，上再铺盖 20 cm 的土壤，用脚踩实。

（25）南瓜（Cucurbita moschata）。葫芦科南瓜属的一个种，一年生蔓生草本；茎常节部生根，伸长达 2～5 m，密被白色短刚毛。南瓜是喜温的短日照植物，耐旱性强，对土壤要求不严格，但以肥沃、中性或微酸性沙壤土为好。

（26）丝瓜[Luffa cylindrica (L.) Roem.]。葫芦科一年生攀缘藤本；茎、枝粗糙，有棱沟，被微柔毛。丝瓜为短日照作物，喜较强阳光，而且较耐弱光。属喜温、耐热性作物，丝瓜生长发育的适宜温度为 20～30 ℃，丝瓜种子发芽的适宜温度为 28～30 ℃，30～35 ℃ 时发芽迅速。喜湿、怕干旱，土壤湿度较高、含水量在 70% 以上时生长良好，低于 50% 时生长缓慢，空气湿度不宜小于 60%。75%～85% 时，生长速度快、结瓜多，短时间内空气湿度达到饱和时，仍可正常地生长发育。适应性较强、对土壤要求不严格的蔬菜作物，在各类土壤中，都能栽培。但是为获取高额产量，应选择土层厚、有机质含量高、透气性良好、保水保肥能力强的壤土、沙壤土为好。

（27）黄瓜（Cucumis sativus L.）。葫芦科一年生蔓生或攀缘草本植物。产于中国云南、贵州和广西。黄瓜喜温暖，不耐寒冷。生育适温为 10～32 ℃。一般白天 25～32 ℃，夜间 15～18 ℃ 生长最好；最适宜地温为 20～25 ℃，最低为 15 ℃ 左右。最适宜的昼夜温差 10～15 ℃。黄瓜高温 35 ℃ 光合作用不良，45 ℃ 出现高温障碍，低温-2～0 ℃ 冻死，如果低温炼苗可承受 3 ℃ 的低温。多数品种在 8～11 h 的短日照条件下，生长良好。适宜土壤湿度为 60%~90%,适宜的空气相对湿度为 60%~90%。喜湿而不耐涝、喜肥而不耐肥,宜选择富含有机质的肥沃土壤。一般喜欢 pH 值为 5.5~7.2 的土壤,但以 pH 值为 6.5 最好。常生于海拔 700~2 000 m 的山坡、林下、路旁及灌丛中。

(28)旱冬瓜(Alnus nepalensis D. Don)。桦木科,桤木属,桤木组乔木,高可达 15 m。生长在海拔 700~3 600 m 的山坡林中、河岸阶地及村落中。

(29)西兰花(Brassica oleracea L. var. italic Planch.)。两年生草本植物,是甘蓝的一种变种。耐热性和抗寒性都较强。

2. 新鲜蔬菜

(1)甘蓝(Brassica oleracea L.)。十字花科、芸薹属的一年生或两年生草本植物,两年生草本,被粉霜。喜温和湿润、充足的光照。较耐寒,也有适应高温的能力。生长适温15~20 ℃。肉质茎膨大期如遇 30 ℃以上高温肉质易纤维化。对土壤的选择不很严格,但宜于在腐殖质丰富的黏壤土或沙壤土中种植。甘蓝的幼苗必须在 0~10 ℃通过春化,然后在长日照和适温下抽薹、开花、结果。

(2)香椿芽(Toona sinensis)。温带、亚热带树种。喜光,苗期稍耐阴。栽培区年平均气温为 8.7~23.4 ℃,绝对最低气温-25 ℃,年平均降水量为 600~2 200 mm,年平均相对湿度 63%~85%。能适应多种类型土壤,在石灰岩山地和海涂含盐量 0.05%~0.09%、pH 值为 8~9 的地区种植,如能及时抚育管理,生长尚可。但以湿润、深厚、疏松、肥沃的土壤最适宜,生长最迅速。

(3)番茄(Solanum lycopersicum),即西红柿。是管状花目、茄科、番茄属的一种一年生或多年生草本植物,体高 0.6~2 m。番茄是一种喜温性的蔬菜,在正常条件下,同化作用最适温度为 20~25 ℃,根系生长最适土温为 20~22 ℃。喜光,光饱和点为 70 000 lx,适宜光照强度为 30 000~50 000 lx。也是短日照植物,番茄喜水,一般以土壤湿度 60%~80%、空气湿度 45%~50%为宜。番茄对土壤条件要求不太严苛,在土层深厚、排水良好、富含有机质的肥沃壤土生长良好。土壤酸碱度以 pH 值为 6~7 为宜。

(4)白菜[Brassica pekinensis (Lour.) Rupr]。两年生草本植物,高 40~60 cm,白菜全株稍有白粉,无毛,有时叶下面中脉上有少数刺毛。白菜比较耐寒,喜好冷凉气候,因此适合在冷凉季节生长。适于栽植在保肥、保水并富含有机质的壤土与沙壤土及黑黄土,不适于栽植在容易漏水漏粪的沙土上,更不适于栽植在排水不良的黏土上。

(5)油麦菜(Lactuca sativa var longifoliaf. Lam)。原种产于地中海沿岸,一年生或两年生草本。发芽适温及生长适温 10~25 ℃,性喜充足光照,过于荫蔽则易徒长,对土壤要求不严,以疏松肥沃土壤为佳,种植时要保持土壤湿润。

(6)生菜(Lactuca sativa L. var. ramosa Hort.)。一年生或两年草本,高 25~100 cm。喜冷凉环境,既不耐寒,又不耐热,生长适宜温度为 15~20 ℃,生育期 90~100 d。植株生长期间,喜欢冷凉气候,以 15~20 ℃生长最适宜,产量高,品质优;持续高于 25 ℃,生长较差,叶质粗老,略有苦味。但耐寒也颇强,0 ℃甚至短期的零下低温对生长也无大妨碍。耐旱力颇强,但在肥沃湿润的土壤上栽培,产量高,品质好。土壤 pH 值以 5.8~6.6 为适宜。

(7)塌棵菜(Brassica narinosa L. H. Bailey)。十字花科,芸苔属两年生草本植物,高

可达 40 cm。性喜冷凉,不耐高温,生长发育适温 15~20 ℃。喜光,喜湿但不耐涝,对土壤适应性较强,但以富含有机质、保水保肥力强的微酸性黏壤土最适宜,较耐酸性土壤。在生长盛期要求肥水充足,需氮肥较多,钾肥次之,磷最少。

(8)芫荽(Coriandrum sativum L)。一年生或两年生,有强烈气味的草本,高 20~100 cm。芫荽能耐-1~2 ℃的低温,适宜生长温度为 17~20 ℃,超过 20 ℃生长缓慢,30 ℃则停止生长。对土壤要求不严,但土壤结构好、保肥保水性能强、有机质含量高的土壤有利于芫荽生长。

(9)红菜薹(Brassica rapa)。十字花科芸薹属芸薹种白菜亚种的变种,一二年生草本植物。耐热,耐湿,也耐寒,抗逆性强。红菜薹是原产我国的特产蔬菜,主要分布在长江流域一带,以湖北武昌和四川省的成都栽培最为著名。

(10)蕹菜(Ipomoea aquatica Forsk)。一年生草本,蔓生或漂浮于水。蕹菜原产于南方,性喜温暖、湿润气候,耐炎热,不耐霜冻,在长江流域各省 4~10 月都能生长。对土壤的适应性强,既耐肥,又耐渍,也有一定的耐瘠性,不耐旱,但在人工栽培条件下,为了达到高产,以富含有机质的黏壤或壤土栽培为最适。

(11)菠菜(Spinacia oleracea L.)。一年生草本植物,植物高可达 1 m。菠菜属耐寒蔬菜,种子在 4 ℃时即可萌发,最适为 15~20 ℃,营养生长适宜的温度为 15~20 ℃,25 ℃以上生长不良,地上部能耐-6~-8 ℃的低温。对日照强度要求不严,对水分要求较高。对土壤适应能力强,但仍以保水保肥力强肥沃的土壤为好,菠菜不耐酸,适宜的 pH 值为 7.3~8.2。菠菜为叶菜,需要较多的氮肥及适当的磷、钾肥。

(12)茼蒿(Chrysanthemum coronarium L.)。一年生或两年生草本植物。茼蒿属于半耐寒性蔬菜,对光照要求不严,一般以较弱光照为好。其属短日照蔬菜,在冷凉温和、土壤相对湿度保持在 70%~80% 的环境下,有利于其生长。在长日照条件下,营养生长不能充分发展,很快进入生殖生长而开花结籽,生长适温 17~20 ℃。

(13)欧洲油菜(Brassica napus L.)。十字花科、芸薹属草本作物,一年或两年生草本,高 30~50 cm。欧洲油菜感温、感光的敏感时期分别为 7~8 叶期和 10~12 叶期。

(14)青菜(Brassica chinensis L.)。十字花科,芸苔属一年或两年生草本植物,高可达 70 cm。青菜适宜生长在土壤肥沃,土质松软无病害的土壤上,需水量较大。

5.1.2.4　花卉作物

1. 鲜花作物

(1)牡丹花(Paeonia sufruticosa Andr.)。毛茛科芍药属植物,落叶灌木。目前全国栽培甚广,并早已引种国外。

(2)万寿菊(Tagetes erecta L.)。菊科万寿菊属一年生草本植物,茎直立,粗壮,具纵细条棱,分枝向上平展。叶羽状分裂;沿叶缘有少数腺体。万寿菊生长适宜温度为 15~25 ℃,花期适宜温度为 18~20 ℃,要求生长环境的空气相对湿度在 60%~70%,冬季温度不低于 5 ℃。夏季高温 30 ℃以上,植株徒长,茎叶松散,开花少。10 ℃以下,生长减慢。万寿菊为喜光性植物,充足阳光对万寿菊生长十分有利,植株矮壮,花色艳丽。阳光不足,茎叶柔软细长,开花少而小。万寿菊对土壤要求不严,以肥沃、排水良好的沙质壤土为宜。

(3)紫薇(Lagerstoemia indica L.)。落叶灌木或小乔木,高可达 7 m;树皮平滑,灰色或灰褐色;枝干多扭曲,小枝纤细,具 4 棱,略成翅状。喜暖湿气候,喜光,略耐阴,喜肥,尤喜深厚肥沃的沙质壤土,好生于略有湿气之地,亦耐干旱,忌涝,忌种在地下水位高的低湿地方,性喜温暖,而能抗寒,萌蘖性强。具有较强的抗污染能力,对二氧化硫、氟化氢及氯气的抗性较强。半阴生,喜生于肥沃湿润的土壤上,也能耐旱,不论钙质土或酸性土都生长良好。

(4)郁金香(Tulipa gesneriana L.)。百合科郁金香属的多年生草本植物,具鳞茎。属长日照花卉,性喜向阳、避风,冬季温暖湿润,夏季凉爽干燥的气候。8 ℃以上即可正常生长,一般可耐-14 ℃低温。耐寒性很强,在严寒地区如有厚雪覆盖,鳞茎就可在露地越冬,但怕酷暑,如果夏天来得早,盛夏又很炎热,则鳞茎休眠后难于度夏。要求腐殖质丰富、疏松肥沃、排水良好的微酸性沙质壤土。忌碱土和连作。

(5)玫瑰(Rosa rugosa Thunb.)。直立灌木,高可达 2 m;茎粗壮,丛生;小枝密被绒毛,并有针刺和腺毛,有直立或弯曲、淡黄色的皮刺,皮刺外被绒毛。玫瑰喜阳光充足,耐寒、耐旱,喜排水良好、疏松肥沃的壤土或轻壤土,在黏壤土中生长不良,开花不佳。宜栽植在通风良好、离墙壁较远的地方,以防日光反射,灼伤花苞,影响开花。土壤的酸碱度要求不严格,微酸性土壤至微碱性土壤均能正常生长。

(6)小叶杜鹃(Rhododendron parvifolium Adams)。常绿小灌木,高 50~100 cm。生于海拔 2 500~3 600 m 的高山草原、灌丛林或杂木林中。分布于陕西南部、甘肃、青海、四川、云南等地。可做药材,又名"黑香柴"。

(7)山茶(Camellia japonica L.)。双子叶植物纲山茶科植物,灌木或小乔木,高 9 m,嫩枝无毛。喜温暖、湿润和半阴环境。怕高温,忌烈日。山茶的生长适温为 18~25 ℃,山茶适宜水分充足、空气湿润环境,忌干燥。高温干旱的夏秋季,应及时浇水或喷水,空气相对湿度以 70%~80% 为好。梅雨季注意排水,以免引起根部受涝腐烂。半阴性植物,宜于散射光下生长,怕直射光暴晒,幼苗需遮阴。但长期过阴对山茶生长不利,叶片薄、开花少,影响观赏价值。成年植株需较多光照,才能利于花芽的形成和开花。露地栽培,选择土层深厚、疏松,排水性好,酸碱度以 5~6 最为适宜,碱性土壤不适宜茶花生长。盆栽土用肥沃疏松、微酸性的壤土或腐叶土。

(8)樱花(Cerasus sp.)。蔷薇科樱属植物,乔木,高 4~16 m,树皮灰色。小枝淡紫褐色,无毛,嫩枝绿色,被疏柔毛。樱花为温带、亚热带树种,性喜阳光和温暖湿润的气候条件,有一定抗寒能力。对土壤的要求不严,宜在疏松肥沃、排水良好的沙质壤土生长,但不耐盐碱土。根系较浅,忌积水低洼地。有一定的耐寒和耐旱力,但对烟及风抗力弱,因此不宜种植在有台风的沿海地带。

(9)唐菖蒲(Gladiolus gandavensis Vaniot Houtt)。鸢尾科、属多年生草本。喜温暖,不耐寒,生长适温为 20~25 ℃,球茎在 5 ℃以上的土温中即能萌芽。为典型的长日照植物,长日照有利于花芽分化,光照不足会减少开花数,但在花芽分化以后,短日照有利于花蕾的形成和提早开花。夏花种的球根都必须在室内贮藏越冬,室温不得低于 0 ℃。栽培土壤以肥沃的沙质壤土为宜,pH 值不超过 7;特别喜肥,磷肥能提高花的质量,钾肥对提高球茎的品质和子球的数目有促进作用。

(10)美人(Canna indica L.)。多年生草本植物,高可达 1.5 m,全株绿色无毛,被蜡质白粉。喜温暖湿润气候,不耐霜冻,生育适温 25～30 ℃,喜阳光充足土地肥沃。不耐寒,怕强风和霜冻。对土壤要求不严,能耐瘠薄,在肥沃、湿润、排水良好的土壤中生长良好。

(11)天蓝绣球(Phlox paniculata L.)。花荵科,属多年生草本植物,茎直立,高可达100 cm。性喜温暖、湿润、阳光充足或半阴的环境。不耐热,耐寒,忌烈日暴晒,不耐旱,忌积水。宜在疏松、肥沃、排水良好的中性或碱性的沙壤土中生长。生长期要求阳光充足,但在半阴环境也能生长。夏季生长不良,应遮阴,避免强阳光直射。较耐寒,可露地越冬。

(12)天竺葵(Pelargonium hortorum)。多年生草本,高 30～60 cm。性喜冬暖夏凉,冬季室内每天保持 10～15 ℃,夜间温度 8 ℃以上,即能正常开花,但最适温度为 15～20 ℃。中国各地普遍栽培。

(13)万寿菊(Tagetes erecta L.)。菊科万寿菊属一年生草本植物,高 50～150 cm。万寿菊生长适宜温度为 15～25 ℃,花期适宜温度为 18～20 ℃,要求生长环境的空气相对湿度在 60%～70%,冬季温度不低于 5 ℃。夏季高温 30 ℃以上,植株徒长,茎叶松散,开花少。10 ℃以下,生长减慢。喜光性植物,对土壤要求不严,以肥沃、排水良好的沙质壤土为好。

(14)石竹(Dianthus chinensis L.)。双子叶植物纲、石竹科、石竹属多年生草本,高30～50 cm。其性耐寒、耐干旱,不耐酷暑,夏季多生长不良或枯萎,栽培时应注意遮阴降温。喜阳光充足、干燥,通风及凉爽湿润气候。要求肥沃、疏松、排水良好及含石灰质的壤土或沙质壤土,忌水涝,好肥。生于草原和山坡草地。

(15)垂丝海棠(Malus halliana Koehne)。落叶小乔木,高达 5 m。垂丝海棠性喜阳光,不耐阴,也不甚耐寒,爱温暖湿润环境,适生于阳光充足、背风之处。土壤要求不严,微酸或微碱性土壤均可成长,但以土层深厚、疏松、肥沃、排水良好略带黏质的生长更好。此花生性强健,栽培容易,不需要特殊技术管理,唯不耐水涝,盆栽须防止水渍,以免烂根。

(16)粉黛乱子草[Muhlenbergiacapillaris (Lam.) Trin.]。多年生暖季型草本,株高可达 30～90 cm,宽可达 60～90 cm。顶端呈拱形,绿色叶片纤细。顶生云雾状粉色花絮,花期 9～11 月,成片种植可呈现出粉色云雾海洋的壮观景色,景观可由 9 月一直持续至 11月中旬,观赏效果极佳。适合大片种植,景色非常壮观,观赏性极佳。亦可孤植、盆栽或作为背景、镶边材料。喜光照,耐半阴。生长适应性强,耐水湿、耐干旱、耐盐碱,在沙土、壤土、黏土中均可生长。

(17)多肉植物(succulent plant)。是指植物的根、茎、叶三种营养器官中叶是肥厚多汁并且具备储藏大量水分功能的植物,也称“多浆植物”。多肉植物不仅耐旱耐瘠,繁殖容易,在缺水少土的南方石漠化地区是一个合适的栽培作物。多肉植物家族十分庞大,全世界已知的多肉达 10 000 余种,在分类上隶属 100 余科。它们都属于高等植物,适应、繁殖能力很强。

常见栽培的多肉植物包括景天科、大戟科、番杏科、仙人掌科、百合科、龙舌兰科、萝摩科。已有对贵阳石漠化山地越冬多肉植物品种筛选的研究结果显示,有 30 种多肉植物品种(其中景天科 11 个属、番杏科 1 个属、马齿苋科 1 个属)在贵阳石漠化山地生长良好且能安全越冬[97]。具体包括:景天科拟石莲属(鲁氏石莲、黑王子、蓝鸟、露西娜、千羽鹤、初恋、沙维娜、双子座)、景天属(佛甲草、铭月、薄雪万年草、黄金万年草、黄丽)、厚叶草属(冬美人、千代田之松、长叶红莲)、长生草属(长生草、观音莲)、银波锦属(福娘、轮回)、风车草属(秋丽、姬秋丽)、莲花掌属(小人祭)、费菜属(小球玫瑰、小球玫瑰锦)、瓦松属(子持莲华)、青锁龙属(若歌诗)、石莲属(滇石莲)及马齿苋科马齿苋属(金钱木)和番杏科鹿角海棠属(鹿角海棠)。景天科拟石莲属多肉"鲁氏石莲""黑王子""露西娜""初恋""沙维娜""双子座"植株体型较大且增长速度快,可较快地覆盖石山上裸露的土壤,其中"沙维娜"不仅体量大且四季呈现丰富的色彩变化,有粉红、紫红、橙红、蓝紫、青色等色彩,群种植可独立形成景观。景天属"佛甲草""薄雪万年草""黄金万年草",长生草属"长生草",费菜属"小球玫瑰""小球玫瑰锦",瓦松属"子持莲华"等品种可在石山的夹缝中蔓延匍匐生长,对石山浅薄的土壤起到很好的固定作用。而"八宝景天""垂盆草""长药景天""景天三七"可作为极好的地被植物,填补夏季花卉在秋、冬季凋萎观赏空白。

2. 盆花作物

(1)火棘[Pyracantha fortuneana (Maxim.) Li]。常绿灌木或小乔木,高可达 3 m,通常采用播种、扦插和压条法繁殖。喜强光,耐贫瘠,抗干旱,耐寒;黄河以南露地种植,华北需盆栽,塑料棚或低温温室越冬,温度可低至-16 ℃、水搓子。对土壤要求不严,而以排水良好、湿润、疏松的中性或微酸性壤土为好。

(2)杜鹃(Rhododendron simsii Planch.)。双子叶植物纲、杜鹃花科、杜鹃属的常绿灌木。生于海拔 500~1 200(-2 500)m 的山地疏灌丛或松林下,喜欢酸性土壤,在钙质土中生长得不好,甚至不生长。因此,土壤学家常常把杜鹃作为酸性土壤的指示作物。杜鹃性喜凉爽、湿润、通风的半阴环境,既怕酷热又怕严寒,生长适温为 12~25 ℃,夏季气温超过35 ℃,则新梢、新叶生长缓慢,处于半休眠状态。夏季要防晒遮阴,冬季应注意保暖防寒。忌烈日暴晒,适宜在光照强度不大的散射光下生长,光照过强,嫩叶易被灼伤,新叶老叶焦边,严重时会导致植株死亡。冬季,露地栽培杜鹃要采取措施进行防寒,以保其安全越冬。观赏类的杜鹃中,西鹃抗寒力最弱,气温降至 0 ℃以下容易发生冻害。

(3)月季(Rosa chinensis Jacq.)。常绿、半常绿低矮灌木,高 1~2 m。月季对气候、土壤要求虽不严格,但以疏松、肥沃、富含有机质、微酸性、排水良好的壤土较为适宜。性喜温暖、日照充足、空气流通的环境。大多数品种最适温度白天为 15~26 ℃,晚上为 10~15 ℃。冬季气温低于 5 ℃即进入休眠。有的品种能耐-15 ℃的低温和耐 35 ℃的高温;夏季温度持续 30 ℃以上时,即进入半休眠,植株生长不良,虽也能孕蕾,但花小瓣少,色暗淡而无光泽,失去观赏价值。

(4)曼陀罗(Datura stramonium Linn.)。茄科曼陀罗属植物,草本或半灌木状,高 0.5~1.5 m。曼陀罗宜生长在阳光充足处,适应性强,不择土壤,但以富含有机质和石灰质的土壤为好。花朵大而美丽,具有观赏价值,可种植于花园、庭院中,美化环境。

(5)栀子花(Gardenia jasminoides)。属双子叶植物纲、茜草科、栀子属常绿灌木,高0.3~3 m。栀子花喜光也能耐阴,在庇荫条件下叶色浓绿,但开花稍差;喜温暖湿润气候,耐热也稍耐寒(-3 ℃),喜肥沃、排水良好、酸性的轻黏壤土,也耐干旱瘠薄,但植株易衰老。抗二氧化硫能力较强。萌蘖力、萌芽力均强,耐修剪更新。

(6)玫瑰(Rosa rugosa Thunb.)。属蔷薇目,蔷薇科落叶灌木,高可达 2 m。玫瑰喜阳光充足,耐寒、耐旱,喜排水良好、疏松肥沃的壤土或轻壤土,在黏壤土中生长不良,阳性植物,喜光,对空气湿度有一定的要求。对土壤的要求不严格,微酸性土壤至微碱性土壤均能正常生长。

(7)黄水仙(Narcissus pseudonarcissus L.)。石蒜科水仙属的植物,为多年生草本。黄水仙喜冬季湿润、夏季干热的生长环境。对光照的反应不敏感。除叶片生长期需充足阳光以外,开花期以半阴为好。生长期长时间光线不足,叶片伸长柔软、下垂,但对开花影响不大。生长适温为10~15 ℃。土壤的pH值应为6~7.5,以肥沃、疏松、排水良好、富含腐殖质的微酸性至微碱性沙质壤土为宜。野外生长在海拔至少1 500 m的高度,于森林、草地和岩石地面上。

(8)食虫植物(Carnivorous Plants)。是一种会捕获并消化动物而获得营养(非能量)的自养型植物。食虫植物的大部分猎物为昆虫和节肢动物。这种能够吸引和捕捉猎物,并能产生消化酶和吸收分解出的营养素的食虫植物分布于10个科约21个属,有630余种。此外,还有超过300多个属的植物具有捕虫功能,但其不具备消化猎物的能力,只能被称之为捕虫植物。其生长于土壤比较稀缺、贫瘠的地方,特别是缺少氮素的地区,例如酸性的沼泽和石漠化地区。食虫植物的根系很弱,不耐肥不耐旱不耐寒,喜欢湿润的环境,而水苔的保湿性和透气性都很好,大部分都要用水苔养,栽培的土壤要求矿物质浓度低且偏酸性。食虫植物具有活动能力,其捕虫过程非常具有趣味性,作为盆栽摆放在家,捕蚊捉蝇又吸尘,深得人们的喜爱,已成为国内最受玩家宠爱的盆栽植物品种。常见的食虫植物有猪笼草、捕蝇草、瓶子草、茅膏菜、毛毡苔、捕虫堇、土瓶草、锦地罗等。

(9)多肉植物(succulent plant)。是指植物的根、茎、叶三种营养器官中叶是肥厚多汁并且具备储藏大量水分功能的植物,也称"多浆植物"。由于其好养耐活,可改善室内空气质量,能起到净化空气的作用,非常适宜于现代家庭种养,用于室内装饰和布置也越来越受到关注。常见的多肉植物盆栽品种有仙人球、仙人掌、虹之玉、熊童子、黑法师、金琥、玉扇、火祭、不夜城芦荟、八千代、乙女心、碧光环、吉娃莲、姬玉露、薄雪万年草、条纹蛇尾兰、筒叶花月、茜之塔、金钱木、玉龙观音、凝脂莲、姬秋丽、子持莲华、观音莲、冬美人、奔龙、沙漠玫瑰、梦椿、蟹爪兰、黄花照波、神童、露薇花等。

3.干花精油

(1)迷迭香(Rosmarinus officinalis)。双子叶植物纲、唇形科、迷迭香属植物灌木,高达2 m。性喜温暖气候,但在中国台湾平地高温期生长缓慢,冬季没有寒流的气温较适合它的生长,水分供应方面由于迷迭香叶片本身就属于革质,较能耐旱,因此栽种的土壤以富含沙质使能排水良好较有利于生长发育,值得注意的是迷迭香生长缓慢,因此再生能力不强。

(2)艾纳香[Blumea balsamifera(L.)DC.]。菊科艾纳香属多年生草本或亚灌木植物。茎粗壮,直立,高1~3 m。艾纳香根系发达,延伸可达115 m,喜向阳、地势高燥、易排水的地块;土壤以土层深厚、含沙(砾石)酸性或中性土壤为好,忌重茬连作,适宜生长的年平均温度为18~21 ℃。

(3)薰衣草(Lavandula angustifolia Mill.)。属双子叶植物纲、唇形科、薰衣草属的一种小灌木。具有很强的适应性。成年植株既耐低温,又耐高温,在收获季节能耐高温40 ℃左右。喜干燥、需水不多的植物,年降水量在600~800 mm比较适合。属长日照植物,生长发育期要求日照充足,全年要求日照时数在 2 000 h 以上。根系发达,性喜土层深厚、疏松、透气良好而富含硅钙质的肥沃土壤。酸性或碱性强的土壤及黏性重、排水不良或地下水位高的地块,都不宜种植。

(4)青花椒(Zanthoxylum schinifolium Sieb. et Zucc)。属灌木,高 1~2 m。适宜温暖湿润及土层深厚肥沃壤土、沙壤土。萌蘖性强,耐寒,耐旱,抗病能力强,隐芽寿命长,故耐强修剪。不耐涝,短期积水即可致死亡。常见于平原至海拔 800 m 的山地疏林、灌木丛或岩石旁等地。中国五岭以北、辽宁以南大多数省区及朝鲜、日本也有分布。

5.1.3　护坡植物

5.1.3.1　等高植物篱

等高植物篱是指在山丘、坡面上沿等高线按照一定的间隔,以线状或条带状密植乔木、多年生灌木或草本植物,既获得最大的坡面利用空间,又形成能挡水、挡土的篱笆墙,以达到防治水土流失的技术。这是一种坡耕地上低投入、高收益的保护性耕作和可持续利用技术,是农林复合经营的重要形式之一[98]。

1. 经济植物篱

薜荔适宜生长在裸露岩石上,繁殖能力强。示范区耕地经过长期的耕种,部分耕地被改成梯地,但地埂为块石简单垒成,标准低,防治水土流失效果差,易垮塌,地块内部及地块之间常被裸岩或乱石堆间隔,选用当地的乡土种薜荔作植物篱可有效提高原有地埂的蓄水保土能力。具体方法:①采用块石修筑已经垮塌或即将垮塌的地埂,并使地埂高出地块 30 cm 左右,再在地埂内侧或外侧种植单行薜荔,种植间距 20~30 cm,形成匍匐于块石地埂的植物篱笆,2~3 年内即可将整个地埂表面覆盖,覆盖后的块石地埂稳固,不易垮塌,且可过滤地表冲出的泥沙,具有较好的水土保持功能。②在单块面积小于 1 m² 的裸岩周围,紧靠裸岩间隔 20~30 cm 种植薜荔,几年后可覆盖裸岩,截留降雨和裸岩径流。③对于单块面积大于 1 m² 的裸岩或乱石堆,在裸岩或乱石堆表面的石缝、溶洞、溶孔等填充 0.5 kg 左右的土壤,并用少量混凝土砌块石拦住土壤,在填充的土壤中种植 1~2 棵薜荔,每 1 m² 的裸岩面种植 5~6 棵。④沿坡面由下往上间隔 10~20 m,沿着等高线方向,采用薜荔或其他常绿藤灌植物篱笆将近等高的地埂薜荔篱笆和裸岩薜荔篱笆相互连接起来,形成地埂薜荔篱+裸岩薜荔篱+地埂薜荔篱、裸岩薜荔篱+裸岩薜荔篱+地埂薜荔篱、裸岩薜荔篱+裸岩薜荔篱等相互连接的复合型薜荔植物篱。这种植物篱成本低,操作简单,农户易接受,薜荔果可制作凉粉及药用,具有较好的生态效益、经济效益及社会效益。

(1)薜荔(Ficus pumila Linn.),又名凉粉子,木莲等。攀缘或匍匐灌木,叶两型,不结果枝节上生不定根,叶卵状心形。无论山区、丘陵、平原,在土壤湿润肥沃的地区都有野生分布,多攀附在村庄前后、山脚、山窝及沿河沙洲、公路两侧的古树、大树上和断墙残壁、古石桥、庭院围墙等。薜荔耐贫瘠,抗干旱,对土壤要求不严格,适应性强,幼株耐阴。

(2)茶树(Camellia sinensis)。山茶科、山茶属灌木或小乔木,嫩枝无毛。一般是土层厚达 1 m 以上不含石灰石,排水良好的沙质壤土,有机质含量 1%~2% 以上,通气性、透水性或蓄水性能好,酸碱度 pH 值 4.5~6.5 为宜。雨量平均,且年雨量在 1 500 m 以上。光照是茶树生存的首要条件,不能太强也不能太弱,对紫外线有特殊嗜好,因而高山出好茶。

气温日平均需 10 ℃；最低不能低于-10 ℃。年平均温度在 18~25 ℃。

（3）金荞麦[Fagopyrum dibotrys (D. Don) Hara]。蓼科，蓼属多年生草本植物。金荞麦适应性较强，对土壤肥力、温度、湿度的要求较低，耐旱耐寒性强。适宜栽培在排水良好的高海拔、肥沃疏松的沙壤土中，而不宜栽培在黏土及排水性差的地块。金荞麦属于喜温植物，在 15~30 ℃条件下生长良好，在约-10 ℃的地区栽培可安全越冬。生于山谷湿地、山坡灌丛，海拔 250~3 200 m。分布于中国陕西、华东、华中、华南及西南。印度、尼泊尔、克什米尔地区、越南、泰国也有分布。

（4）香根草[Vetiveria zizanioides (L.) Nash]。禾本科，香根草属多年生粗壮草本植物。须根含挥发性浓郁的香气。秆丛生，高 1~2.5 m，直径约 5 mm，中空。热带植物，但它气候适应性广，在-10~45 ℃的地区均可生长。光合能力强。如果光照不足，生长受到明显影响。遮光 76.8%处理时，分蘖速度只有不遮光的一半左右；连续遮光 3 个半月，生长 1 年的植株高度比不遮光的矮 91 cm。旱生植物，但受到季节性的水淹仍能存活，在年降水量 800~2 000 mm 的地区生长较好，在年降水量 300~6 000 mm 的地区都能生长；香根草耐瘠薄，但施肥能促进其长高、增加分蘖数和积累生物量。

（5）紫穗槐（Amorpha fruticosa）。落叶灌木，丛生，高 1~4 m。喜干冷气候，耐旱耐寒，同时具有一定的耐涝能力，对土壤要求不严。紫穗槐郁闭度强，截留雨量能力强，萌蘖性强，根系广，侧根多，生长快，不易生病虫害，具有根瘤，改土作用强，是保持水土的优良植物材料，同时具有药用、饲用和园林观赏价值。

（6）金银花（Lonicera japonica）。落叶藤本灌木，高 4 m，果实、花可药用，适应性很强，喜阳，耐寒性强，也耐干旱和水湿，对土壤要求不严，但以湿润、肥沃的深厚沙质壤上生长最佳。

（7）黄花菜（Hemerocallis citrina Baroni）。多年生草本，高 30~65 cm。黄花菜耐瘠、耐旱，对土壤要求不严，地缘或山坡均可栽培。对光照适应范围广，可与较为高大的作物间作。黄花菜地上部不耐寒，地下部耐-10 ℃低温。忌土壤过湿或积水。旬均温 5 ℃以上时幼苗开始出土，叶片生长适温为 15~20 ℃；开花期要求较高温度，20~25 ℃较为适宜。

（8）花椒（Zanthoxylum bungeanum Maxim.）。芸香科、花椒属落叶小乔木，高可达 7 m。耐旱，喜阳光，各地多栽种。应选择土壤肥沃、排水良好、水源充足、具有一定坡度且背风向阳的沙土地作为育苗地。播种可以在春季或者秋季进行，通常采用条播的方式进行播种。播种沟的深度通常为 4 cm，每 667 m² 按照 8~10 kg 种子量进行播种，种子的间距以 25 cm 左右为宜。播种完成后覆上一层 2 cm 的细土，随后踏实浇水，浇水程度以土面湿润即可。待播种完成 15 d 后，种子即可陆续出苗，出苗全部完成后进行一次定苗，使苗间距保持在 10 cm 左右为宜。

（9）香椿（Toona sinensis）。落叶乔木，高 10 m，树干通直，嫩芽可食用，喜温，喜光，较耐湿，喜肥沃湿润土壤。pH 值 5.5~8.0 的土壤皆可生长。可作木本蔬菜，叶、果、种子、皮、根可入药。

（10）刺梨（Rosa roxbunghii）。灌木，高 1~3 m，果实可食用，喜光，喜温暖湿润，适应性强，耐寒、抗旱、耐盐碱、耐水湿，在沙土、黄土、重盐碱土上都可生长。生态适应幅度大，垂直分布可高达海拔 4 040 m，耐寒力极强侧根发达，对土壤要求不严，以 pH 值 5.5~7 的酸性或微酸性土壤为好,为重要的药用、观赏和园林绿篱植物种。

(11)火棘(Pyracantha fortuneana)。常绿灌木,高达 3 m。性喜温暖湿润而通风良好,阳光充足,日照时间长的环境生长,具有较强的耐寒性,是良好的水土保持、行道树和药用树种,果实可食。

(12)榛子(Corylus hetero)。为山毛榉目桦木科榛属灌木或小乔木,高 1~7 m。生于海拔 200~1 000 m 的山地阴坡灌丛中,抗寒性强,喜欢湿润的气候。它较为喜光,充足的光照能促进其生长发育和结果。繁殖方式有播种育苗,分株、根蘖育苗和压条育苗。

2. 固氮植物篱

(1)白灰毛豆(Tephrosia candida DC.)。豆科灰毛豆属植物,灌木状草本,高 1~3.5 m。白灰毛豆逸生于草地、旷野、山坡。喜光热,阳性树种,耐旱力强,能忍受 0 ℃左右的低温。对土壤要求不严,在土层厚度 20 cm 的地方均能正常郁闭成林。在过分黏重的土壤和排水不良的地方生长不良。白灰毛豆是优良的绿肥植物,改良土壤效果好;种子是优质饲料。叶片粉碎后作饲料养猪的配合饲料。

(2)距瓣豆(Centrosema pubescens Benth.)。豆科距瓣豆属植物,多年生草质藤本。距瓣豆喜温热湿润的气候条件,年降水量在 1 000 mm 以上的热带和亚热带地区均生长良好。耐阴性较强,适宜在疏林灌丛中生长,但不耐瘠,不抗寒,瘠地和寒冷均生长不良。原产于热带南美洲,分布于东南亚各国。中国广东、海南、台湾、江苏、云南有引种栽培。距瓣豆喜温热湿润的气候条件,年降水量在 1 000 mm 以上的热带和亚热带地区均生长良好。

(3)大叶千斤拔[Flemingia macrophylla(Willd.)Prain]。豆科,千斤拔属直立灌木,高可达 2.5 m。大叶千斤拔常生长于旷野草地上或灌丛中,山谷路旁和疏林阳处亦有生长,海拔 200~1 500 m。速生树种,耐瘠薄干旱、产紫胶性能好,在中国紫胶产区推广种植。

(4)紫穗槐(Amorpha fruticosa)。落叶灌木,丛生,高 1~4 m。喜干冷气候,耐旱耐寒,同时具有一定的耐涝能力,对土壤要求不严。紫穗槐郁闭度强,截留雨量能力强,萌蘖性强,根系广,侧根多,生长快,不易生病虫害,具有根瘤,改土作用强,是保持水土的优良植物材料,同时具有药用、饲用和园林观赏价值。

(5)新银合欢(Leucaena leucocephala)。灌木或小乔木,高 2~6 m。幼枝被短柔毛,老枝无毛,具褐色皮孔,无刺。生长于低海拔的荒地或疏林中,耐旱力强,适为荒山造林树种,亦可作咖啡或可可的荫蔽树种或植作绿篱。

(6)肉桂(Cinnamomum wilsonii Gamble)。乔木,喜温暖湿润、阳光充足的环境,喜光又耐阴,喜暖热、多雾高温之地,不耐干旱、积水、严寒和空气干燥,怕霜雪。栽培宜用疏松肥沃、排水良好、富含有机质的酸性沙壤。枝、叶、果实、花梗可提制桂油也可入药。

(7)田菁[Sesbania cannabina(Retz.)Poir.]。豆科,田菁属一年生草本植物,高可达 3.5 m。适应性强,耐盐、耐涝、耐瘠、耐旱、抵抗病虫及风的能力力强。在土壤含盐量 0.3%的盐土上或 pH 值 9.5 的碱地上都能生长。田菁性喜温暖、湿润,春播土温达 15 ℃时发芽,但出苗和苗期生长缓慢。田菁的茎、叶可作绿肥及牲畜饲料。

(8)木豆[Cajanus cajan(Linn.)Millsp.]。豆科,木豆属直立灌木,高可达 3 m。木豆是短日照作物,光照愈短,愈能促进花芽分化,木豆喜温,最适宜生长温度为 18~34 ℃,适宜种植在海拔 1 600 m 以下地区,尤其以海拔 1 400 m 以下地区产量最高。木豆耐干旱,年降水量 600~1 000 mm 最适;木豆比较耐瘠,对土壤要求不严,各类土壤均可种植,适宜的土壤 pH 值为 5.0~7.5。

3. 水土保持植物篱

(1)香根草(Vetiveria zizanioides)。禾本科多年生粗壮草本。须根含挥发性浓郁的香气。秆丛生,高 1~2.5 m,直径约 5 mm,中空。喜生水湿溪流旁和疏松黏壤土上,气候适应性广,光合能力强,耐瘠薄。其根系不但能够穿过土层起到锚固作用,还可以有效地提高土体的抗剪强度,从而起到稳定边坡的作用。

(2)皇竹草(Pennisetum sinese)。多年生直立丛生的禾本科植物。适宜热带与亚热带气候生长,喜温暖湿润气候。对土壤要求不严,贫瘦沙滩地、沙地、水土流失较为严重的陡坡地及酸性、粗沙、黏质、红壤土和轻度盐碱均能生长,以土层深厚,有机质丰富的黏质壤土最为适宜。既可防止水土流失,保护生态,又可作为优质高产的牧草。

(3)黄荆(Vitex negundo L.)。马鞭草科,牡荆属灌木或小乔木。生于山坡路旁或灌木丛中。耐干旱瘠薄土壤,萌芽能力强,适应性强,多用来荒山绿化。黄荆湖南各地常见于荒山、荒坡,田边地头,适应性很强。主要分布于中国长江以南各省,北达秦岭淮河。生于山坡路旁或灌木丛中。非洲东部经马达加斯加、亚洲东南部及南美洲的玻利维亚也有分布。

(4)鸭茅(Dactylis glomerata)。禾本科多年生草本,疏丛型。适应的土壤范围较广,在肥沃的壤土和黏土上生长最好,但在稍贫瘠干燥的土壤上,也能得到好的收成,多用于水土保持草坪。

(5)高羊茅(Festuca elata)。禾本科,羊茅亚属多年生草本植物,秆成疏丛或单生,直立,高可达 120 cm。生于路旁、山坡和林下。性喜寒冷潮湿、温暖的气候,在肥沃、潮湿、富含有机质、pH 值为 4.7~8.5 的细壤土中生长良好。不耐高温,喜光,耐半阴,对肥料反应敏感,抗逆性强,耐酸、耐瘠薄,抗病性强。

5.1.3.2 边坡防护

1. 植被护坡

(1)护坡植物的选择。石质边坡因不具备灌溉条件,立地条件差,植被选择不当造成失败的教训不少。选择时应考虑到:当地土生土长的栽培草优于进口的草坪草,本地适宜绿化的野生草优于栽培草,即护坡植物应适应当地的气候,能抵抗不良环境;根系发达(深根系),生长迅速,短期内能达到一定的覆盖度;有多年生的习性,与土壤固结能力强;分蘖多,茎叶茂盛;抗逆性强。

(2)护坡植物的配置和组合。石质边坡绿化的目的主要是护坡,植物配置应遵循:一是藤灌草结合,这样可充分利用自然水、光、热条件,快速建植立体生态植被,保持坡面绿化的中长期效果,防止草坪退化,延续和提高水土保持功能。二是豆科与禾本科植物配置,有利于发挥种间优势,互惠互利,以草养草(如红豆草+其他禾草),同时加入先锋或保护草种(如多年生黑麦草),利用其萌发早、生长迅速的习性,促进保护主体草种的萌发。

1)灌木护坡

喀斯特地区灌木护坡技术[99]可在贵州等石漠化灾害严重的喀斯特地区,使得植物能在立地条件极差的地方生长,达到生态恢复的目的。护坡植物的选择,主要遵循生长速度快、抗逆性强、适应性强、固土护坡能力强,迅速覆盖坡面,使边坡坡面与周边的自然环境融为一体的原则。

(1)黄花槐(Sophora xanthantha C. Y. Ma)。豆科、槐属草本或亚灌木,高不足 1 m。原产于中国云南(元江),中国南方有大量栽培。黄花槐种子的播种在春、秋两季均可进行,以春播者发芽率较高,所用种子愈新鲜愈好。播前需用 60 ℃热水浸种;播种后覆土 2 cm 厚,经常浇水保持土壤湿润,1 周之后即可破土出苗。出苗后可 3~4 d 浇水 1 次,视幼苗生长情况施薄肥 2~3 次,翌年春天再移栽 1 次。

(2)刺槐(Robinia pseudoacacia)。落叶乔木,高 10~25 m。喜光,喜温暖湿润气候,对土壤要求不严,较耐干旱,贫瘠,适应性强,萌芽力和根蘗性都很强,是良好的水土保持、园林绿化和速生用材树种。

(3)胡枝子(Lespedeza bicolor Turcz.)。属蔷薇目,豆科胡枝子属直立灌木。胡枝子耐旱、耐瘠薄、耐酸性、耐盐碱、耐刈割。对土壤适应性强,在瘠薄的新开垦地上可以生长,但最适于壤土和腐殖土。耐寒性很强,在坝上高寒区以主根茎之腋芽越冬,在翌年 4 月下旬萌发新枝,7~8 月开花,9~10 月种子成熟,刈割期为 6~9 月,再生性很强,每年可刈割 3~4 次,可作绿肥及饲料。

(4)木豆(Cajanus cajan)。直立灌木,高可达 3 m。喜温耐干旱,最适宜生长温度为 18~34 ℃,适宜种植在海拔 1 600 m 以下地区,尤其以海拔 1 400 m 以下地区产量最高。木豆比较耐瘠,对土壤要求不严,各类土壤均可种植,适宜的土壤 pH 值为 5.0~7.5。

(5)紫穗槐(Amorpha fruticosa)。落叶灌木,丛生,高 1~4 m。喜干冷气候,耐旱耐寒,同时具有一定的耐涝能力,对土壤要求不严。紫穗槐郁闷度强,截留雨量能力强,萌蘗性强,根系广,侧根多,生长快,不易生病虫害,具有根瘤,改土作用强,是保持水土的优良植物材料,同时具有药用、饲用和园林观赏价值。

(6)多花木兰(Magnolia multiflora M. C. Wang et C. L. Min)。木兰科,木兰属落叶乔木,高可达 14 m,树皮灰色。植株高 80 cm 以上时,大部分杂草受到抑制,适时中耕。多花木兰耐高温干旱,但怕渍水,若渍水则生长不良或烂根死苗。多花木兰具有较高的水土保持效益,根系发达、生长速度快。

(7)马桑(Coriaria nepalensis)。灌木,高 1.5~2.5 m。喜光、耐炎热、耐寒、萌芽力强、耐潮湿,忌涝,喜沙壤土。果可提酒精,种子含油,茎叶含栲胶,全株有毒,可作土农药。

(8)车桑子(Dodonaea viscosa)。灌木或小乔木,高 1~3 m 或更高。喜光、耐旱、耐瘠薄,萌生性强,能在石灰岩裸露的荒山生长。在海拔 1 800 m 左右的干燥山坡、河谷或稀疏的灌木林中生长良好,起到保持水土的作用。

(9)马棘(Indigofera pseudotinctoria Matsum.)。豆科,木蓝属小灌木,高可达 3 m。分布于中国江苏、安徽、浙江、江西、福建、湖北、湖南、广西、四川、贵州、云南,日本也有分布。生长在海拔 100~1 300 m 的山坡林缘及灌木丛中。马棘是牛、羊等食草性动物及鸡、鸭等杂食胜动物补充蛋白质、维生素、矿物质及微量元素的优质青饲料。

(10)火棘(Pyracantha fortuneana)。常绿灌木,高达 3 m,果实药用价值高,喜光,适应庇荫、潮湿,对土壤要求不严,耐旱、耐涝、耐瘠薄、耐盐碱、抗寒。

(11)盐肤木(Rhus chinensis)。落叶小乔木或灌木,高 2~10 m。小枝棕褐色,被锈色柔毛,具圆形小皮孔。喜光、喜温暖湿润气候。适应性强,耐寒。对土壤要求不严,在酸性、中性及石灰性土壤乃至干旱瘠薄的土壤上均能生长。根系发达,根萌蘖性很强,生长快,为荒山绿化的主要树种。

2) 藤本护坡

对于裸露的土夹石边坡、土质边坡和浆砌石(挡土墙)等边坡,可采用在其底部和坡顶部,采用种植藤蔓植物上爬下挂的方式进行植物护坡,该技术造价低,施工简单,可较快恢复此类边坡的植被。

(1)常春油麻藤(Mucuna sempervirens)。常绿木质藤本,长可达 25 m。耐阴,喜光、喜温暖湿润气候,适应性强,耐寒,耐干旱和耐瘠薄,对土壤要求不严,喜深厚、肥沃、排水良好、疏松的土壤。可药用,同时具有良好的生态防护功能。

(2)常春藤(Hedera nepalensis)。多年生常绿攀缘灌木,长 3~20 m。阴性藤本植物,也能生长在全光照的环境中,在温暖湿润的气候条件下生长良好,耐寒性较强。对土壤要求不严,喜湿润、疏松、肥沃的土壤,不耐盐碱。常攀缘于林缘树木、林下路旁、岩石和房屋墙壁上,庭园也常有栽培。

(3)爬山虎(Parthenocissus tricuspidata)。多年生大型落叶木质藤本植物,适应性强,性喜阴湿环境。耐寒,耐旱,耐贫瘠,气候适应性广泛。对土壤要求不严,阴湿环境或向阳处,均能茁壮生长,但在阴湿、肥沃的土壤中生长最佳。

(4)葛藤(Argyreia Seguinii Van. ex Levl)。旋花科银背藤属植物,木质藤本。喜温暖湿润的气候,喜生于阳光充足的阳坡,分布于海拔 300~1 500 m 处。常生长在草坡灌丛、疏林地及林缘等处,攀附于灌木或树上的生长最为茂盛。对土壤适应性广,除排水不良的黏土外,山坡、荒谷、砾石地、石缝都可生长,而以湿润和排水通畅的土壤为宜。耐酸性强,土壤 pH 值为 4.5 左右时仍能生长。耐旱,年降水量 500 mm 以上的地区可以生长。耐寒,在寒冷地区,越冬时地上部冻死,但地下部仍可越冬,翌年春季再生。全年生长期为 275~280 d,萌发期在 3 月初,6~7 月开花,5~10 月为生长旺盛期,11 月下旬开始休眠,休眠期只落叶。

(5)薜荔(Ficus pumila Linn.)又名凉粉子,木莲等。攀缘或匍匐灌木,叶两型,不结果枝节上生不定根,叶卵状心形。产于福建、江西、浙江、安徽、江苏、台湾等地。瘦果水洗可作凉粉,藤叶药用。无论山区、丘陵、平原,在土壤湿润肥沃的地区都有野生分布,多攀附在村庄前后、山脚、山窝及沿河沙洲、公路两侧的古树、大树上和断墙残壁、古石桥、庭院围墙等。薜荔耐贫瘠,抗干旱,对土壤要求不严格,适应性强,幼株耐阴。

(6)扶芳藤(Euonymus fortunei)。常绿藤本灌木,高一至数米。性喜温暖、湿润环境,喜阳光,亦耐阴。在雨量充沛、云雾多、土壤和空气湿度大的条件下,植株生长健壮。对土壤适应性强,酸碱及中性土壤均能正常生长,可在砂石地、石灰岩山地栽培,适于疏松、肥沃的沙壤土生长,适生温度为 15~30 ℃,具有药用和饲用价值。

(7)络石(Trachelospermum jasminoides)。常绿木质藤本,长达 10 m。喜阳,耐践踏,耐旱耐热,具有一定的耐寒力。喜弱光,亦耐烈日高温。攀附墙壁,阳面及阴面均可。对土壤的要求不苛,一般肥力中等的轻黏土及沙壤土均宜,酸性土及碱性土均可生长。

(8)凌霄[Campsis grandiflora(Thunb.)Schum.]。攀缘藤本,茎木质,表皮脱落,枯

褐色,以气生根攀附于它物之上。喜充足阳光,也耐半阴。适应性较强,耐寒、耐旱、耐瘠薄。较耐水湿,并有一定的耐盐碱性能力。

(9)地枇杷(Ficus tikoua)。匍匐木质藤本,生长于海拔 400~1 000 m 较阴湿的山坡路边或灌丛中,常生于荒地、草坡或岩石缝中,是优良的水土保持植物。

(10)过山枫(Celastrus aculeatus Merr.)。常绿藤本,幼枝褐色,或红棕色,有时被柔毛,小枝无毛,皮孔圆形,稀疏或密布,髓实心,白色;冬芽圆锥形,长 2.5 mm,最外两枚芽鳞片特化成三角形刺,以后增大,长可达 5 mm。叶片近革质,椭圆形或宽卵状椭圆形,先端急尖,基部楔形或圆形,边缘具疏细锯齿,近基部全缘,侧脉 4~5 对,网脉不明显,无毛,叶柄长 6~2 mm。生于坡灌丛中,海拔 500~1 200 m。

(11)崖豆藤(Millettia speciosa Champ.)。豆科,崖豆藤属藤本植物,树皮褐色。分布于中国福建、湖南、广东、海南、广西、贵州、云南,越南也有分布。美丽崖豆藤一般生长在深山或者幽谷之中,对自然环境具有很强的适应力,对气候、土壤的质量也没有特殊要求,并且具有较强的抗旱能力、抗寒能力和抗病虫害能力,能够充分适应大规模的人工种植,即便是在部分贫瘠的土地环境或者低温的种植环境下,美丽崖豆藤依然可以得到健康生长。

(12)雷公藤(Tripterygium wilfordii Hook. F.)。卫矛科雷公藤属植物,藤本灌木,高可达 3 m。适生土壤为排水良好、微酸性的类泥沙或红壤,pH 值为 5~6;喜温暖避风、湿润、雨量充沛的环境;抗寒能力较强,可不加防寒物自然越冬;但怕霜,霜害可引起雷公藤幼苗顶端和新梢冻伤,影响来年的生长。

3)草本护坡

(1)杂交狼尾草(Hybrid penisetum)。多年生草本植物,是美洲狼尾草与象草的杂种一代。其后代不结实,生产上通常用杂交一代种子繁殖或用茎秆或分株繁殖。喜温暖湿润气候,喜土层深厚肥沃的黏质土壤,抗旱力强。狼尾草是一种需肥较多的牧草,只有在高施肥量的情况下,才能发挥它的生产潜力,一般每亩使用优质有机肥 1 500 kg,缺磷的土壤,亩施过磷酸钙 15~20 kg 作基肥,每次刈割后都要施追肥一次,每亩使用尿素 5 kg (或其他氮肥、人畜粪尿)作追肥。

(2)香根草(Vetiveria zizanioides)。禾本科多年生粗壮草本。须根含挥发性浓郁的香气。秆丛生,高 1~2.5 m,直径约 5 mm,中空。喜生水湿溪流旁和疏松黏壤土上,气候适应性广,光合能力强,耐瘠薄。其根系不但能够穿过土层起到锚固作用,还可以有效地提高土体的抗剪强度,从而起到稳定边坡的作用。

(3)百喜草(Paspalum notatum Flugge)。多年生草本植物,具粗壮、木质、多节根状茎。杆密丛生,高约 80 cm。适于温暖潮湿气候较温暖的地区,不耐寒、耐阴,极耐旱。对土壤要求不严,在肥力较低、较干旱的沙质土壤上生长能力仍很强,为优良的道路护坡、水土保持和绿化植物。

(4)狗牙根(Cynodon dactylon)。低矮草本,具根茎。秆细而坚韧,下部匍匐地面蔓延甚长,节上常生不定根,直立部分高 10~30 cm,直径 1~1.5 mm。喜温暖湿润气候,耐阴性和耐寒性较差,喜排水良好的肥沃土壤,是良好的护坡固土、防止土壤侵蚀,减少水土流失的草本植物。

(5)石竹(Dianthus chinensis L.)。双子叶植物纲、石竹科、石竹属多年生草本,高

30~50 cm,全株无毛,带粉绿色。其性耐寒、耐干旱,不耐酷暑,夏季多生长不良或枯萎,栽培时应注意遮阴降温。喜阳光充足、干燥,通风及凉爽湿润气候。要求肥沃、疏松、排水良好及含石灰质的壤土或沙质壤土,忌水涝,好肥,生于草原和山坡草地。

　　(6)芒草(Miscanthus)。各种芒属植物的统称,含有 15~20 个物种,属禾本科。草本,直立,粗壮,分枝。茎高 1~2 m,四棱形,具浅槽,密被白色贴生短柔毛。杂草,生于热带及南亚热带地区的林缘或路旁等荒地上,海拔 40~1 580(-2 400)m。中国芒生命力强,对环境适应性强;为多年生草本植物,一般寿命 18~20 年;植株高大可达数米,茎干粗壮;根系发达,抗性高,入土深度 1 m 以上;产量可高达 23~30 t/hm²。所以,中国芒作为一种高产且性能优良的新型能源作物,具有巨大的能源开发价值。

　　2.植生袋技术

　　目前高陡裸露边坡常用的一种边坡防护技术,这种技术方法具有基质不易流失、可以堆垒成任何贴合坡体的形状、施工简易等特点,适合使用在垂直或接近垂直的岩面或硬质陡峭边坡。植生袋主要由可降解的专用 PVC 网袋、种植土和植物种子组成。在植生袋内装入按一定比例配置的种植土、有机基质、肥料、保水剂和乔、灌、草植物种子。然后在高陡裸露边坡的下缘凹陷处,由下至上层层堆砌植生袋,在坡面形成一层植生袋,通过该植生袋内植物种子的萌发生长来绿化边坡。

　　3.厚层基质喷附技术

　　厚层基质喷附技术[100]是综合应用工程力学、生物学、土壤学、肥料学、环境生态学等领域的科学思想和技术成果,使用专用喷附机械将专用基质、土壤改良剂、保水剂、黏合剂、微生物肥料、菌根菌和植物种子等固体混合物,喷附到锚固镀锌机编网后的坡面上,喷附厚度为(7±1)cm,是一种机械建植技术。厚层基质喷附在施工时要与高强度镀锌机编网锚固坡面结合在一起,锚固在边坡上的高强度镀锌机编网可以加固坡面,防止碎石脱落,并与喷附的基质混成一体,防止基质脱落。当植被在坡面形成覆盖之后,植物的根系与机编网纵横交错,在坡面上形成了一个由植物的叶、茎、根系和机编网相互交错所组成的具有三维空间的立体防护层,并与坡面紧密结合为一个有机整体,最终达到保护坡面、恢复植被与景观的目的。物种选用灌木和草本植物物种混合组配方案,采用草灌结合的搭配,同时还考虑浅根植物和深根植物的结合、豆科植物与非豆科植物的结合,构建乔灌草立体防护生态体系。

5.2　工程技术

5.2.1　水保工程

5.2.1.1　坡面整地工程

　　1.坡改梯

　　坡改梯就是把坡耕地改造成水平梯地或梯田,是保持水土的一项重要措施,也是增强地力、提高粮食产量的有效手段。坡改梯活动主要包括清除石碓、石芽,炸石集土,砌墙保土,归并地块,平整土地;地坎、地埂、田间便道和机耕道建设。一般来说,坡改梯一般在坡度小于 25°的坡地上进行。在石山地区的山谷里和土岭坡上,分级砌墙保土,将坡耕地建设成水平梯田、梯地,改变坡面微地形,可增加土壤渗透,减少地表径流,达到保水、保土、保肥,提高农作物单产的目的[101]。多年来,在我国广大的山地丘陵地区,坡改梯活动已成为农田水利基本建设的一项重要内容而广泛开展起来,加快了山区、丘陵地区水土保持的步伐,促进了农村经济的快速发展。

坡耕地改造工程坡改梯在 5°~25°的坡耕地中进行,尤以 15°~25°的轻度及轻度以下石漠化坡耕地为主[15, 16]。梯埂结构因地制宜,石埂、土埂、土石混合埂不必做硬性规定,梯田田块大小、梯埂结构类型和作物种植要尊重土地使用者的意愿[102]。此外,栽种固坎植物,既可保持埂坎稳定,又可提高土地利用率。植物固坎大多选用生长迅速、根系发达、固土力强、具有一定经济价值的草类,或是种植桑、花椒、杜仲等经济林木[103]。一般需要沿等高线修筑梯埂。梯埂高度为 1~1.5 m,梯面宽度 5~8 m,梯面坡度 1~3°,梯面呈外高内低,梯面内侧开类似拦山沟的小沟,以利排水。平整土地时不打乱土层,注意保护耕层。垂直于坡向修筑田间便道和排水沟渠,并在坡地的上、中、下部各修蓄水池 2 个,做到拦山沟与灌排水沟相连,灌排水沟与蓄水池相连,使梯面径流进入排水沟,沟中的流水进入蓄水池。梯田的具体建设模式见文献[104]。蓄水池有两种类型:一种是传统的永久性浆砌块石或混凝土蓄水池;另一种是半永久性的水工布蓄水池,利用喀斯特坡地的天然溶沟、溶槽、洼地,稍加改造,铺设水工布即成[102]。土石质坡地新修梯田的土层厚度一般不足 20 cm,抗御季节性干旱的能力非常有限,因此梯田灌溉条件的保证是增产的关键。

2. 穴坑整地

穴坑整地是在石漠化山区大于 25°的坡位上进行植树造林的整地方法。在土层不连续、有杂石裸露、土壤里碎石较多,坡度大于 25°的中度、重度石漠化坡面进行。沿等高线整成穴状,穴面与原坡面持平或稍向内倾斜,“品”字形配置。其整地规格为穴径长度 0.5 m,宽度 0.5 m,土层厚度 0.4 m。将土挖起,翻松拍碎,清除杂石,在坑的下游边缘略垒起,呈挡水势。穴状整地可根据小地形变化而灵活选定整地位置,整地投工数量少,易于掌握,但是穴状整地难以实现机械化,采用人工整地[105-109]。

5.2.1.2 沟道防护工程

1. 石谷坊

石谷坊布设在地形起伏大,切割较深,沟谷发育的石漠化地区,是治理小流域支、毛沟道水土流失的重要工程措施。通过在沟道内修建谷坊,抬高侵蚀基准面,阻止河流的下切侵蚀和对边坡的侧蚀,并拦蓄洪水,将其转变为地下水,增加沟道常年流水[110]。石漠化地区石料丰富,宜修建干砌石谷坊,干砌石谷坊断面高 2.0 m,上游坝坡垂直,下游坝坡1:0.5,坝顶宽度 1.5 m,修建时要自上而下。

2. 拦沙坝

拦沙坝布设在小集水区的汇流处,顶宽 0.80~1.2 m、底宽 1.0~2.0 m、高平均 5 m[111]。建立拦沙坝可将上游泥沙淤积下来,有效降低小流域土壤流失量。石漠化地区主要是浆砌石坝,拦沙坝高度根据水流量、坡度的大小来确定,在以小流域为治理单元的地区拦沙坝一般坝高为 1~5 m,坝顶宽在 0.2~2.0 m。坝高的确定主要考虑拦沙库容、益洪道最大过水深度、波浪爬升高和安全超高。拦沙坝一般在口小肚大的沟段设置,以减缓沟底纵坡,拦沙坝设计按照上一道坝脚适当高于下一道坝顶或与坝顶等高设计[112]。

　　3. 防护堤

　　防护堤以防止水土流失冲毁农田为目的,需经过水文分析、水力计算和结构稳定分析计算,选点在水土流失沟道的上游狭口或山塘堤口的下方[113]。

5.2.2　水利工程

5.2.2.1　坡面水系工程

　　坡面水系工程应与坡改梯、耕作道路、沉沙蓄水等工程同时规划,并以道路为骨架,合理布设,形成完整的防御、利用体系。同时,坡面水系工程应尽量避开滑坡体、危岩等地带,节约用地,使交叉建筑物(涵洞等)最少,投资最省。

　　1. 拦沙排涝技术

　　1)截水沟

　　当坡面下部是梯田或林草,上部是坡耕地或荒坡时,应在其交界处布设截水沟。当坡面坡长太大时,应增设几道截水沟。增设截水沟的间距一般为20~30 m。根据地面坡度、土质和暴雨径流情况,通过设计计算具体确定。蓄水型截水沟基本上沿等高线布设,排水型截水沟应与等高线取1%~2%的比降。当截水沟不水平时,应在沟中每5~10 m修一高20~30 cm的小土挡,防止冲刷。排水型截水沟的排水一端应与坡面排水沟相接,并在连接处做好防冲措施[114]。截水沟一般采用梯形断面,内坡比1:1,外坡比1:1.5[104]。

　　2)排水沟

　　排水沟一般布设在坡面截水沟的两端,用以排除截水沟不能容纳的地表径流。排水沟的终端连接蓄水池或天然排水道。排水沟在坡面上的比降,根据其排水去处(蓄水池或天然排水道)的位置而定,当排水出口的位置在坡脚时,排水沟大致与坡面等高线正交布设;当排水去处的位置在坡面时,排水沟可基本沿等高线或与等高线斜交布设。各种布设都必须做好防冲措施(铺草皮或石方衬砌)。梯田区两端的排水沟,一般与坡面等高线正交布设,大致与梯田两端的道路同向。一般土质排水沟应分段设置跌水。排水沟纵断面可采取与梯田区大断面一致,以每台田面宽为一水平段,以每台田坎高为一跌水,在跌水处做好防冲措施(铺草皮或石方衬砌)[114]。

　　3)沉沙池

　　沉沙池一般布设在蓄水池进水口的上游附近。排水沟或排水型截水沟排出的水量,先进入沉沙池,泥沙沉淀后,再将清水排入蓄水池中。沉沙池的具体位置根据地形和工程条件确定,可以紧靠蓄水池,也可以与蓄水池保持一定距离[114]。沉沙池与蓄水池相配套,根据地形修建成矩形或圆形,池的宽度一般是与之相连的沟渠宽度的1.5~2.0倍,长度是宽度的2倍,比沟渠深50 cm以上。池体采用M 7.5水泥砂浆块石砌筑,池壁用M10水泥砂浆抹面[104]。

　　2. 集水储水技术

　　西南喀斯特地区降水资源丰富,但由于岩溶裂隙广布,降雨很难在石漠化的山地坡面上形成地表径流,大量的雨水随着裂隙进入地下岩层而形成地下水流失。针对这种情况,一个简便可行的获得水源的方法,就是在雨水渗漏之前,采取措施收集起来,即通过不透水集雨面,最大限度地汇集降雨,进而积蓄起来,从而为石漠化治理过程中的首要环节,即涵养水土、恢复林草植被、建设基本农田等创造先决条件。因此,集雨技术是一种适合特殊地形及经济落后的西南喀斯特山区,易于普及和推广的防旱抗旱方法。将不渗透面集雨、沟渠引水、水池储水三位一体的技术应用于坡耕地坡面水系工程,是对喀斯特山区表层水资源的一种有效利用模式。

1) 防渗膜、防渗布集水

防渗膜主要成分是由乳白色半透明到不透明的热塑性树脂材料制作而成,具有非常优秀的耐寒性能和耐热性能,有很好的化学稳定性能,抗强酸、碱、油的腐蚀,是很好的防腐材料;有较高的抗张力度,有较强的耐候性和抗老化性能,有较强的抗拉强度与断裂伸长率,具有极其广泛的适用领域。防渗膜集水技术与传统的用水泥、沙石构建蓄水池的方法不同,防渗膜集水更加注重蓄水的功能,其建造过程不需要爆破坚硬的岩石,不用开挖大量的土石方,更不需要混凝土,而是因地制宜地利用岩溶山地自然存在的洼地,经过底面平整、堆砌必要的挡水墙等工艺进行处理,然后铺设无毒无味、耐热耐寒、柔韧性高、拉伸强度好的高密度聚乙烯防渗膜。该技术适合于任意低洼地形,节能省力省材、高效防渗防漏、经济耐用、兼具多种功能、环境友好[115]。

2) 屋顶、路面、坡面、完整岩面集水

(1) 屋顶集雨。由屋顶集雨坪、输水管道及水窖组成。可利用混凝土屋面建集雨坪,并在屋下建水窖,再用管道将水窖内贮水输送入屋内,构建简易自来水;屋顶年拦集雨水总量可达 30 m^3,供农村人畜饮用[116]。

(2) 路面集水。对于靠近公路或水泥路等不透水路面的区域,可利用路面作为集雨面,以公路面—汇水渠—沉淀池—小水池+管网输出的方式,在降雨期集蓄坡面流,为生产、生活及灌溉提供必要水源[117]。

(3) 坡面集水。所谓坡面集雨技术,即在地表水匮乏、地下水开采困难、无条件兴建骨干水利工程的丘陵山区,通过选择荒坡、林地、灌木林地、疏林地、草地和坡耕地等自然坡面为集雨面,在集流场下方修建拦截水坝、沟,将坡面径流拦截引入沉沙池,泥沙沉淀后存贮于蓄水坑/池/塘中用于牲畜饮用或者灌溉[116, 118]。

(4) 完整岩面集水。石漠化山区存在基岩大面积裸露的完整岩面,是天然的集水面。

3) 蓄水池/塘/凼

蓄水池/塘/凼一般布设在坡脚或坡面局部低凹处,与排水沟或截水沟的终端相连。容蓄坡面排水蓄水池的具体位置,应根据地形有利、岩性良好(无裂缝暗穴、沙砾层等)、蓄水容量大、工程量小、施工方便等条件具体确定。蓄水池的分布与容量,根据坡面径流总量、蓄排关系和修建省工、使用方便等原则具体确定。

一个坡面的蓄排工程系统可集中布设一个蓄水池,也可分散布设若干蓄水池。单池容量从数百立方米到数万立方米不等。蓄水池的位置,应根据地形有利、岩性良好(无裂缝暗穴、沙砾层等)、蓄水容量大、工程量小、施工方便等条件具体确定[114]。蓄水池建设地点多选在地面坡降 0.1~0.25 的位置,综合工程经济效益分析,蓄水池采用半地上半地下结构,即半挖半填式,地势高的一边开挖,地势低的一边回填碾压。蓄水池平面形状可选用矩形或圆形,池深 4 m。地势高的一面建引水渠道、沉淀池将坡面集雨引至蓄水池。

蓄水池内边坡(迎水坡)采用1:1边坡,背水坡(地势低的一面,即回填边)采用1:2的边坡。回填边池堤顶宽不小于3 m,堤下部距池底0.3 m处铺设放水管道[119]。

3.引水供水技术

1)引水技术

(1)引水沟(渠、隧洞)。是引水工程中水资源输运的通道,保证引水效率,防渗防漏非常关键。

(2)岩溶泉扩泉引水。利用岩溶泉出露一般高于耕地分布区与居民生活区这一特点,在出露点围堵后进行引水,可作自流灌溉、生活用水及水力发电。岩溶泉是喀斯特石漠化地区重要的供水水源,表层岩溶泉引水工程是一种对岩溶水开发利用的重要形式之一。表层岩溶泉主要分布在高程680~1 360 m内,其中大部分分布在1 100 m高程左右,泉水流量多为0.01~0.5 L/s,其主要特点是泉流量的大小随泉域内植被覆盖率增加而增加[120]。

(3)高位地下河出口引水。喀斯特地区地下河出口位置通常较高,具有自流引水的有利条件,多年的地下河开发利用实践表明,采用自流引水技术对这类地下河水资源进行开发在广西岩溶石山区取得了较好的效果。主要利用高于供水目的地的地下河出口,在地下河出口处围堵后利用天然落差进行自流引水,用于居民生活、发电及农田灌溉等不同供水目的。

2)蓄水技术

(1)洼地水柜、山塘。在峰丛洼地区,小型洼地底部的面积较小,开发利用洼地范围内的表层岩溶水资源,通常不必经长距离的输送即达供水目的地。因此,对洼地范围内集中排泄的表层岩溶水,采用水柜、山塘蓄水技术对其水资源进行积蓄是开发此类表层岩溶水资源的一项有效技术。水柜、山塘蓄水技术主要是在洼地周边山坡或坡脚地带的有利部位筑建水柜或在洼地底部的低洼处修筑山塘,以积蓄出露于洼地周边山坡或坡脚地带的表层岩溶泉水,供零星散布于峰丛洼地区洼地内居民的饮用和农作物灌溉。

(2)钻井。对于水文地质条件复杂、地下水位埋藏深的岩溶蓄水构造或富水块段内地下水资源,主要采用钻井技术进行开发。通常是在对拟开发蓄水构造或富水块段进行地质分析的基础上,通过地球物理探测确定井位,采用钻井技术成井并安装提水设备抽取深部地下水,供当地及附近居民生产生活使用。

(3)开挖大口井。对于地下水位埋藏较浅但地表又没有地下水露头的岩溶蓄水构造或富水块段,采用开挖大口井技术对其水资源进行开发,是喀斯特地区地下水资源开发较为经济且有效的技术之一。利用开挖大口井技术对浅埋的岩溶地下水资源进行开发,主要是寻找揭露地下水的有利部位,人工开挖大口径的浅井并安装大流量、低扬程的提水设备或采用人工直接提水。

(4)地下河堵洞成库。主要是在地下河道中寻找合适部位建地下坝(堵体)堵截地下河,利用地表封闭性好的岩溶洼地为库容蓄水或抬高水位,用于发电或供水目的。在峰丛洼地区大多为封闭性较好的岩溶洼地,洼地底部常有与地下河相通的消(落)水洞或天窗,在地下河道中的有利部位建地下坝(堵体)堵截地下河并利用地表岩溶洼地蓄水成库,可取得较好的效果。

(5)地下河出口建坝蓄水。主要是利用地下河出口附近下游河谷地段的有利地形作为库区,在适宜筑坝的有利部位构筑水坝进行蓄水并抬高水位后,引水发电或供下游地区各种不同用水目的使用。

(6)洼地底部人工浅井。人工浅井技术是在宽缓洼地(或谷地)边缘地底部、表层岩溶带发育较均匀且表层岩溶水资源较丰富的部位,采用人工开挖浅井配套小型提水设备对表层岩溶水资源进行开发。

(7)地表与地下联合水库。建设地表与地下联合水库是岩溶谷地区地下河水开发的一项较为有效的技术。主要是利用岩溶谷地的地表空间和地下岩溶空间共同作为蓄水空间,在一些由地下河补给的河流,尤其是在明暗交替的伏流中,在地下河段堵截,利用上游的地表河槽、谷地及伏流管道等地下岩溶空间作库容蓄水构建地表与地下联合水库提高地下河水资源利用率。

3)提水技术

(1)直接抽提水。在地下水位埋藏接近地表面且发育分布有溶潭、竖井等地下水露头的喀斯特蓄水构造或富水块段,采用直接抽提水技术对其水资源进行开发,是喀斯特山区地下水资源开发中简单直接、经济有效的技术之一。主要是在岩溶蓄水构造或富水块段内的溶潭、竖井等地下水天然露头点,安装抽提水设备直接抽提当地的岩溶地下水并配套输水管渠系统,将水资源输送到供水目的地,供各用水目的使用。

(2)落差提水。主要分为天然落差提水和人工水头差提水。天然落差提水,在有急流、跌水或瀑布的地下河流动天窗可以利用天然落差,采取简单工程措施,安装适当规格的水轮泵,把水提到地面上。人工水头差提水,在天然水头差很小但流速较快且过水断面不大的地下河天窗,则可以筑坝造成人工水头差,安装水轮泵抽水到地面。

(3)地下河天窗提水。在峰丛洼地低洼处常有与地下河相通的天窗,地下河天窗提水技术主要是利用地下河天窗建有一定扬程的提水泵站抽取地下水,并在比供水目的地高的有利部位修建蓄水设施,配套输水管、渠系统,利用蓄水设施与供水目的地的高差以自流引水的形式将水输送到供水目的地,作为当地居民生活、农田灌溉用水。

(4)光伏提水。是利用太阳能光伏技术,将太阳能转换为电能,供给水泵使用,由水泵将水提送至需求地点的技术。光伏提水可以根据实际需要,因地制宜,设计建设出适合不同类型地区灌溉或人饮的提水站,适用范围广,可用于村庄、牧场、家庭的人畜供水,也可以同节水灌溉相结合进行农田和人工草场的灌溉;投入产出比高,更经济实惠,不消耗化石能源无污染、零排放,符合国家节能减排和建设美丽新农村的政策导向;对于偏远农村,山高坡陡,电力水利设施简陋的地区,光伏提水系统就地实施,自给自足,有效解决饮用水困难问题;建成后维护成本低廉,一次投资,长期使用,自动运行,适合云南偏远地区或喀斯特地貌等地区长期、稳定供水需要。缺点为需具备充足水源条件,前期投入最大,日常维护细致。在云南省沾益示范基地和马龙示范基地投入使用。

4)水资源联合开发技术

(1)山腰水柜蓄水、管渠引水。在峰丛山坡中上部地段,经常有表层岩溶泉(间隙性的为主),修建山坡水柜山在表层岩泉附近可积蓄表层岩溶泉域的水资源,并通过配套的管渠系统将水资源输送到供水目的地。对岩溶石山区的大型岩溶洼地或谷地范围内流量较大、出露位置相对较高且距供水目的地较远的表层岩溶泉水,采用水柜蓄水、管渠引水的水资源开发技术可取得较好的效果。

　　(2)山麓开槽截水、水柜山塘储蓄、管渠引水。是在岩溶石山地区山体坡麓地带散流状表层岩溶水系统,采取开挖截积水槽聚积表层岩溶水资源,同时修建水柜或山塘进行储蓄,并配套管渠系统将水资源输送到供水目的地。

　　(3)泉口围堰、管渠引水。是在泉域范围内植被土壤覆盖好、流量动态变化较小、出路位置较高的表层岩溶泉口,采取堰的方式并通过配套管渠系统将水资源直接输送到供水目的地。

　　(4)岩溶地下河联合开发。喀斯特地区常发育着一些穿越不同地貌类型的大型地下河,通常表现为:地下河的上游段主要流经峰丛地区,而中下游段主要流经峰丛谷地或峰丛盆地,最终流出峰丛峡谷或以地下河的形式大落差地流入分割高原面的深切峡谷河流。对这种类型地下河,采用联合开发技术对其水资源进行分段开发可获得更好的效果。通常是在上游段采用天窗提水技术进行开发,在中下游段采用拦坝引水或泵站提水等技术进行开发,而在地下河出口附近采用筑坝建库的技术进行开发,以求分散、多模式地利用地下河水资源和提高地下河水资源的利用率。

5.2.2.2　洼地排洪工程

　　洼地内涝灾害主要由于水土流失造成落水洞及地下河堵塞。洼地排洪工程分为两部分,即落水洞治理和完善洼地排水系统。

1. 落水洞治理

1)增强排洪

　　清理落水洞内的泥沙、碎石,依据 50 年一遇降水量大小扩大落水洞口,修建落水洞坊并采用浆砌石围筑洞壁高出地表 0.5 m。

2)减少淤堵

　　在洞外形成植物隔离带,修建沉沙池,并设网拦截枯枝落叶,降低落水洞淤堵风险。

2. 完善洼地排水系统

　　如图 5-1 所示,该技术系统包括排水隧道,在岩溶洼地内有径向排水沟和环向截水沟,环向截水沟与径向排水沟相交,径向排水沟与底部环形积水池连接,底部环形积水池与底部消能池连接,底部消能池通过排水隧道与出水口消能池连接。径向排水沟至少有三条。环向截水沟至少有一条。环向截水沟与径向排水沟相交处设有消能池,消能池为无顶盖消能池。底部消能池与底部环形积水池连接处设有格栅。底部消能池为半地上类型且设有顶盖。出水口消能池的进口宽度与排水隧道宽度相同。底部消能池与排水隧道连接处设置有消能阻沙台阶。消能阻沙台阶高度为排水隧道高度的 20%~30%。

　　本技术的环向截水沟汇集的洪水分段分别排入径向排水沟中,每段排水沟设计洪水流量根据实际汇水面积计算,在环向截水沟与径向排水沟交接处设置消能兼拦沙消能池一座,经过消能池拦沙和消能后的水流通过径向排水沟进入洼地底部环形积水池,再流入底部消能池,底部消能池的主要作用是消能和收集泥沙,为确保安全,按照岩溶地下通道堵塞的极端情况,设计与底部消能池连接的排水隧道,通过排水隧道将水排到出水口消能池,出水口消能池将水排至低于该洼地的临近河流或洼地内,该技术能够有效防止洼地内

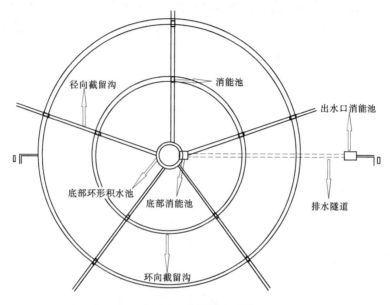

图 5-1　洼地排水系统

产生内涝灾害,减少对洼地内工程项目的影响,该技术适用于洼地工程的排水,且安全可靠、便于维护管理,解决了现有技术不能处理在岩溶洼地工程实施过程中降雨造成的内涝灾害问题[121]。

5.2.3　能源工程

5.2.3.1　能源建设工程

1. 沼气技术

1)传统砖混沼气池

传统砖混沼气池主要利用农业活动中产生的有机废弃物(如秸秆、人畜粪便等),在固有的沼气池中进行厌氧发酵,从而产生沼气,并将其作为农村生活能源。另外,沼气在产生过程中还会有副产物的产生,如沼肥(包括沼液、沼渣),其是农业生产的优质有机肥,同时也能解决粪便的环境污染问题。通过沼气池发酵的沼气热值较高,热效率较稳定,在为农户提供稳定能源的同时,还改善了农村卫生条件及生态环境。具体施工步骤如下:①根据居民的能源需求量,确定沼气池的大小;②农村地区主要原料为牲畜粪便,沼气池的修建应靠近牲畜圈舍与厕所;③规划布局及放线挖方,用石块堆砌后,浇筑 6 cm 左右厚度的混凝土,最后池墙及漂砖砌拱,确保池壁的严密;④水压间、过滤池的设计与施工:水压间位置确定为挨着卫生间的一侧,水压间的表面积确定为沼气池地面部分表面积的1/3,呈扇形,过滤池由水压间分开,为水压间表面积的1/3,过滤池尺寸确定为 45 cm×40 cm,阻流墙面高度确定为 25 cm,最后浇筑池盖。

2)玻璃钢沼气池

玻璃钢沼气池,由不饱和聚酯树脂、胶衣树脂、短切毡、优质玻璃纤维布等多种材料,配合成型模具,经过多道复杂工序制作而成。由于池体内表面采用胶衣树脂,保证了优良可靠的密封性。池体复合而成的新型玻璃钢材料使其具有强度高、重量轻、耐腐蚀、耐老化、防渗漏的特点。在使用过程中,占地面积小,埋设方便,施工快捷,在使用过程中无须对池体进行维护。

3)太阳能沼气池

由太阳能集热装置吸收热量,输送到沼气发生装置调节温度,保证在外部气温较低的条件下正常产气。采用高效恒温快速发酵技术,既可干式发酵也可湿式发酵,还可干湿混合发酵,产气速度快、产气量大、效率高。

2. 太阳能技术

1)太阳能热水器

西南岩溶石漠化地区光照时间长,太阳能资源丰富,可在广大农村推广使用太阳能热水器,充分利用太阳光能进行加热。太阳能热水器可将太阳光能转化为热能,将水从低温度加热到高温度,以满足人们在生活、生产中的热水使用。太阳能热水器按照结构不同可分为真空管式和平板式太阳能热水器。

2)储热太阳灶

利用光学原理及聚焦作用,储热太阳灶可使难利用的低品位光能达到800~1 000 ℃,形成高品位的高温能量。再通过导光镜、光纤将高温光束聚集在灶底直接利用,也可将太阳能储存起来。储热太阳灶是利用太阳辐射能,通过聚光获取热量,进行炊事活动的一种装置。它不烧任何燃料,不产生任何污染。烹饪和烧开同等分量的食物或水,正常使用时比蜂窝煤炉速度快,与煤气灶速度一般。

3)太阳能室内照明系统

近年来,太阳能室内照明系统发展迅猛,太阳能照明的利用方式主要分为两种:①通过太阳能蓄电池将太阳能转换成电能,为转为光源供电,其转化效率为10%左右;②通过聚光透镜、光纤传导将太阳光收集、直接用于建筑物内部照明,光损失率约50%。太阳光谱包括 UV、可见和 IR 光,有益于人体健康。

3. 小水电技术

1)工程勘测技术

(1)常规勘测技术:即传统的勘测技术,主要有专门的水文地质测绘、喀斯特洞穴调查、钻探、硐探和连通试验、渗透试验、地下水动态监测等。该方法的使用要充分掌握从"宏观"到"微观"、再从"微观"至"宏观"的原则。具体地说就是:首先通过测绘、调查分析,并结合地质构造,对工程区的喀斯特发育史、发育规律进行宏观判断;然后结合建筑物对重点喀斯特发育部位应用钻孔、平硐去求证所做的判断、推测,再由点及面去总结建筑物区的喀斯特发育规律和特点。随着工程经验的不断积累和理论知识的不断深化,可以做到经济、有效地对建筑物进行合理的布置。

(2)CT 探测技术:是在成对钻孔间,利用电磁波、声波、地震波,进行密集射线透射扫描,然后利用计算机软件进行断面层析处理,生成岩体能量吸收的彩色图像,通过调整孔间距,可以探测到几十厘米至数米的岩溶孔洞大小。实际工作中,图像精度主要取决于测量精度和重建精度,针对一些具体问题,采取以下一系列综合措施:①从较多的层析成像反演算法中,筛选出能在灰岩地层中精确探测溶洞在剖面的大小形态。②采用图像重建过程中各种处理技术,研究 CT 图像的异常形态与溶洞真实形态的吻合程度,即异常体边界波速或吸收等值线的量级与溶洞边界的对应关系,以求精确判定溶洞大小和空间位置。③研究岩层各向异性对波速的影响,以求在二维空间内实现波速的各向异性层析成像,并探讨三维射线反演技术和成像技术。④研究充填溶洞和空溶洞的图像异常特性,以求从异常性质判定异常体的主要性状。⑤提出了折射首波与绕射首波的特点及应用条件,根据重建的方法选不同类型的首波。⑥采用频散电磁波吸收系数、波速慢度成像和波动成像综合应用,确定不同地质条件下各种成像适用条件及精度。通过多种重建方法的科学结合,实现对溶洞的高精度探测,在探测技术上具有重大突破。CT 技术充分地利用了勘探钻孔,延续和补充了常规钻孔的勘探作用,可以实现由定性向定量化的评价方向发展,主要用在工程项目的详查阶段,如大坝坝基、防渗灌浆帷幕。该方法已广泛地应用于喀斯特地区工程,正被广大的设计、施工队伍所采用。

(3)EH-4 探测技术:主要是利用电磁集肤效应原理,探测喀斯特地区宏观喀斯特发育趋势和强度、地下水富集带。它是近年来新发展的一种物探技术,早期应用于石油勘探和北方干旱地区找水。该方法主要在工程论证的早期阶段使用,通过论证分析,布设于重点需要了解的喀斯特发育地段,最大探测深度在 300~400 m,已在岩溶地区兴建的乌江流域索风营水电站、洪家渡水电站、沙坨水电站、安徽琅琊山水电站等使用,并取得了明显效果。该方法的技术特点是:①在地表一个测点上,采用 4 个电通道(互相垂直)和 1 个磁通道进行张量拟地震化全频数字采集,为电磁波的集肤处理提供了高精度的可靠资料。②其场源采用了独一无二的高频人工强磁场,并同时利用中低频天然大地电磁场,人工高频电磁场能产生强大的稳定电磁场,使浅部不均匀电性体产生足够的电磁集肤效应,天然电磁场能对深部不均匀电性体产生一定的电磁集肤效应。③由美国加州大学和 EMI 公司联合研究的专用数据处理软件,可以进行连续电导率成像反演处理和张量处理。一般地质条件下,只处理沿测线方向的一张电导率剖面就能确定异常体的情况;当遇到条件较复杂时,可进行张量处理,对比分析张量图判断异常的情况。④EH-4 系统还提供了部分可供专业技术人员进行更深入研究的开放技术,如反演频点的增密、数据上延与下拓处理、电道与磁道的数字滤波等。通过在索风营、大花水、沙沱等十多座水电站的工程实践,地表 200 m 以下可以勘测到不足米级的溶洞,定位准确。

(4)地质雷达探测技术:地质雷达是利用地表面或洞壁作为工作面,采用雷达波的反射原理,探测隐藏于岩体内部与围岩存在一定电性差异的喀斯特洞穴、溶蚀裂隙和断层破碎带。地质雷达发展至今,已具有多种探测方式,常见的雷达探测方式为剖面法,近年来又推出了钻孔探测雷达和地面三维成像雷达。①剖面雷达探测具有多种频率的天线,可探测不同范围(深度 30 m)内的目的体,也可探测不同尺寸大小的小溶隙,剖面雷达具有工作效率高的特点,特别适用于浅层勘探、建基面下岩溶探测、隧洞周壁附近的隐藏岩溶探测;②钻孔雷达因将天线置于地下,远离地表覆盖层对电磁波的吸收,具有探测范围相对较远、受人工干扰因素小的特点,可探测钻孔四周的喀斯特发育位置,也可进行钻孔与地表透视探测,或钻孔与钻孔透视以及进行 CT 成像;③雷达的三维探测技术是在地表按一定要求布置测线网,按一定顺序依次进行剖面测量,然后进行三维处理,三维探测技术可以对探测范围进行立体成像,在水平和垂直两个方向进行任意切片,实现立体探测。探地雷达可以充分利用勘探的平硐、隧道、钻孔,进行更加详细的勘探,可以在工程的各个阶段使用。

2)工程防渗技术

(1)集中岩溶管道的渗漏处理技术:在建筑物区精确探测喀斯特管道的大小规模已经可能,对集中管道的处理模袋灌浆堵漏技术,采用特制的土工模布,按溶洞的大小、形状,加工形成大致相等的"模袋",通过钻机下至溶洞位置,并向其内灌注浆液,使其形成集中堵头,并不易被水流冲开,即通常所称的"模袋灌浆"。模袋灌浆材料能耐高速水流,在高速水流下保证水泥不分散、不被冲走,水泥浆经模袋析水后,不但硬化速度加快,而且固化强度有很大提高。模袋材料在压力下膨胀,适应不同形状,可以堵塞不同形状的漏洞,与传统灌浆材料相比,具有重大突破,是土工材料应用于大漏量、高流速溶洞堵漏的新发现。此外,在易于施工的地方,也可采用人工混凝土堵头或集中引排的方法进行处理。

(2)裂隙性强渗流带的防渗处理技术:裂隙性强渗流带是指地下水运移具有连续流动,或喀斯特渗流空间不大但分布较广的地段,采用"双液"或间歇式的控制灌浆方法,向渗漏地段注入一定配比的具有水稳性、速凝性的混合浆液,使其不易被水溶解或稀释带走,并能迅速形成帷幕堵体的施工方法,如丙烯酸盐(AC-MS)材料动水堵漏技术。丙烯酸盐(AC-MS)材料具有凝胶时间在几秒钟至数小时范围内可调性,浆液在凝胶之前具备较好的流动性和较低的初始黏度,浆液在凝胶之后具有一定的强度和相当的抗冲强度,固化时无明显的收缩现象,固化后与岩块、混凝土等具有一定的黏结力。应用于溶洞防渗堵漏为国内外首创,克服了传统的水泥水玻璃灌浆凝结时间慢、聚氨酯遇水膨胀易被冲走和价格高等材料的缺点,更适合于高流速下灌浆堵漏。

3)投资分配制度

要真正在广大乡村发展好小水电,除了以上勘测和防渗技术,投资分配制度也很重要。例如,为了开发利用境内丰富的水能资源,普安县制订了小水电代燃料建设规划。在继续争取国家补助和银行贷款开发小水电的同时,把发展非公有制经济摆到重要位置,按照谁投资、谁受益的原则,积极营造宽松的投资环境,引导、帮助县内外民间投资、乡村村民集资开发县内小水电,激发了村民投资开发小水电的热情。自2001年6月第一座民间投资、村民集资建成的装机容量1 700 kW的绿荫滩电站开始,到现在已建和在建的民间投资与村民集资的小水电站已达11个,小水电装机容量、年发电量将分别达到6.3万kW · h、4亿kW · h。乡村小水电的开发不仅解决了该地区乡村照明及部分能源问题,为保护退耕还林成果、保护山上植被铺平了道路,还带动了乡村乡镇加工业的发展,在解决就业、提供税收、成为重要经济支柱的同时,进一步推动乡村社会经济的发展。

5.2.3.2　能源节约工程

1. 节柴灶

节柴灶比传统土灶节省时间、效率、省燃料、使用起来方便卫生,提高人们的生活水平,使人们生活更加便捷,减少了燃料,保护了当地的植被,改善了当地的生态环境。节柴灶比传统土灶多了保温层、拦火圈和回烟道。在燃烧室和锅之间的位置用黏土与麻条、煤灰、水泥等材料混合好做成硬泥,按照锅和灶接触的圆,做一个大小与这个圆相近的圈的泥坯置于锅与灶体之间,调整火焰和烟气的流动方向,合理控制空气流速,减少热量的流失提高热效率。在炉芯外层与炉壁之间填充煤灰、草木灰、锯末、矿渣棉等保温材料,做成保温层,减少热量扩散,提高热效率,节约燃料。在灶的拦火圈与灶体内壁之间砌回烟道,通过增加回烟道,对烟中的物质进行二次燃烧,提高燃料的热转换率。柴火初次燃烧,烟中含有大量的固体颗粒、CO、CO_2、SO_2、S_2O_3 等物质,当烟通过回烟道回到灶内,固体颗粒、CO 等物质进行再次燃烧,充分的燃烧减少了烟中的有害气体和烟尘。

2. 节煤炉

节煤炉技术通过将炉芯分为内外两层,并在炉芯上部设置燃烧器,在燃烧器上设置供氧孔,供氧孔通过供氧管连接到炉桶外。大大提高了炉具的节能效果,使产品在使用过程中达到最佳节能和减少排放的效果。每台炉子一个冬天只需 400~600 kg 煤,比普通炉具节约燃煤30%以上,大大为用户节约了经济的开支[122]。

3. 生物质半气化炉

把以秸秆为主的生物质燃料放到半气化炉炉膛内燃烧,通过控制二次进风通道,使得生物质燃料充分燃烧并伴有气化成分。这种秸秆半气化炉二次进风作用较明显,主要表现为补充空气,加强烟气在炉具内的进一步扰动,燃烧更加充分。目前的秸秆按气化技术主要是通过大量补充空气实现的,也有补充蒸气的方法。生物质燃料在秸秆半气化炉内燃烧的过程中烟尘量极小且无焦油,燃料燃烧充分。清洁卫生无污染,利于健康。秸秆半气化技术对于燃料的要求很低,燃料选择面广,适用于玉米秸秆、玉米芯、薪柴及花生壳等。

4. 清洁煤技术

清洁煤技术是近年来国家大力推广的一种节能技术,其主要目的在于减少燃煤过程中产生的污染物,提高煤的燃烧效率。从目前的发展来看,清洁煤主要包括五个方面的技术:煤的洁净生产技术、煤的洁净加工技术、煤的高效洁净转化技术、煤的高效燃烧与燃煤污染排放治理技术等。清洁煤技术通常包含两个方面:直接烧煤洁净技术与煤转化为洁净的燃料技术。其中,直接烧煤洁净技术是在直接燃煤时采用相应技术措施实现的:①洗选型煤加工和水煤浆技术,这是燃煤前的净化加工技术。②流化床燃烧技术和先进燃烧器技术,这是燃煤中的净化燃烧技术。③消烟除尘和脱硫脱氮技术,这是燃煤后的净化处理技术。主要包括煤的气化技术、液化技术、煤气化联合循环发电技术及燃煤磁流体发电技术。

5.3　农耕技术

5.3.1　耕作方法

5.3.1.1　等高垄作

1. 等高耕作

等高耕作,即横坡耕作,是指在坡面上沿等高方向耕犁、作畦及栽培等作业。形成等高沟垄和作物条垄,是保持水土、提高抗旱能力的保土耕作方法。等高耕作的目的是增强水分入渗与保蓄能力,调控径流及减少土壤冲蚀。沿等高线进行横坡耕作,在犁沟平行于等高线方向会形成许多"蓄水沟",能有效地拦蓄地表径流,增加土壤水分入渗率,减少水土流失,有利于作物生长发育,提高单位面积产量。

　　2. 沟垄耕作

　　沟垄耕作,是指在坡耕地上沿等高线开沟起垄并种植作物,具有蓄水、保土、防风功能的农业耕作方法。沟垄耕作实际上是在等高耕作基础上的一种耕作措施,即在坡面上沿等高线开犁,形成沟和垄,在沟内和垄上种植作物或者牧草,用以蓄水拦泥、保水、保土和增产。沟垄耕作是一种水土保持复合耕作法,有改变地形、拦蓄部分径流、相对增加土壤蓄水、提高水分利用率、减少土壤流失的作用。

　　3. 条带种植

　　在植物篱与横坡等高垄作的基础上,在植物篱所形成的等高环形条带之间的 5~8 m 空地上,沿等高线方向条带状种植作物,利用作物穴距小于行距的特点,形成季节性多层环形条带状植物篱,拦截坡耕地径流与土壤流失,达到保持水土的目的[123]。

5.3.1.2　穴状种植

　　1. 一钵一苗法

　　穴状种植也称为掏钵种植,在坡耕地上沿等高线用锄挖穴,以作物株距为穴距(一般为 30~40 cm),以作物行距为上下两行穴间行距(一般为 60~80 cm)。穴的直径一般为 20~25 cm,深 20~25 cm,上下两行穴的位置呈"品"字形错开。挖穴取出的生土在穴下方作成小土埂,再将穴底挖松,从第二穴位置上取 10 cm 表土置于第一穴内,施入底肥,播下种子。以后各穴,采用同样方法处理,使每穴内都有表土。

　　2. 一钵数苗法

　　在坡耕地上顺等高线挖穴,穴的直径约 50 cm,深 30~40 cm。挖穴取出的生土在穴下方作成小土埂。穴间距离约 50 cm。将穴底挖松,深 15~20 cm,再将穴上方约 50 cm× 50 cm 位置上的表土取起 10~15 cm,均匀铺在穴底,施入底肥,播下种子,根据不同作物情况,每穴可种 2~3 株。以作物的行距作为穴的行距,相邻上下两行穴的位置呈"品"字形错开[124]。

5.3.1.3　少耕、免耕、休耕

　　1. 少耕

　　在传统耕作基础上,尽量减少整地次数和减少土层翻动,和将作物秸秆残茬覆盖在地表的措施,作物种植之后残茬覆盖度至少达到 30%,也称留茬播种法。少耕以重型耙或旋耕机为手段进行表土作业,改变了传统耕翻作业方式,减少了土壤搅动量,可以减少土壤流失程度。

　　2. 免耕

　　作物播种前不单独进行耕作,直接在前茬地上播种,在作物生育期间不使用农机具进行中耕松土的耕作方法。一般留茬在 50%~100% 就认定为免耕[125]。免耕可以保护土壤,减少水土流失和地表水的蒸发,提高土壤蓄水和保墒能力。

　　3. 休耕

　　休耕不是让土地荒芜,而是让其"休养生息",用地养地相结合来提升和巩固粮食生产力。其间同样要注意耕地管理与保护,防止水土流失等土壤破坏现象。调整种植结构,

改种涵养水分,保护耕作层的植物,同时减少农事活动,促进生态环境改善。在西南石漠化区,选择 25°以下坡耕地和瘠薄地的两季作物区,连续休耕 3 年。

5.3.2　种植方式

根据不同作物的不同特性,如高秆与矮秆、富光与耐阴、早熟与晚熟、深根与浅根、豆科与禾本科,利用它们在生长过程中的时空差,合理地实行科学的复种、轮作、间作、套种、混种等配套种植,形成多种作物、多层次、多时序的立体交叉种植结构。特别是在经济林营造早期,在稀疏的幼林中间套混种豆科植物或绿肥作物增加土壤肥力,或在幼林的行间种植杂草或牧草,增加生物的多样性,减少蒸发,防治病虫害等。通过立体种植,实现农林复合群体在时空上的充分利用,从而提高石漠化土地的生产力水平和保水保土能力。

5.3.2.1　复种、轮作

1. 复种

复种是在同一耕地上一年种收一茬以上作物的种植方式,有两年播种三茬、一年播种二茬、一年播种三茬等复种方式。复种的方法如下:

(1)复播,即在前作物收获后播种后作物。

(2)复栽,即在前作物收获后移栽后作物。

(3)套种,即在前作物成熟收获前,在其行间和带间播入或栽入后茬作物。

根据不同作物的不同特性,如高秆与矮秆、富光与耐阴、早熟与晚熟、深根与浅根、豆科与禾本科,利用它们在生长过程中的时空差,合理地实行科学的配套种植,形成多种作物、多层次、多时序的立体交叉种植结构。通过立体种植,实现农作物复合群体在时空上的充分利用。

2. 轮作

轮作是指在同一田块上有顺序地在季节间和年度间轮换种植不同作物或复种组合的种植方式,是用地养地相结合的一种措施,不仅有利于均衡利用土壤养分和防治病、虫、草害,还能有效地改善土壤的理化性状,调节土壤肥力。最终达到增产增收的目的。常见的轮作类型有禾谷类轮作、禾豆轮作、粮经轮作、水旱轮作、草田轮作等。西南中高原山地旱地常见轮作模式有小麦—玉米/甘薯、油菜—玉米/甘薯/花生、冬闲—玉米+大豆。

5.3.2.2　间套混种

间套混种是一种能够提高农田生物多样性的种植方式,具有充分利用资源和大幅度增加产量的特点,也是利用种间互作控制病害发生的传统农作措施。石漠化山区旱地最为常见的间套种方式是玉米间套种豆类、薯类、绿肥、经济作物和蔬菜作物。在实际农业生产活动中,间套混种模式组合有无限可能。以粮—经—饲—菜—花—肥为主要类别,粮油作物与经济林草(包括药、果、香、油、饮、材)、饲料、蔬菜、花卉及绿肥植物这些不同大类之间及大类内部不同物种之间有无数种间套混种配置形式。如对于粮油作物,可采取小季作物间套作绿肥,大季作物间套作豆科或薯类作物,以提高单位面积土地生产力和土壤肥力;对于经济林草种植,可发展林下经济,可有多种经营方式,如林药林菌、林花林草、林粮林蔬、林瓜林豆、林禽林牧林蜂等。

《全国种植业结构调整规划(2016~2020年)》规定西南地区调整方向为"稳粮扩经、增饲促牧",调减云贵高原非优势区玉米面积,生产中应加快推进蔬菜/水稻/蔬菜等稻田粮经型多熟制及玉米(烤烟、马铃薯)间套作绿肥、蔬菜、中药材等粮经药蔬立体种植农作制度的发展。间套混种在解决人口不断增长、资源日益枯竭和生态环境恶化等问题方面具有重要的现实意义。叙永县落卜镇推广"春季高粱+秋季蔬菜+冬季油菜"粮经复合种植模式,由原来的"一年一季"变为现在的"一年三季",提高耕地复种指数,带动了当地群众增收致富,原来的"石头山"变成了"黄金地"。重庆石柱土家族自治县,采取黄柏与甘蓝等蔬菜间套混种的方法,在石漠化土地上种出了好蔬菜和中药材。

1. 间作

间作是指在同一田地上于同一季节内,把生育季节相近、生育期基本相同的两种或两种以上的作物,成行或成带地相间种植。如玉米与大豆间作、高粱与甘薯间作等。选为间作的两种作物应具备生态群落相互协调、生长环境互补的特点,主要有高秆作物与低秆作物、深根作物与浅根作物、早熟作物与晚熟作物、密生作物与疏生作物、喜光作物与喜阴作物、禾本科作物与豆科作物等不同作物的合理配置,并等高种植。适用于人口密度大、土地资源匮乏、人均坝地面积低、山地面积比例较大的喀斯特石山区[126]。间作条带方向,基本上沿等高线,或与等高线保持1%~2%的比降。条带宽度一般为5~10 m,两种作物可取等宽或分别采取不同的宽度,陡坡地条带宽度小些,缓坡地条带宽度大些。条带上的不同作物,每年或每2~3年互换一次,形成带状间作又兼轮作。根据作物的生理特性,分别采取以下两种间作方式:行间间作适当加大第一种作物的行距,在每两行作物之间种植第二种作物,两种作物的株距不变。株间间作:适当加大第一种作物的株距,在每两株作物之间种植第二种作物,两种作物的行距不变。也可进行双行间作。

2. 套种

在同一地块内,前季作物生长的后期,在其行间或株间播种或移栽后季作物。两种作物收获时间不同,其作物配置的协调互补与株行距要求与间作相同。根据作物的不同特点,在播种时间上分别采取以下两种作法:在第一种作物第一次或第二次中耕以后,套种第二种作物;在第一种作物收获前,套种第二种作物[124]。常见的套种模式主要有小麦与豌豆、高粱与黑豆、大豆与芝麻、棉花与芝麻或豆类、玉米与大豆、西瓜和脐橙、玉米和红薯、茄子和小白菜、玉米和白菜、韭菜和豆角、黄瓜和赤松茸、四季豆和小葱、圆葱和胡萝卜及瓜下套种食用菌、春白菜等。

3. 混种

在同一时间或不同时间,在同一地块不按特定的行列宽窄等比例,但数量上有一定比例的种植,叫作混种。在土壤零星分布的石漠化山区,多种作物与林草混种是一种较为合理的选择。例如,利用优质高产禾本科牧草和豆科牧草混种,既可提高牧草产量、增加植物蛋白的含量,又可改善地表植被状况。

5.4　节水技术

5.4.1　栽培节水技术

5.4.1.1　覆盖保墒抗旱

1. 生物覆盖保墒

1) 留茬覆盖

农田地面常年留茬覆盖,其目的是减少水分蒸发,蓄水保墒,防止冲刷和保持土壤肥力。

2) 秸秆覆盖

秸秆覆盖还田,是将作物秸秆或残茬,直接铺盖于土壤表面。秸秆覆盖可以减少土壤水分的蒸发,达到保墒的目的,腐烂后还能增加土壤有机质。

3) 草肥覆盖

绿肥覆盖,即选绿肥草作为覆盖草类,能增加土壤有机质,提高土壤肥力。石质荒漠化山区造林定植后进行覆草处理,成本低、效果好、操作方便。

4) 枯枝落叶覆盖

枯枝落叶覆盖保墒效果较好,并且能够提高幼苗存活率。用杂草、麦秆、树叶等覆盖在苗木周围。覆盖厚度一般为 2~3 cm,然后上面再压一层 2 cm 的土,或用石块镇压,以防风吹或水冲刷。

2. 物理覆盖保墒

1) 地膜覆盖

地膜也称地面覆盖薄膜,地膜的颜色有透明、黑色、绿色、银色,不同颜色膜的作用效果有所差异。覆盖塑膜不仅能够提高地温、保水、保土、保肥、提高肥效,而且还有灭草、防病虫、防旱抗涝、抑盐保苗、改进近地面光热条件,使产品卫生清洁等多项功能。这项技术用于"老、少、边、穷"地区,高寒山区及边远地区,能有效增加积温量,帮助克服低温干旱,生育期短等不良自然条件。地膜在全国 31 个省(区、市)普及和应用,用于粮、棉、油、菜、瓜果、烟、糖、药、麻、茶、林等 40 多种农作物上,使作物普遍增产 30%~50%,增值 40%~60%,深受广大农民的欢迎。

地膜在林业上主要应用在幼树造林,而在林木生长的其他阶段应用较少。地膜覆盖可以提高造林成活率。用地膜覆盖在以树苗为中心、整理成锅底状的穴面上,全覆盖或面积不小于 100 cm×100 cm,将四周用土压实,以防风吹散。然后在膜上点状打孔 5~8 个,便于雨水渗入穴内。地膜密封性良好,如果直接覆盖在地表,在出太阳的中午,膜内温度较高,特别是在夏天干旱时,有可能会烧伤植物根系,影响植株生长。此外,地膜难以降解,使用不当可能对土壤造成污染和损害。

这里介绍一种灌水多功能地膜[127]。它的主体为塑料薄膜,以平行于膜纵平分线的沟底线及分别在其两边的棱线将膜面规划为地面膜和沟面膜,以平行于沟底线的覆土线将沟膜划分为清水膜和覆土膜,清水膜开单面阻塞土壤毛管吸水孔,覆土膜开双面阻塞土壤毛管束孔。这种灌水多功能地膜有许多的优点,克服了重力水灌溉的弊病,实现了土壤毛管孔的自控灌水,多面多向分部位立体灌水,大大提高降水的利用率和有效性;可抗风,可实现田间集雨、贮水、节水;能施入有机肥、化肥;集雨、贮水、灌水、节水、施肥和地膜覆盖有机结合一体化,能显著提高作物、蔬菜、林果的产量、质量和效益;可用于平地、坡地、各种形状的沟形和坑形地使用;能一次覆盖多年使用,且能灭膜下杂草,既省膜又免去劳作之苦;覆盖方法易学易懂,使用简便,所以可迅速推广。

2)砂石覆盖

在石质山地,植苗后可以就地选取直径 5~15 cm 的石块,以苗木为中心覆盖全穴面。覆盖石块既能承渗雨水,又能有效地抑制土壤水分蒸发。在覆盖过程中,紧邻苗木的石块要低于外侧的石块,以利于雨水向苗木集中。碎石块覆盖在石质山地既经济,又适用碎石块覆盖虽然可以减少土壤的蒸发,但由于石块间孔隙的存在,水分仍有部分散失[45, 46]。

5.4.1.2　播种育秧抗旱

发挥现有生产条件和自然生产力,有效地运用抗旱播种育秧技术[128, 129],是提高喀斯特石漠化地区农业生产抗旱能力的有效措施之一。

1. 播种抗旱技术

1)坐水点种

先挖好窝,在窝里浇水,然后把种子点在窝里,用土覆盖。

2)垄沟播种

先犁开一条较深的沟,将种子播到湿土上,再拔苗助长上湿土轻轻拍实,然后盖一层细干土,以利保墒,此技术适宜糜子、谷子、胡麻等作物。

3)育苗移栽

在距大田较近的地块先育苗,等下雨后移栽,这种此技术适宜大粒种子作物。

4)引墒播种

播前 3~4 d 打碎土块,用石磙镇压一次,在早晨地皮退潮时播种,随播随趟,防止跑墒,2~3 d 后再趟一次,使下层水分逐渐上移,以便发芽出苗,此技术适用于土块大、底墒差的地块。

5)顶凌播种

在土壤开始解冻,湿土层达 6 cm 左右时抢墒早播将种子播到冻土层上,充分利用底墒促使种子发芽,此技术适宜扁豆、豌豆等作物。

6)秸秆放种

把秸秆铡成 3~5 cm 长的短节,放在水里浸泡,同时将种子在温水中催芽,等种子胚根刚顶破种皮时捞出浸泡的秸秆,放入种子,然后下种。种子的胚芽从秸秆中吸取了水分,很快出苗。

7)浸种催芽

播种前将种子浸泡,待种子吸足萌发所需的水分后找出,盖上麻袋等闷种,第二天即可播种,对于土壤墒情极差、无条件进行人工浇水的地块,不适宜此法。

8)干种等雨

干打干种后等待下雨,这是在万不得已的情况下采取的一种办法。播种时注意种子和肥料都必须是干的,这样一旦得到雨水,种子就很快发芽出苗。

9)种子包衣

种子包衣剂是指在种子外面包上一层含水药剂和促进生长物质的"外衣",这层外衣物质也叫"种衣剂"。用种衣剂包过的种子播种后,能迅速吸水膨胀。随着种子内胚胎的逐渐发育及幼苗的不断生长,种衣剂将含有的各种有效成分缓慢地释放,被种子幼苗逐步吸收到体内。种子包衣有综合防治农作物苗期病虫危害,抗旱、防寒作用,确保一次播种保全苗,促进作物生育,培育壮苗,提高产量,改善品质等作用,一般可增产10%左右。当前,我国的种子包衣技术主要应用于大田作物,尤其是旱田作物,如小麦、玉米、棉花、大豆,而在高附加值的蔬菜及花卉种子中应用很少。种子包衣剂在水土资源缺乏的石漠化地区有一定的应用前景,但应用成本较高。

2. 育秧抗旱技术

1)旱育秧

这种育秧方法的主要优点是秧龄短、秧苗壮、管理方便,可机插、人工手插,工效高,质量好。可育苗集约化,生产专业化。省种、省水,经济效益高。适合于不同生产体制采用。由于是旱育苗,苗床始终不保持水层。选择地势较高、平坦、含盐碱低、渗水适中、排灌方便的秧田地。出苗后要注意通风、炼苗,防止烧伤秧苗。遇干旱情况时注意浇水,防止返盐影响稻苗生长,并根据苗情施肥,确保秧苗健壮。秧龄三叶一心时便可移栽。秧龄一般在30 d左右。该技术适宜于石漠化山区沿河、丘陵和无盐碱的稻田。

2)薄膜覆盖育秧

生产者通过人工方法,做成秧厢(畦),在浇上水,施入适当肥料、农药之后,播入种子,再覆盖上塑料薄膜,利用塑料薄膜覆盖产生的保温效果,使种子能够更好地生长。该技术适宜于水源不足、地形平坦(如洼地、谷地)的旱地。

5.4.2　生物节水技术

5.4.2.1　抗旱品种

1. 抗旱植物

1)乔木

乔木包括余甘子、厚朴、杜仲、银杏、椰榆、香椿、降香黄檀、猴樟、旱冬瓜、川楝、皂荚、山茱萸、苏木、苦丁茶、桑、红豆杉、乌桕、皂角、柿树、樱桃、番石榴、桑树、梨、黄皮果、枇杷、李子、红叶李、沃柑、脐橙、红江橙、蜜柚、杨梅、青枣、苹果、无花果、杧果、山桃、深纹核桃、薄壳山核桃、贵州山核桃、湖南山核桃、板栗、华山松、澳洲坚果、榛子、八角、肉桂、香桂、油桐、千年桐、东京桐、蝴蝶果、光皮树、青檀、漆树、蒜头果、樟树、山桐子、光皮梾木、油橄榄、麻疯树、可可、柚木、苦楝、麻栎、南酸枣、泡桐、栓皮栎、喜树、白栎、滇楸、黄连木、构树、羽叶楸、枫香、柏木、柳杉、马尾松、墨西哥柏、响叶杨、藏柏、肥牛树、火炬松、任豆、广东松、木荷、复羽叶栾树、高山松、翅荚香槐、杉木、栲树、湿地松、圆柏、桉树、油松、臭椿、泓森槐、棕榈、木棉、青冈、桤木、赤桉、马占相思、刺槐、黑荆、滇青冈、木麻黄、大叶速生槐、杨树、楸树、大叶樟等。

2）灌木

灌木包括十大功劳、马桑、木豆、金银花、山蚂蟥、刺五加、杭子梢、刺果茶藨子、火棘、吴茱萸、山豆根、土茯苓、五倍子、石榴、刺梨、柑橘、山莓、蓝莓、西番莲、花椒、岩桂、山苍子、油茶、西康扁桃、茶条木、茶叶、咖啡、苎麻、山茶、白灰毛豆、叶千斤拔、紫穗槐、新银合欢、木豆、黄荆、黄花槐、多花木兰、马桑、车桑子、马棘、盐肤木、山毛豆、银合欢、胡枝子、长叶女贞、枳椇属、黄栀子、山黄皮、滇榛、苦刺、三叶豆、连翘、树苜蓿、坡柳、木通、石柑子、红叶石楠、小桐子、黄连木、小叶黄杨、金丝梅、野蔷薇等。

3）草本

草本包括栝楼、砂仁、菊苣、牛蒡、红根草、白及、绞股蓝、铁线莲、车前草、桔梗、决明、天麻、石斛、太子参、半夏、黄精、薏苡、淫羊藿、头花蓼、板蓝根、虎耳草、南沙参、玄参、丹参、党参、重楼、杠板归、艾纳香、茵陈蒿、益母草、黄蜀葵、青蒿、金线兰、金荞麦、贝母、云木香、红花、白术、猪屎豆、象草、紫花苜蓿、沙打旺、老芒麦、无芒雀麦、百脉根、牛鞭草、雀麦、求米草、多年生黑麦草、苇状羊茅、早熟禾、伏生臂形草、扁穗牛鞭草、王草、黑籽雀稗、聚合草、华须芒草、茅叶荩草、虎尾草、野古草、异燕麦、白草、截叶铁扫帚、宽叶雀稗、扁穗雀麦、狗尾巴草、皇竹草、大翼豆、桂花草、籽粒苋、东非狼尾草、盖氏虎尾草、串叶松香草、巨菌草、百喜草、墨西哥类玉米草、高丹草、桂牧一号杂交象草、金荞麦、黄花菜、田菁、黄荆、鸭茅、狗牙根、石竹、芒草、紫云英、光叶苕子、草木樨、苜蓿、白三叶、铺地木蓝、小冠花、菽麻、竹豆、肥田萝卜、箭筈豌豆、苦荞、蜈蚣草、菝葜、小花南芥、续断菊、岩生紫堇、中华山蓼、狼尾草、狗尾草、香根草、白茅、高羊茅、红三叶、马唐、铁扫帚、牛筋草、三叶鬼针草、蕨、葎草、五节芒、飞蓬、苍耳、遏蓝菜等。

4）藤本

藤本包括扶芳藤、山银花、鸡血藤、木通、云实、钩藤、何首乌、葛藤、两面针、猕猴桃、毛葡萄、八月瓜、星油藤、白藤、距瓣豆、常春油麻藤、常春藤、爬山虎、薜荔、络石、凌霄、地枇杷、过山枫、崖豆藤、雷公藤、猫豆、眉豆、豇豆等。

2. 抗旱作物

1）玉米

玉米品种包括雅玉 10 号、正红 311、长玉 19、华龙玉 8 号、农大 95、雅玉 2 号、迪卡 007 和成单 30。中等抗旱玉米品种有资玉 2 号、川单 418、先玉 508、奥玉 28 和资玉 1 号[130]。

2）小麦

强抗旱性小麦品种蜀万 8 号;中等抗旱性品种内麦 9 号、川麦 43、棉衣 1403、川麦 56、内麦 836、绵阳 26、蜀麦 482、川麦 51、渝麦 10 号、绵农 4 号、川麦 44、川麦 41、贵农 19、川麦 30;弱抗旱性品种绵麦 1403[131]。

3）黄豆

黄豆品种包括小白黄豆 175、早黄豆 189、小颗黄豆 166、本地黄豆 172、小黄豆 174、黄豆 177、六月豆 164、绿皮黄豆 186、马溪黄豆 188、黄豆 165[132]。

4）马铃薯

马铃薯品种包括米拉、丽薯 6 号、大西洋、青薯 9 号、中薯 19 号、晋薯 24 号、晋薯 16 号、同薯 29 号、晋早 1 号、晋薯 8 号、冀张薯 8 号、延薯 6 号、冀张薯 12 号、克新 19 号、东农 310、云薯 202、闽薯 1 号、延薯 8 号、丽薯 6 号、云薯 304、延薯 7 号[51, 52]。

5）水稻

水稻品种包括隆两优 1025、C 两优华占、江优 919、福优 325、锋优 85、中浙优 1 号[63]。

5.4.2.2　生理节水

1. 调亏灌溉

调亏灌溉是在作物生长发育某些阶段（主要是营养生长阶段）主动施加一定的水分胁迫,促使作物光合产物的分配向人们需要的组织器官倾斜,以提高其经济产量的生物节水技术。与充分灌溉相比,调亏灌溉具有节水增产作用。根据植物的遗传学和生态学特征,在对经济产量形成需水的非关键期人为地施加一定程度的水分胁迫,以改变其生理生化过程,调节光合同化产物在不同器官间的分配,减少营养器官的冗余,达到提高水肥利用效率和改善品质的目的,这对多年生的果树来说尤为实用。在岩溶山区进行的调亏灌溉试验研究表明,甘蔗调亏灌溉是可行的,可以同时实现节水、高产、高效目标。甘蔗的调亏灌溉试验在 9 月至翌年 1 月旱季条件下进行,这段时期为蔗茎快速生长和糖分累积阶段,调亏度为 40% ~ 60% 田间持水率(HF),历时约 4 个月,平均比无灌溉增加节水 20%,水分利用效率提高 15.96% ~ 32.98%。

2. 根系分区交替灌溉

根系分区交替灌溉是通过人为干预,使根系活动层的土壤在水平或垂直剖面的某个区域干燥,作物根系始终有一部分生长在干燥或较为干燥的土壤区域中,限制该部分根系吸水。同时,为保证作物正常的生长功能,交替调整灌溉水在作物根系层分布,使水平或垂直剖面根系的干燥区域交替出现。有关研究表明,这种灌溉控制技术既能满足植物水分需求又能控制其蒸腾耗水,是常规节水灌溉技术的新突破。在玉米、小麦、果树应用此种灌溉技术的研究表明,采用交替灌溉技术达到了提高作物产量、品质同时大量节水的目的[133]。

控制性作物根系分区交替灌溉在田间可通过水平方向和垂直方向交替给局部根区供水来实现,它特别适于果树和沟灌的宽行作物与蔬菜等。主要包括田间控制性分区交替隔沟灌溉系统、交替滴灌系统、水平分区交替隔管地下滴（渗）灌系统、垂向分区交替灌水系统等供水方式。交替灌溉能刺激根系的补偿功能,提高根系的传导能力[134]。

5.4.3　灌溉节水技术

5.4.3.1　高效节水灌溉

1. 湿润灌溉

此技术能在降雨时自动集蓄水分,然后通过土壤的毛细管作用,在土壤水分减少时能使土壤继续保持湿润状态,从而达到在无自然降雨期间仍能缓慢供给植物水分。试验结果表明,润湿灌溉技术不需要全层耕翻土地,并能保障须根系植物（如西瓜、黄瓜及蔬菜等）在石漠化地区的正常生长,并且在整个生育期间（时逢雨季）不需要任何的额外灌溉。与现有的灌溉技术相比,润湿灌溉的优点在于它能在降雨较为丰富的湿润地区,实现蓄水、供水的自动动态调节,持续不断地供给植（作）物生长所必需的水分。这项湿润灌溉技术与装置主要适用于须根系植物,如一般的单子叶植物（如玉米、葱、大蒜、水稻、小麦),对大多乔林、灌木及某些草本植物不适用[115]。

这里介绍一种润湿灌溉埋藏式持水种植方法,其特征在于:在作物根系下方的设置埋藏式盘体,防止水分渗漏。该装置结构简单,使用方便。通过上部承接盘可以收集水分,防止水分从土壤表面蒸发,抑制杂草生长等,并可满足年生、多年生或直根系、须根系植物生长发育的需要[135]。

2. 水肥根灌

根灌技术要点是把水和肥送到植株嘴边,有效提高水肥的利用率。干旱季节用根灌抗旱,每月每公顷仅需 $30 \sim 180 \text{ m}^3$ 水,比滴灌省水 $50\% \sim 75\%$,并且比滴灌对照区增产。它是一种将抗旱、保水、施肥、改良土壤与防治地下病虫害五种功能有机地结合起来的高效低耗农业栽培新措施,方法本身科含量高,而操作简易,无须特殊设备,因此投入极少,仅为滴灌的 5%,回报超过相似水平的滴灌,很适合我国与发展中国家的广大农村推广[136]。根灌较好地实现了让水分和养料停留在土壤耕作层,减少了渗漏和蒸发,但尚未惠及整个喀斯特地区[137]。

1)根灌剂

水肥根灌技术中包根材料是关键。根灌剂是一种不通氮、可工业化或家庭式生产的高吸水树脂新工艺,具有吸水和保水的神奇功能。根灌剂在常态下为颗粒状,富含钾,是一种没有毒的肥料,吸水后可膨胀 $400 \sim 600$ 倍,呈胶状,能反复使用,直到其中的钾成分被植物完全吸收。根灌剂的最大好处是能始终让水分和养料停留在土壤耕作层,既不往下渗漏,也不向上蒸发,就好像是在植株旁边安了一个节能"水库"和丰足"粮仓"一样。这种单株植物根区地下根灌技术,适用于果树、瓜菜和药材等经济作物。

根灌剂的使用主要有两种方法:

(1)药肥枪灌入法。山区水窖或水柜的水用胶管引到地头集中的水桶内,配好 2 000 倍液抗旱保水剂、化肥、农药液,利用水位高差 2 m 以上接分水接头安好节水药肥枪,每棵苗根灌按枪管上下水指示浮球 9 格,约 30 s 就行,一人一天可根灌水 2 亩左右,如果只是化肥深施和根灌农药一次一格,时间 $2 \sim 3$ s,一人一天立式作业 $3 \sim 4$ 亩,比老式穴施、刨坑深施快 10 倍以上,枪可与喷雾器、手压泵、机泵、自来水、山引水配套,方便高效,经久耐用。用枪根灌,枪的成本只有两三角钱,却能帮助干旱地区或干旱季节作物能旱涝保收、一亩地增收 150 元左右。用节水药肥枪根灌抗旱 20 d、1 亩地只用 1 m^3 水,在我国干旱山区如果普遍广泛采用这一技术,那它的节水效益、节能效益、增产效益将无以计算,社会综合经济效益更是巨大的[138]。

(2)埋入法。在种植作物之前,先在地下垫上一层根灌剂,种上作物后,再铺上一层填充物(杂草、药渣、破布等有机垃圾均可),并在作物旁边插上口径在 10 cm 左右的塑料导水管(也可用塑料饮料瓶改制代替),直达根灌剂的所在位置,导水管的数量视作物的多少而定。填充物充分利用各种有机垃圾,变废为宝。导水管除用于浇水和施肥外,还起到通气和散热的作用。与药肥枪灌入法相比,埋入法施用根灌剂对地表扰动较大[139]。

2)涌泉根灌

涌泉根灌技术,结合了地上滴灌和地下渗灌的优点,可按适宜的水肥配比将水肥直接输送到作物根部。主要运用在果树的节水灌溉中。涌泉根灌灌溉系统由灌水器和灌水器套管组成,其工作原理为通过在毛管上安装直径为 4 mm 的微管,然后将微管插入到埋设于土壤中的涌泉根灌水流进水口中,为保证灌水顺利输送至灌水器内部,安装时要确保进水口一端与地面持平或高于地面 1~2 cm,由于灌水器被包围在比其直径稍大的套管内,灌水在流道中经过消能从出水口流出,再经由套管以面源出流的方式导入土壤进行灌溉。涌泉根灌水器制作方法简单,材料价格低廉。与其他微灌方式相比,涌泉根灌水技术具有出流量大、抗堵性能较好、灌水均匀度高、制作成本低、增产、节水节肥效果较好及适应起伏地形和便于田间管理等特点,适合大型果树的灌溉[140]。

3. 滴灌

滴灌是将具有一定的压力水,过滤后经滴灌系统及滴水器均匀而缓慢地滴入植物根部附近土壤的局部灌溉技术。滴灌具有省水、灌溉均匀、节能、地形和土壤的适应性强、增产、省工、方便田间作业等优点。它主要适用于果树、垄作蔬菜、盆栽花卉等经济作物和水源极缺的地区、高扬程抽水灌区及地形起伏较大地区的灌溉,同时对透水性强、保水性差的沙质土壤地区也有一定的发展前景。

1)普通滴灌

通过安装在毛管上的滴头、孔口或滴灌带等灌水器,将水均匀而又缓慢地滴入作物根区土壤中的灌水方式。灌水时仅滴头下的土壤得到水分,灌后沿作物种植行形成一个一个的湿润圆,其余部分是干燥的。由于滴水流量小,水滴缓慢入渗,仅滴头下的土壤水分处于饱和状态外,其他部位的土壤水分处于非饱和状态。土壤水分主要借助毛管张力作用湿润土壤。主要缺点是投资较高,容易堵塞,对水质要求高。

2)膜下滴灌

这种技术是通过可控管道系统供水,将加压的水经过滤设施滤"清"后,和水溶性肥料充分融合,形成肥水溶液,进入输水干管—支管—毛管(铺设在地膜下方的灌溉带),再由毛管上的滴水器一滴一滴地均匀、定时、定量浸润作物根系发育区,供根系吸收。膜下滴灌技术能够适时、适量提供作物生长所需的水和养分,为作物生长创造良好的水、肥、气、热环境,达到降低成本、提高产量、改善品质的目的[141]。主要适合于地势平坦的大面积规则条田。

3)地下滴灌

地下滴灌也称地下渗灌。是在低压条件下,通过埋于作物根系活动层的灌水器,根据作物的生长需水量定时定量地向土壤中渗水供给作物。渗灌系统全部采用管道输水,灌溉水是通过渗灌管直接供给作物根部,地表及作物叶面均保持干燥,作物棵间蒸发减少,计划湿润层土壤含水率均低于饱和含水率。地下渗灌技术的水资源利用率非常高,可达95%,主要适用于地下水较深、地下水及土壤含盐量较低、灌溉水质较好、透水性适中的地区。由于灌水过程中对土壤结构扰动较小,有利于保持作物根系层疏松通透的土壤环境,并且能最大限度地减少土壤水分的地面蒸发损失。同时,田间输水系统地埋后便于田间作业,地埋管材抗老化增强,成本降低,使用寿命延长[142]。缺点是毛管容易堵塞,且易受植物根系影响,有些植物根系会钻进渗灌管的毛细孔内破坏毛管。而且在地下害虫猖獗的地区,害虫会咬破毛管,导致大面积漏水,最后使系统无法运行。

4)塑料袋/水瓶/水箱人工点式根部滴灌法

利用日常生活常见或废弃材料制作滴灌器进行灌溉,不仅成本低廉,而且操作简易、布设迅速,适用于紧急抗旱救灾和没有条件布设其他灌溉技术的情况。

(1)塑料袋滴灌法。采用普通塑料袋装水,绑在植株根部,在袋子底部钻小眼滴水,既利于水分直接灌溉到植株根部,也使水袋压在滴水面上不易散发。在继续干旱的情况下,可再次往袋中加水,实现多次根灌,浇灌后水分吸收比一般根灌维持时间长,便于植株吸收。该方法成本极低,操作简单,解决了水源少、大量浇灌浪费的问题,又缓解了深山区浇水困难的现状。

(2)塑料水瓶滴灌法。将装满水的矿泉水瓶倒过来,用细钉子在瓶底戳一个孔,水流大小通过旋转瓶盖来调节,然后把水瓶正置放在植株根部进行滴灌,这样水就可以一滴一滴地渗透到植株根部。用废旧饮料瓶制作的滴灌器抗旱,不仅废物利用、成本极低,还节水、省力、有效。面临 2010 年 100 年一遇的大旱,贵州省兴义市则戎乡冷洞村用 10 万个废弃塑料瓶进行土法滴灌救活 35 万株金银花的“抗旱奇迹”故事,曾引起社会各界和网友的关注与强烈反响。

(3)塑料水箱滴灌法。选用容积 15~20 L 的水箱,在水箱每侧面的最底部安装 1 只无堵微滴头,滴头可选择埋入根部附近,也可置于地表根部附近。与塑料袋、塑料瓶滴灌相比,水箱滴灌的灌溉时效长,使用寿命也较长。

4. 微喷灌

微喷灌是利用折射、旋转或辐射式微型喷头将水均匀地喷洒到作物枝叶等区域的灌水形式,介于滴灌和喷灌之间,隶属于微灌范畴。微喷灌不仅可以湿润土壤,而且可以调节田间小气候。微喷灌喷头口径小、压力大,有很大的雾化指标,能够提高空气湿度,降低小环境温度,调节局部气候,适合作用于木耳等喜阴湿的菌类作物[143]。微喷灌广泛应用于蔬菜、花卉、果园、药材种植场所的节水灌溉,以及扦插育苗、饲养场所等区域的加湿降温,在温室育苗及木耳、菇菌等种植中应用也较为普遍[144]。此外,微喷头的出水孔径较大,因而比滴灌抗堵塞能力强。

5.4.3.2　管道输水灌溉

1. 小管出流灌溉

小管出流灌溉也称涌泉灌,是通过安装在毛管上的涌水器或微管形成的小股水流,以涌泉方式涌出地面进行灌溉。其灌溉流量比滴灌和微喷灌大,一般都超过土壤渗吸速度。为了防止产生地面径流,需要在涌水器附近的地表挖小穴坑或绕树环沟暂时储水。由于出水孔径较大,涌泉灌不易堵塞,故其适合于果园和植树造林的灌溉。

2. 低压管道输水

低压灌溉管是一种 PVC 聚氯乙烯,它又被称为浇地管。低压管道输水具有速度快和省时、省力的特点。低压管道输水灌溉是在一定压力下进行的,一般比土渠输水流速大、输水快、供水及时,可有效节约灌溉劳动力。采用低压管道灌溉,只需要满足灌溉水能自流引至各灌区即可,对水压要求较低。喀斯特地区灌区位置普遍较高,错落分布,从水库或山塘引水,采用低压灌溉工程,自流引水到田间地块,即可接管淋灌,根据喷灌工程节水灌溉技术规范,每个喷头需要预留 20 m 以上的自由水压,在水库或山塘取水高程不足的情况下,需进行加压后才能满足喷灌水压要求,增加工程的造价及成本。其次,喷灌工程对水质要求较高,喀斯特地区水资源缺乏,部分地区取水工程为水池,干旱季节依靠蓄水池内存蓄的水灌溉,灌溉水存储时间较长,水质较差,容易造成喷头堵塞,对工程运行管理不利[137]。

5.4.3.3　渠道输水灌溉

1.膜料渠道防渗技术

膜料防渗就是用不透水的土工织物来减少或防止渠道渗漏损失的技术措施。具体是指使用不透水的膜料,作为工程的防渗层,将其铺设在水利渠床上,以此达到防渗的目的。膜料防渗渠道具有防渗性能好的优点,一般可减少渗漏损失 90%~95%;而且膜料适应变形能力较强,质量轻,用量少,运输量小,施工简便,工期短;同时,膜料具有较好的抵抗细菌侵害和化学作用的性能,不受酸、碱和土壤微生物的侵蚀,耐腐蚀性能很好。更难能可贵的是,因为膜料具有以上的优点,所以它的造价比较低廉。但是该技术由于自身材料尚存在一定缺陷,抵御冲击的能力较差,不够耐用。该项技术属于新型渠道防渗技术的一种,当前在行业内的应用频率处于不断上升的状态[145]。

2.砌石渠道防渗技术

砌石防渗具有多种形式,但均是以石料作为防渗材料。工程技术人员可根据防渗要求、料源情况、投资及施工技术条件等确定应采用的形式。一般来说,浆砌石防渗施工中常用的石材有以下几种,分别有石灰岩、玄武岩及花岗岩等石材。技术人员将石材按照工程需求进行加工之后,能够应用在衬砌施工环节中,此外还需要应用胶凝材料作为辅助,常用胶凝材料主要为水泥砂浆,此外技术人员还可在其中掺和烧结土材料进行加固。此种技术的主要技术优势就是施工费用较低且便于取材,而且砌石防渗抗冲流速大,耐磨能力强,使用年限在 25~40 年。缺点是防渗性能差,需劳动力多等。此种防渗措施适用于石料丰富地区大流量的水利工程渠道建设中[145]。

3.沥青渠道防渗技术

在水利工程渠道防渗施工中常见沥青防渗施工技术主要有以下几种:第一种是埋藏式薄膜防渗施工技术,应用流程为先将渠道实施压实处理,然后清除杂物并洒水润湿,将沥青材料加热之后,使用沥青喷涂设备进行反复喷涂,最终形成沥青薄膜作为保护层,在保护层上面铺设素土材料,避免沥青层遭受破坏。第二种是青席防渗技术,应用流程为技术人员先选取麻布、苇席及石棉毡等材料,将沥青材料喷洒在上述材料的上面。制作成卷材之后,在铺设在渠道中,作为防渗卷材,技术人员在铺设过程中需要注意卷材的连接部分,要设置一定尺寸的重叠部分,防止接缝存在渗漏情况。沥青混凝土渠道防渗效果好,一般可以减少渗漏 90%~95%,具有较好的柔性和黏附性,能适应较大的变形(冻胀及地基沉陷变形等)而不裂缝,有自愈能力、易修补,使用年限在 20~30 年,造价约为混凝土渠道防渗造价的 70%。缺点是施工工艺要求严格,要在加热拌和等在高温下进行,造价高且料源少,同时存在植物穿透问题[146]。

4.土料渠道防渗技术

土料防渗一般是指以黏性土、黏沙混合土、灰土、三合土和四合土等为材料的防渗措施,它是我国沿用已久的、实践经验丰富的传统防渗技术。技术人员在选用施工土料时,要对其进行粉碎处理和筛选处理。在制作混合土料时,需要进行干拌,然后添加水分,进行湿拌,其间要严格控制水土比例。施工期间要严格控制渠道施工顺序,遵守先渠坡再渠底的原则。如果防渗土层的厚度≥15 cm,此时技术人员要进行分层施工。这种技术的应用无须大量资金投入,只需就地取材,施工技术简单,因此仍旧被当前许多水利工程沿用。使用年限一般在5~25年。缺点是抗冻能力差,耐久性差,而且比较费劳动力,最主要的是质量不能保证等。适用于无冻害、黏土资源丰富、资金缺乏地区的中、小型渠道[145]。

5. 混凝土渠道防渗技术

混凝土防渗就是利用混凝土衬砌渠道,减少或防止渗漏损失。这是目前广泛采用的一种渠道防渗技术措施。在渠道防渗中所应用的混凝土材料本质上属于一种非均质性材料,其主要成本包括骨料、水泥材料及水分。如果其所处施工环境的温度或者湿度发生变化,自身材质性质也会发生变化。在施工期间,为了保证混凝土施工质量,通常要严格控制混凝土浇筑温度,一般来说,混凝土出料环节、装卸泵送及混凝土浇筑和混凝土振捣环节的温度值都很高,此时技术人员需要结合周边施工环境选择科学的降温方式。如果在夏季进行防渗施工,施工人员需要使用草席等遮盖物覆盖在混凝土输送管道上,并适当喷洒低温冷水实施降温。进行混凝土浇筑施工的时候,要注意浇筑时间和浇筑方式,上层混凝土初凝之前应实施第二层混凝土浇筑,技术人员在处理层面的时候要选用施工缝的施工处理方式,避免混凝土开裂。施工人员在实施混凝土搅拌施工的时候,投料顺序往往与传统混凝土搅拌施工有所不同,首先要将水分、水泥材料混凝土及砂石材料进行综合搅拌之后,再加入石子材料,这种施工方式被称为裹砂技术。此外,技术人员还可在材料中混入适量粉煤灰材料取代水泥,以便优化混凝土结构的抗裂性能和持久性。由于混凝土是刚性材料,为了避免裂缝出现,混凝土渠道防渗结构应设置伸缩缝。伸缩缝的间距应依据渠道断面、护面厚度按有关规定选用。混凝土防渗的优点是防渗效果好,经久耐用,糙率小,强度高,能防止动植物穿透,对外力、冻融、冲击有较强的抵抗作用,具有良好的可塑性,可根据不同要求制成不同形状和不同结构形式。所以,大小渠道、不同工程环境条件都可以采用,使用年限在30~50年。缺点是造价高,需较多的施工设备,而且施工比较复杂[145]。

5.5 培土技术

5.5.1 土壤改良技术

5.5.1.1 增施有机肥

1. 有机废弃物

畜禽粪便、秸秆、沼液、塘泥、食用菌糠,以及糖厂甘蔗渣、滤泥废弃物和酒精厂等产生的废弃物,价格低廉,用于改良土壤易于推广。以下具体介绍食用菌糠。

食用菌糠为食用菌栽培后剩下的废弃物,含有大量菌体蛋白,具有较小的碳氮比,富含大量食用菌生长过程中分泌出的许多有机酸等代谢物,为一种酸性优质农家肥,适宜喀斯特区碱性瘠薄土壤的改良。试验结果表明,在岩溶土壤中,每亩施用菌糠50 kg左右,土壤 pH 值可降低 0.5~0.9,钙含量减少 5%~10%,有机质含量增加 3.2%。食用菌糠改良土壤方式主要有:直接施入土壤、发酵后还田,作饲料过腹后还应注意的问题:岩溶土壤改良以发酵后还田和作饲料过腹—沼渣(液)还田效果最佳;在条件差的地方,直接施入土壤改良也可取得较好的改良效果,但在施入土壤后注意控制土壤水分含量不得低于20%;食用菌糠发酵后宜作追肥或者与其他有机肥混合作基肥,菌糠用作追肥用量不宜过多,控制在 30~60 kg/亩,过多会造成释放的营养元素随水流失。

2. 绿肥植物

绿肥植物是提供作物肥源和培肥土壤的植物。按不同分类方法可分为一年生绿肥或多年生绿肥,短期绿肥;夏季绿肥,冬季绿肥;肥菜兼用绿肥、肥饲兼用绿肥、肥粮兼用绿肥等。绿肥施用方式主要有鲜草直接翻压、干草切碎翻压、过腹还田、腐熟利用。岩溶石漠化地区土壤富钙、偏碱,为了更好地减少钙含量和降低 pH 值,提高绿肥的利用率,绿肥翻压时,喷上微生物菌剂或 500 倍生物腐殖酸液,再覆土,促进绿肥快速腐化,利于绿肥发酵过程中微生物活动和低分子有机酸的产生,促进岩溶作用进行,增强改良效果。过腹还田或腐熟利用,需要与糖厂绿泥、牲畜粪便、沼渣等混合,在 300 倍生物腐殖酸液的作用下发酵产生大量低分子有机酸后利用;绿肥施用时,可适当与无机肥配合施用[134]。

绿肥植物现一般采用轮作、休闲或半休闲地种植,除用以改良土壤外,多数作为饲草,而以根茬肥田,或作为覆盖作物栽培以保持水土和保护环境。常见栽培方式有:①粮肥轮作。②粮肥复种。③粮肥间套混种。④果园、林地间套种。⑤农田闲隙地、荒地种植;非耕地营造绿肥林;水面放养水生绿肥作物。绿肥作物的栽培利用,应实行种植业、养殖业结合,用地、养地结合,多种用途相结合[147]。例如,玉米行间种黄豆、竹豆,甘蔗行间种绿豆、豇豆等作物,小麦行间种紫云英;麦田套种草木樨,晚稻进入到乳熟期时套种紫云英或苕子;紫云英与肥田萝卜混播,紫云英或苕子与油菜混播等。

1)一年生或越年生绿肥

(1)紫云英(Astragalus sinicus)。一年生或越年生豆科草本植物,多分枝,匍匐,高10~30 cm,被白色疏柔毛。喜温暖、湿润的气候。紫云英对土壤要求不严,在疏松、肥沃湿润的壤质土上生长较好。适宜生长的土壤 pH 值是 5.5~7.5,可作为牲畜饲料和绿肥作物。

(2)光叶苕子(Viciavillosa Rothvar)。一年生或越年生的豆科草本植物。耐旱不耐渍,抗寒性强于紫云英,耐瘠性很强,在较瘠薄的土壤上一般也有很好的鲜草和种子产量,适应性较广。对土壤的要求不高,沙土、壤土、黏土都可以种植,适宜的土壤酸碱度 pH 值为 5~8.5。

(3)草木樨(Melilotus officinalis)。豆科一年生或越年生草本植物,高可达 250 cm。草木樨花期比其他种早半个多月,耐碱性土壤,生长在山坡、河岸、路旁、沙质草地及林缘。

(4)猫豆(Mucuna pruriens DC. var. utilis Baker ex Burck),即黧豆。豆科黧豆属植物。一年生缠绕藤本。生长于亚热带石山区,属喜温暖湿润气候的短日照植物,对土壤要求不严,多生长在裸露石山、石缝及石山坡底的砾石层中,有极强的耐旱、耐瘠薄性[148]。黧豆全身都是宝,豆壳、豆叶、豆藤蔓和豆籽都含有丰富的粗脂肪和粗蛋白,是上乘的家畜粗饲料。其次,黧豆营养价值高,又是食品工业的优良添加剂。药用价值上,黧豆是提取左旋多巴的重要原料之一。也可作绿肥作物,与玉米套种。

2)多年生绿肥

(1)苜蓿(Lucerne)。豆科多年生草本植物。适应性较强,喜温暖湿润气候,在土壤pH值为5.5~8.5时都可种植;耐干旱、耐冷热,产量高,还可改良土壤。由于苗期生长慢,苜蓿的播种期一年四季都可进行。除富含氮素外,富集磷、钾的能力也较强,通常作为农田、果园、茶园的栽培绿肥作物,也是一种优良的饲草资源和蜜源植物。

(2)白三叶草(Trifolium repens L.)。多年生草本植物,植物低矮,高3~4 cm。喜湿润温暖气候,较耐旱、耐寒。适宜于排水良好、富含钙质的黏性土壤生长,在偏酸性土壤上生长良好。耐修剪、耐践踏,再生能力强。分布广,适应性强,既是家畜的优良饲料,又是农作物的良好前茬,还是果园地表覆盖的优良低矮作物,同时也是水土保持、蜜源、药用、绿肥和草坪地被植物和优良的养地作物。

(3)铺地木蓝(Indigofera endecaphylla Jacq. ex Poir.)。豆科木蓝属,多年生草本植物。性喜温暖潮湿的气候,特别喜潮湿稍为荫蔽的环境,耐高温、耐旱、耐瘦、耐酸、耐阴,对土壤要求不严格,但在较肥沃低湿的土壤生长较茂盛。铺地木蓝是优良旱地绿肥品种,茎叶可作肥料、饲料,也可作为覆盖作物、护坡植物和观赏植物。

(4)小冠花[Securigera varia (L.) Lassenn]。多年生草本植物,喜温暖湿润气候,较抗旱,耐瘠薄,不耐涝,对土壤要求不严,在pH值为5.0~8.2的土壤上均可生长。生长健壮,适应性强,是抗性和固土能力极强的地被植物,生长蔓延快,覆盖度大,抗逆性强。小冠花多根瘤,固氮能力很强,是培肥土壤的良好绿肥植物。

(5)杂交狼尾草(Hybrid penisetum)。多年生草本植物,是美洲狼尾草与象草的杂种一代。其后代不结实,生产上通常用杂交一代种子繁殖或用茎秆或分株繁殖。喜温暖湿润气候,喜土层深厚肥沃的黏质土壤,抗旱力强。狼尾草是一种需肥较多的牧草,只有在高施肥量的情况下,才能发挥它的生产潜力,一般每亩使用优质有机肥1 500 kg,缺磷的土壤,亩施过磷酸钙15~20 kg作基肥,每次刈割后都要施追肥一次,每亩使用尿素5 kg(或其他氮肥、人畜粪尿)作追肥。

(6)黑麦草(Lolium perenne)。多年生草本植物,秆高30~90 cm。喜温凉湿润气候。较能耐湿,不耐旱。对土壤要求比较严格,喜肥不耐瘠。略能耐酸,适宜的土壤pH值为6~7。须根发达,适应性强,可作为绿肥作物。

(7)山毛豆(Tephrosia candida)。豆科灰叶属多年生灌木,株高1~3 m,适应性强,耐酸、耐瘠、耐旱,喜阳,稍耐轻霜。对土壤要求不严,在土层厚度20 cm的地方均能正常郁闭成林,适于丘陵红壤坡地种植。白灰毛豆是优良的绿肥植物,改良土壤效果好。

(8)木豆(Cajanus cajan)。直立多年生灌木,1~3 m。木豆喜温,最适宜生长温度为18~34 ℃,适宜种植在海拔1 600 m以下地区,尤其以海拔1 400 m以下地区产量最高。木豆耐干旱,年降水量600~1 000 mm最适;木豆比较耐瘠,对土壤要求不严,各类土壤均可种植,适宜的土壤pH值为5.0~7.5。

(9)紫穗槐(Amorpha fruticosa)。豆科多年生落叶灌木,丛生,高1~4 m。喜干冷气候,耐旱耐寒,同时具有一定的耐涝能力,对土壤要求不严。紫穗槐系多年生优良绿肥,蜜源植物,耐瘠,耐水湿和轻度盐碱土,又能固氮。

（10）银合欢（Leucaena leucocephala）。豆科多年生灌木或小乔木,高 2~6 m。银合欢喜温暖湿润气候,最适生长温度为 20~30 ℃,具有很强的抗旱能力。不耐水淹,低洼处生长不良。适应土壤条件范围很广,以中性至微碱性土壤最好,在酸性红壤土上仍能生长,适应 pH 值在 5.0~8.0,石山的岩石缝隙只要潮湿也能生长,木质坚硬,为良好的薪炭材。叶可作绿肥及家畜饲料。

（11）胡枝子（Lespedeza bicolor Turcz）。豆科多年生直立灌木,高 1~3 m,多分枝。耐旱、耐寒、耐瘠薄、耐酸性、耐盐碱、耐刈割,每年可刈割 3~4 次。对土壤适应性强,在瘠薄的新开垦地上可以生长,但最适于壤土和腐殖土。

3）短期绿肥

利用主作物换茬的短暂间隙（40~60 d）而栽培的绿肥作物。在作物收获后,利用短暂的空余生长季节种植一次短期绿肥作物,可供下季作物作基肥。一般是选用生长期短、生长迅速的绿肥品种。

（1）田菁（Sesbania cannabina）。属一年生草本植物,适应性强,耐盐、耐涝、耐瘠、耐旱、抵抗病虫及风的能力强。在土壤含盐量 0.3% 的盐土上或 pH 值 9.5 的碱地上都能生长。田菁性喜温暖、湿润,春播土温达 15 ℃ 时发芽,但出苗和苗期生长缓慢。

（2）菽麻（Crotalaria juncea）。豆科猪屎豆属,一年生直立草本植物。生长在海拔 50~2 000 m 的生荒地路旁及山坡疏林中。对土壤要求不严,无论是沙壤土、燥红土、微碱性黏土还是轻度盐碱地均可种植。

（3）竹豆（Rice bean Vitex negundo L.）。一年生夏季豆科蔓生草本植物。茎叶可作饲料,种子可供食用并兼有药用价值。草层厚度常达 40 cm,保水保土效果良好。竹豆也是良好的覆盖绿肥作物,适于坡地种植,常种于疏林及果、茶园的行间。分枝性较强,喜湿润,不耐涝,前期生长较慢,中后期生长较快,根系发达,根瘤多,一般亩产鲜苗 1 000~1 500 kg。竹豆在盛花期结合柑橘施肥进行翻压时,含全氮（全株烘干物）2.41%、全磷 0.737%、全钾 3.498%、有机碳 40.20%,是一种值得推广的橘园优良夏绿肥。

（4）蚕豆（Vicia faba L.）。属于豆科、豌豆属,一年生或越年生草本植物,高 30~100（120）cm。生于北纬 63°温暖湿地,耐-4 ℃ 低温,但畏暑。中国各地均有栽培,以长江以南为主。原产欧洲地中海沿岸,亚洲西南部至北非。

（5）绿豆［Vigna radiata（Linn.）Wilczek.］。一年生直立草本,高 20~60 cm。绿豆喜温,适宜的出苗和生长温度为 15~18 ℃,生育期间需要较高的温度。在 8~12 ℃ 时开始发芽。在开花结荚期间需要温度一般在 18~20 ℃ 最为适宜。温度过高,茎叶生长过旺,会影响开花结荚。绿豆在生育后期不耐霜冻,气温降至 0 ℃ 以下,植株会冻死,种子的发芽率也低。

（6）黄豆［Glycine max（Linn.）Merr.］。双子叶植物纲、豆科、大豆属的一年生草本,高 30~90 cm。大豆性喜暖,种子在 10~12 ℃ 开始发芽,以 15~20 ℃ 最适,生长适温 20~25 ℃,开花结荚期适温 20~28 ℃,低温下结荚延迟,低于 14 ℃ 不能开花,温度过高植株则提前结束生长。种子发芽要求较多水分,开花期要求土壤含水量 70%~80%,否则花蕾脱落率增加。大豆在开花前吸肥量不到总量的 15%,而开花结荚期占总吸肥量的 80% 以上。

（7）眉豆（Lablab purpureus）。多年生、缠绕藤本。发芽温度 18~25 ℃，发芽天数 7~15 d，生长适宜温度 20~38 ℃，光照充足，播种到开花约 70 d。扁豆的新鲜茎叶含有丰富的营养成分，是家畜的优良饲料，豆秸亦可晒干作饲料。

（8）豇豆[Vigna unguiculata（Linn.）Walp.]。豆科、豇豆属一年生缠绕、草质藤本或近直立草本植物。豇豆起源于热带非洲，中国广泛栽培。旱地作物，宜生长在土层深厚、疏松、保肥保水性强的肥沃土壤。

（9）肥田萝卜（Raphanus sativus L.）。一年生或越年生草本植物。根肥厚多肉质；株高 60~100 cm，直立生长。耐旱性较强，所以在旱地、山坡、丘陵地区均能良好生长。在排水良好的水稻田，生长更为茂盛。耐酸性强，在 pH 值为 5 左右的土壤上能够生长，并耐瘠薄，对土壤中难溶解的磷酸盐有较好的吸取能力。由于它生长期短，再生力弱，所以不耐刈割。长江流域宜在 10 月播种，收获种子的方法，与一般萝卜和油菜相似。作绿肥利用时，在初荚期翻耕。栽培技术要点：播种期种子处理；适时适量播种；适时施肥；除草松土、排渍促根；病虫草害防治；适时翻压或收种。

（10）箭筈豌豆（common vetch）。双子叶植物纲、蔷薇目、豆科、野豌豆属，一年生或越年生草本。一年生或越年生叶卷须半攀缘性草本植物。适于气候干燥、温凉、排水良好的沙质壤土上生长，适宜土壤 pH 值 6.5~8.5，比苕子抗逆力稍差。早发、速生、早熟、产种量高而稳定。全国各地均产，生于海拔 50~3 000 m 荒山、田边草丛及林中，为绿肥及优良牧草。

（11）苦荞[Fagopyrum tataricum（L.）Gaertn.]。属蓼科，一年生草本。茎直立，高 30~70 cm。苦荞性喜阴湿冷凉，多种植于高山地域，垂直分布在海拔 1 200~3 500 m。对土壤的适应性比较强，但适宜在有机质丰富，结构良好，养分充足，保水力强，通气性良好，pH 值为 6~7 的土壤上生长。荞麦根系弱，子叶大，顶土能力差，适宜的土壤及正确的耕作对苦荞的发芽出苗和生长发育具有重要作用。苦荞整地，应于前茬作物收获后进行深耕。通过深耕增加熟土层，提高土壤肥力，有利于蓄水保墒和防止土壤水分蒸发，减轻病虫对苦荞的危害。

5.5.1.2　添加改良剂

1.酸碱调节剂

1）酸性土壤调节剂

（1）石灰。土壤酸性过大，可每年每亩施入 20~25 kg 的石灰，且施足农家肥，切忌只施石灰不施农家肥，这样土壤反而会变黄变瘦。

（2）草木灰。也可施草木灰 40~50 kg，中和土壤酸性。草木灰属于碱性肥料，含氧化钙 30%~35%，在酸性土壤中施用，增加土壤中钙素含量，中和土壤酸性，恢复土壤的良好结构，有利于作物的生长发育。

（3）硅钙肥。是一种含硅钙为主的矿物肥，施用后可提高土壤 pH 值，改良土壤性质、提高氮肥、磷肥等肥料利用率。硅是许多作物如水稻甘蔗等健康生长和发育所必需的元素，所以增施硅钙肥也成为促进作物增产增收的有效手段。

2）碱性土壤调节剂

（1）石膏或磷石膏。碱化土壤需施用石膏、磷石膏等以钙离子交换出土壤胶体表面的钠离子,降低土壤的 pH 值。通常每亩用石膏 30~40 kg 作为基肥施入改良,适用于既碱又旱的地区。

(2)硫黄粉。属于很好的土壤改良剂,经常会被用于花卉土壤的改良过程中,并且价格也不是很贵。硫黄粉可将碱性土壤的 pH 值降低,调节植物对铁等矿质元素的吸收。施硫黄粉见效慢,但效果最持久。

(3)腐殖酸土或泥炭。还可以利用喀斯特山下的腐殖酸土或贵州高原沼泽地里的泥炭作为土壤营养和酸度改良剂。腐殖酸土和泥炭都呈弱酸性,喀斯特区域未发育成熟的碎石土壤一般呈弱碱性或者中性,腐殖酸土和泥炭的加入不仅能增加土壤的养分,中和碎石土壤的弱碱性,改善土壤的含水率,增加土壤中碳的含量,还能够提高土壤的成熟速度和碎石的分化速度。

2. 保水剂

保水剂是人工合成的一种具有超强吸水、保水和释水能力的高分子聚合物,具有用途广、见效快的特点,在农业生产等诸多方面具有较广泛的应用发展前景。它能迅速吸收比自身重数百倍甚至上千倍的纯水,而且有反复吸水功能,吸水后的水可缓慢释放水分供作物利用,因此农业上人们把它比喻为"微型水库"。同时,它还能吸收肥料、农药,并缓慢释放,增加肥效、药效。因此,保水剂能增强土壤保水性,改良土壤结构,减少土壤水分和养分流失,提高水肥利用率[149]。目前国际上保水剂的使用方法有拌土、拌种或包衣和蘸根等。

1)淀粉型保水剂

淀粉型保水剂,即淀粉接枝丙烯酸盐,为白色或淡黄色颗粒状晶体,主要成分为:淀粉18%~27%+丙烯酸盐 62%~71%+水 10%+交联剂 0.5%~1.0%。这种产品在用于造林地蓄水保墒时,使用寿命一般只能维持 1 年多的时间,但吸水倍率和吸水速度等性状极佳。据实验室对黄土浸提液的吸水对比试验,该类保水剂在遇水后的 15~20 min 内即可吸收自重 150~160 倍的水分。根据成本低、寿命短的特点,更适合用于种子包衣和蘸根。

2)聚丙烯酸类保水剂

聚丙烯酸类保水剂,即丙烯酰胺-丙烯酸盐共聚交联物,包括聚丙烯酰胺、聚丙烯酸钠、聚丙烯酸钾等。根据成本高、寿命长的特点,更适合用于拌土[149-151]。

(1)聚丙烯酰胺:法国、德国、日本、美国和比利时等所生产的保水剂大多属于这类成分的产品。该产品的特点是:使用周期和寿命较长,在土壤中的蓄水保墒能力可维持 4 年左右,但其吸水能力会逐年降低。据黄土区造林试验观察,使用该类保水剂造林后的当年,其吸水倍率维持在 100~120 倍,第二年吸水倍率降低 20%~30%,第三年降低 40%~50%,第四年降低更多。

(2)聚丙烯酸钠:国内生产的保水剂大多是这种成分的产品。其主要特点是吸水倍率高,吸水速度快,但保水性能只能保持 2 年有效。由于聚丙烯酸钠会造成土壤中钠离子含量的递增,土壤 pH 值升高,土壤盐分增加,土壤板结,因此林业和农业用保水剂的生产厂家大多改为生产聚丙烯酸钾或聚丙烯酸铵。

(3)聚丙烯酸钾:是目前正被积极开发的一种保水剂。保墒省水,即使在有灌溉的条件下,仍然可省水 50%以上;即使在沙漠地区和极端的干旱气候,在年降水量达 200 mm

时,也可种草植树。性能稳定,即使是极端的干旱,也不会倒吸植物水分。蓄水不烂根,即使紧靠植物根系也不会烂根。使用寿命可达 2 年以上,是目前市场上使用寿命较长的土壤保湿产品。广泛用于果树花卉,植树造林,无土栽培,植物保鲜运输,大田作物等。

3. 固土剂

土壤固化剂是一种在常温条件下能够直接胶结土壤颗粒或与黏土矿物反应生成凝胶物质的新型材料,能有效稳定土壤,提升土体强度,减少水土流失。近年来随着材料技术的进步,土壤固化剂的研发已取得重大进展,被广泛应用于治理因生产建设项目而造成的水土流失。目前,土壤固化剂主要分为无机类和有机类。

1) 无机类土壤固化剂

该类材料一般为固体粉末,以石灰、水泥、矿渣和硅酸盐等为主要成分。该类材料与水接触后可发生水化反应,产生水化硫酸钙、水化硅酸钙等凝胶产物,该产物部分与土壤中矿物活性成分络合连接土壤颗粒,部分通过自身固化生产骨架结构,进而固化土体,稳定土壤[74,75]。此类固化剂的优点是资源丰富、成本低、固土稳定性好,目前在市场上占据主流;缺点是渗透性差,固结施工困难,且固结层容易干缩形成裂缝,厚重的固结层也不利于生态防护:用量比较大,运输成本高,早期强度不高,在一定程度上限制了其进一步发展[152]。

2) 有机类土壤固化剂

有机类土壤固化剂多为液体状,一般通过离子交换原理或材料本身聚合加固土壤。目前,主要由改性水玻璃类、环氧树脂类、高分子材料类和离子类等中的一种或多种组合配制而成。

在这类固化剂中,高分子类固化剂具有较高的早期强度、耐水性,但随着时间的延长及周围环境的影响,老化趋势明显,其后期强度及耐水性均有所下降。

随着高分子材料技术的飞速发展,高分子聚合物类固化剂受到广泛关注,特别是环保意识的增强,推动了生态环保、环境友好型高分子改性材料的研发及其水土保持应用[153]。研究表明,在土壤中施入有机高分子聚合物后,团粒数增多且团粒的水稳性和机械强度增大,因此抑制了溅蚀和细沟侵蚀,控制了水土流失[154]及肥料元素的流失[155]。因此,下面详细介绍有机高分子类土壤固化剂:

(1)阴离子型聚丙烯酰胺(APAM)是水土流失防治研究中应用最多的高分子土壤固化材料,被广泛应用于减少水蚀、减少风蚀、火灾后土壤治理等。施用 APAM 后,土壤容重降低,团聚体稳定性增强,水动力学参数得到改善,对水分的蓄渗能力得到提高[156]。近年来,研究者以 APAM 为基体得到更多类型的固化剂配方,以进一步提升其性能。如苏扬通过磷石膏、硅藻土和 APAM 复配得到一种固化剂配方,并将其用于矿区土壤的治理,该配方在提升土壤保水性能、减少水土流失的同时,还能吸附土壤中重金属离子,减少矿区土壤中重金属离子的扩散[157]。

(2)聚乙烯醇(PVA)是一种可应用于防治水土流失的可生物降解的合成高分子材料,其高分子链中含有大量羟基,可通过氢键作用与土壤颗粒结合,大幅提升土壤团聚体的水稳定性和土壤抗蚀性,且这种提升随着养护时间的延长呈上升趋势[156]。

(3)聚氨酯(PU)也是一类非离子高分子土壤固化材料,与前面两种材料通过自身有效基团与土壤的相互作用稳定土壤不同,聚氨酯类材料主要通过其自交联反应在土壤表面形成不溶性交联结构以保护土壤。遇水后能迅速自交联生成网状结构,进而将土壤颗粒包裹其中减少土壤流失。近年来,针对这类材料的研究越来越多,被广泛应用在荒漠化防治、边坡绿化治理渠道防渗抗冻等领域。喷施 W-OH 固化剂(改性亲水性聚氨酯材料)能够显著降低崩岗崩积体土壤的分离速率,抗崩解固土性能较好[158]。

4. 水土保持剂

羧甲基纤维素–聚丙烯酸树脂:以丙烯酸和羧甲基纤维素钠为原料,按照丙烯酸和羧甲基纤维素钠的质量比为 1:0.1 进行聚合而得,反应温度为 60 ℃。该水土保持剂吸水功能强和吸水速率快,在潮湿的土壤中能够吸收水分、粘连土壤和碎石,减缓土壤中水分的蒸发;在雨天里,能够迅速吸收雨水,涨成大于自身体积 400 倍的具有黏性的凝胶,粘连附近土壤和碎石,堵住土壤和碎石的空隙,减少水土的流失,具有保水、保土、粘连和堵漏的功能。雨水过后,土壤稍微干燥后,凝胶能慢慢释放出自身吸收的水分,供植被生长需要[159]。

5.5.2　土壤修复技术

由于西南喀斯特地区有色金属资源丰富,金属矿山在开发利用过程中,不仅会直接导致基岩大面积裸露的石漠化,还会排放重金属污染环境,使土壤和植被遭受严重的破坏,造成土壤肥力降低、土地生产力下降,甚至寸草不生,加剧水土流失和石漠化。因此,对金属矿区土壤的原位修复,也是治理石漠化的一项不可忽视的内容。

5.5.2.1　**物理修复**

土壤物理原位修复方法主要包括客土法、换土法、深耕翻土法、隔离包埋法[160]。

1. 客土法

根据被污染土壤的污染程度,将适量清洁土壤添加到被污染的土壤中,降低土壤中重金属污染物含量或减少污染物与植物根系的接触,从而达到减轻危害的目的。在选择客土时,应考虑客土与被污染土壤理化性质等因素,避免添加的客土改变土壤环境而引起原土壤中重金属污染物活性增强的现象。该方法具有见效快、效果好的优点,但仅适用于污染物含量不高、取土方便的地区[161-179]。

2. 换土法

换土法是将被污染的土壤移去,换上未被污染的新土。换土法主要的工艺有直接全部换土、地下土置换表层土、部分换土法等。通过实地考察,根据实际情况单一选择一种换土法或者多种换土法综合使用等,一般可以很快达到土壤修复的目的[180]。这种方法操作简单,直接高效,效果立竿见影,但因换土工程量大,造价高,破坏土体结构,并且还要对换出的污土进行堆放或处理,只能适用于小面积污染程度高、修复后利用价值很高的土壤。

3. 深耕翻土法

深耕翻土法即采用深耕将上下土层翻动混合的做法,使表层土壤污染物含量降低。但只适用于土层深厚且污染较轻的土壤,同时要增加施肥量,以弥补因深耕导致的耕层养分减少[181]。

4. 隔离包埋法

隔离包埋法是用钢筋、水泥等在重金属污染的土壤四周及底部修建隔离墙,与周围环境隔离,防止污染地区淋溶水及渗漏水流到周围地区或喀斯特地下河,以减少其对环境污染的一种方法。为了防止污染土壤对周围土壤及地下水的威胁,要求隔离墙渗漏系数小于 $10\sim12$ cm/s[182]。

5.5.2.2　化学修复

化学修复就是向土壤投入改良剂,通过对重金属的吸附、氧化还原、拮抗或沉淀作用,降低土壤中重金属的迁移性和生物有效性,从而使其失去活性。向土壤中加入化学修复剂属于原位修复技术。该技术的关键在于选择经济有效的改良剂,常用的改良剂有生物炭、石灰、沸石、碳酸钙、磷酸盐、硅酸盐和促进还原作用的有机物质。该方法具有修复速度快、修复周期短、治理效果较好和费用较低的特点,同时化学修复剂来源广泛,对土壤结构和肥力不具有破坏性,所以有广泛的应用前景[183]。但并不是一种永久的修复措施,因为它只改变了重金属在土壤中存在的形态,金属元素仍保留在土壤中,容易再度活化危害植物[180]。

1. 化学吸附修复

1) 生物炭

生物炭修复技术是利用生物炭对溶解性和移动性较强的重金属进行固化或钝化的新型技术。生物炭是一种优质的吸附材料,具有孔隙和比表面积大的特性,能够与重金属离子发生螯合或键合,使重金属形态发生改变或形成沉淀。与活性炭相比,生物炭由于未经过活化处理,其费用比活性炭要低,而且制备原料比活性炭更为广泛。生物炭可以取代煤、椰壳与木质活性炭作为低成本吸附剂去除污染物。生物炭的加入可降低重金属的生物有效性,减少植物对重金属的提取吸收。生物炭还可为微生物提供生长繁殖的场所,有利于微生物对污染物的降解。同时生物炭本身是一种有机质,可降低土壤容重,增加土壤团聚体的数量,改善土壤水气条件,增强土壤肥力。研究表明,通过田间试验发现施用生物炭可显著提高菜地土壤 pH 值,有利于对 Cd 的钝化,对 Cd 的吸附去除率可达到 90%[108, 109]。

2) 膨润土

膨润土是以蒙脱石为主的含水黏土矿,为天然纳米吸附材料。膨润土具有很强的吸湿性,并且具有一定的黏滞性、触变性和润滑性,它和泥沙等的掺和物具有可塑性和黏结性。膨润土有较强的阳离子交换能力和吸附能力,可钝化土壤中重金属,降低重金属的迁移性。

3) 沸石

沸石是碱金属或碱土金属的水化铝硅酸盐晶体,含有大量的三维晶体结构和很强的离子交换能力,从而能通过离子交换吸附和专性吸附降低土壤中重金属的有效性。

4) 蛭石

蛭石是黏土矿物的一种,具有较大的比表面积和较强的阳离子交换容量,在重金属离子方面表现出良好的吸附性能,能有效去除重金属。蛭石对重金属的吸附效果在 pH 值降低和离子强度增加时会降低[183]。

2. 化学沉淀修复

关于磷酸盐和硅酸盐固化土壤重金属的技术研究报道较多,一般认为该物质可使土壤中重金属形成难溶性的沉淀。

1) 磷酸盐

向土壤中施用农用含磷肥,也被证明在稳定重金属方面有非常明显的效果。

2) 硅酸盐

如向土壤中投放硅酸盐钢渣,对 Cd、Ni、Zn 离子具有吸附和共沉淀作用[180]。

3. 氧化还原修复

1) 石灰或碳酸钙

石灰或碳酸钙对土壤重金属污染的修复主要是靠提高土壤的 pH 值,促使土壤中 Cd、Cu、Hg、Zn 等元素氧化形成氢氧化物或碳酸盐结合态盐类沉淀。当土壤 pH 值≥6.5 时,Hg 就能形成氢氧化物或碳酸盐沉淀。然而,一旦土壤 pH 值、氧化还原环境、竞争离子等发生改变,暂时被钝化的重金属离子就可能会被重新激活成生物可以利用的形态,从而对环境和人类健康造成危害。

2) 有机废弃物

秸秆堆肥、泥炭和畜禽粪便等有机物能促进还原作用,可促使重金属以硫化物的形式沉淀,同时有机物中的腐殖酸能与重金属离子形成络合或螯合物以降低其活性。利用有机废弃物助力土壤修复,不仅投入成本小,还能变废为宝,美化环境。

5.5.2.3　生物修复

生物修复技术即依靠生物的生命活动来降解或转化污染环境中的有毒物质。主要原理是利用超积累植物对重金属和有机污染物的超强吸收处理,从而达到对污染环境修复的目的。生物修复具有效果好、易于操作、对周边环境扰动小、不产生二次污染、经济有效、绿色环保等优势,日益受到人们的重视,成为污染土壤修复研究的热点。

1. 植物修复

植物修复法是依靠特定植物超量积累某种重金属的生物特性来提取土壤中的重金属。植物修复是一种原位安全、成本低廉、操作简单、治理效果永久的修复技术,并且修复过程亦是土壤有机质和肥力增加的过程,修复之后植物地上部分还可以进行再利用,还具有稳定土壤、美化环境和改善生态环境等特点,目前越来越受到更多研究人员的关注;但植物修复法耗时较长,植物收获后的无害化处理也是当今的一大技术难点,且受制于气候、地质条件、对重金属的吸附专一性、重金属耐受性的限制,有一定的应用区域限制,而且难以用于复合重金属污染土壤的修复。

选择合适的植物品种是植物修复技术的关键。选择修复植物时,要根据污染区的具体情况,筛选在重金属污染区没有受到明显毒害、对重金属富集能力强的植物,尤其是超积累植物。另外,需要注意的是,为了避免土壤中的重金属通过人类食物链威胁人类健康,因此在选择富集植物时尽量不要选择果实可食用的品种,或在使用这类植物修复重金属污染土壤时,其收获物只能作为废弃物处理掉。目前,已发现有 700 多种超积累重金属植物,此处仅列出适宜我国西南喀斯特旱生环境的部分植物品种。

1)木本植物修复

(1)桑树(Morus alba L.)。多年生落叶木本植物,枝繁叶茂,根系发达,主根最深可达8~9 m,侧根也可伸长至9 m,其发达的根系使其地下部分构成一个庞大的根系网络,能够有效地吸收土壤中的水分和养分。宽大肥厚的叶片,能够有效地截留雨水,使其渗入土壤变为土壤水和地下水。桑树这些生理特性使其对气候、土壤适应性都很强,即使在土层瘠薄、水土流失严重的土壤环境及复杂多变的气候条件下也能很好地生长。桑树对重金属镉具有一定的耐性和富集作用,在被污染的耕地上栽植桑树,不仅能吸附土壤中的重金属镉达到一定程度的生态效益,同时污染桑叶重金属镉含量对蚕的生物毒性小,养蚕经济效益好。因此,在重金属镉污染土壤上栽桑养蚕,能够实现边修复边生产的双重目标。

(2)构树(Broussonetia papyrifera)。落叶乔木,高10~20 m。喜光,适应性强,耐干旱瘠薄,也能生于水边,多生于石灰岩山地,也能在酸性土及中性土上生长;耐烟尘,抗大气污染力强。构树具有速生、适应性强、分布广、易繁殖、热量高、轮伐期短的特点。其根系浅,侧根分布很广,生长快,萌芽力和分蘖力强,耐修剪。

(3)杨树(Populus L.)。隶属杨柳科,乔木。树干通常端直;树皮光滑或纵裂,常为灰白色。杨树是散生在北半球温带和寒温带的森林树种。在我国分布于北纬25°~53°,东经80°~134°,即分布于华中、华北、西北、东北等广阔地区。世界其他地区一般分布于北纬30°~72°的范围。杨树可广泛用于生态防护林、三北防护林、农林防护林和工业用材林。杨树作为道路绿化,园林景观用也是一个非常优秀的树种。其特点是高大雄伟、整齐标志、迅速成林,能防风沙,吸收废气。

(4)泓森槐(Robinia pseudoacacia)。属蝶形花科刺槐属的落叶乔木。此品种耐旱、耐瘠薄、速生性好,且病虫害较少的优势,既能在杨柳科品种地区发展,又可填补杨柳科不能适应的丘陵岗地种植的空白,为大范围发展速生用材林的优良品种。有一定的抗旱、抗烟尘、耐盐碱作用。适生范围广,是改良土壤、水土保持、防护林、"四旁"绿化的优良多功能树种。可作为行道树、住宅区绿化树种、水土保持树种、荒山造林先锋树种等。我国除青海、西藏外,都适宜栽植。

(5)苎麻[Boehmeria nivea (L.) Gaudich.]。属亚灌木或灌木植物,其纤维主要作为纺织等工业原料,避免了进入食物链造成二次污染,其庞大的根系可保持地表长期稳定兼具水土保持功效,对重金属的迁移较可观,作为矿区废弃地生态恢复的潜力植物有很大的研究价值。对复合重金属具有一定的耐性,可作为修复复合污染的一种植物[184]。

(6)长叶女贞(Ligustrum compactum)。木犀科女贞属植物,灌木或小乔木,高可达12 m;树皮灰褐色。生长于海拔680~3 400 m的山谷疏、密林中及灌丛中。生长于东部地区在海拔500 m以下,西南可达2 000 m。暖地喜光树种,稍耐阴,喜温暖、湿润气候,不耐寒,不耐干旱贫瘠,在微酸、微碱性土壤上均能生长。枝叶清秀,终年常绿,夏日满树白花,又适应城市气候环境,是长江流域常见的绿化树种。常植于庭院观赏,或作园路树,或修剪作绿篱用。女贞对二氧化硫不仅抗性强,而且能吸收,对氯化氢也有一定的抗性,还具有滞尘抗烟的功能。

(7)臭椿(Ailanthus altissima)。落叶乔木,高可达20余m。喜光,不耐阴。适应性强,除黏土外,各种土壤和中性、酸性及钙质土都能生长,适生于深厚、肥沃、湿润的沙质土壤。耐寒,耐旱,不耐水湿,长期积水会烂根死亡。生长快,根系深,萌芽力强,是水土保持的良好树种,同时也是优良用材树种。

(8)楸树(Catalpa bungei C. A. Mey.)。紫葳科小乔木,高 8~12 m。该种性喜肥土,生长迅速,树干通直,木材坚硬,为良好的建筑用材,可栽培作观赏树、行道树,用根蘖繁殖。产自河北、河南、山东、山西、陕西、甘肃、江苏、浙江、湖南。在广西、贵州、云南栽培。该种性喜肥土,生长迅速,树干通直,木材坚硬,为良好的建筑用材,可栽培作观赏树、行道树,用根蘖繁殖。

(9)木荷(Schima superba)。大乔木,高 25 m,嫩枝通常无毛。喜光,幼年稍耐庇荫。适应亚热带气候,分布区年降水量 1 200~2 000 mm,年平均气温 15~22 ℃。对土壤适应性较强,酸性土如红壤、红黄壤、黄壤上均可生长,但以在肥厚、湿润、疏松的沙壤土生长良好。

(10)麻栎(Quercus acutissima Carruth)。落叶乔木,喜光,深根性,对土壤条件要求不严,耐干旱、瘠薄,亦耐寒;宜酸性土壤,亦适石灰岩钙质土,是荒山瘠地造林的先锋树种。木材坚硬,不变形,耐腐蚀,作建筑、枕木、车船、家具用材,还可药用。

(11)女贞(Ligustrum lucidum)。木犀科女贞属常绿灌木或乔木,高可达 25 m,树皮灰褐色。枝黄褐色、灰色或紫红色,圆柱形,疏生圆形或长圆形皮孔。女贞耐寒性好,耐水湿,喜温暖湿润气候,喜光耐阴。为深根性树种,须根发达,生长快,萌芽力强,耐修剪,但不耐瘠薄。对大气污染的抗性较强,对二氧化硫、氯气、氟化氢及铅蒸气均有较强抗性,也能忍受较高的粉尘、烟尘污染。对土壤要求不严,以沙质壤土或黏质壤土栽培为宜,在红、黄壤土中也能生长。生海拔 2 900 m 以下疏、密林中。对气候要求不严,能耐-12 ℃的低温,但适宜在湿润、背风、向阳的地方栽种,尤以深厚、肥沃、腐殖质含量高的土壤中生长良好。女贞对剧毒的汞蒸气反应相当敏感,一旦受熏,叶、茎、花冠、花梗和幼蕾便会变成棕色或黑色,严重时会掉叶,掉蕾。女贞还能吸收毒性很大的氟化氢,二氧化硫和氯气等。

(12)枳椇(Hovenia Thunb.)。鼠李科,落叶灌木或乔木,高可达 25 m,幼枝常被短柔毛或茸毛。生于海拔 2 100 m 以下的开旷地、山坡林缘或疏林中;庭院宅旁常有栽培。分布于喜马拉雅至日本,中国产西南至东部,中国 3 种,2 变种,其中枳椇的花序柄于结果时肉质,可食,籽实入药,有解酒之效,材质坚硬,供器具用材。

(13)黑松(Pinus thunbergii Parl.)。别名白芽松,常绿乔木,高可达 30 m,树皮带灰黑色。喜光,耐干旱瘠薄,不耐水涝,不耐寒。适生于温暖湿润的海洋性气候区域,最宜在土层深厚、土质疏松,且含有腐殖质的沙质土壤处生长。因其耐海雾,抗海风,也可在海滩盐土地方生长。抗病虫能力强,生长慢,寿命长。黑松一年四季常青,抗病虫能力强,是荒山绿化,道路行道绿化首选树种。

(14)枫香(Liquidambar formosana Hance)。落叶乔木,高达 30 m,胸径最大可达 1 m。喜温暖湿润气候,性喜光,幼树梢耐阴,耐干旱瘠薄土壤,不耐水涝。在湿润肥沃而深厚的红黄壤土上生长良好。深根性,主根粗长,抗风力强,不耐盐碱,可作优良的观赏、药用和用材树种。

(15)盐肤木(Rhus chinensis)。落叶小乔木或灌木,高 2~10 m。小枝棕褐色,被锈色柔毛,具圆形小皮孔。喜光、喜温暖湿润气候。适应性强,耐寒。对土壤要求不严,在酸性、中性及石灰性土壤乃至干旱瘠薄的土壤上均能生长。根系发达,根萌蘖性很强,生长快,为荒山绿化的主要树种。

(16)栾树(Koelreuteria paniculata)。无患子科、栾树属植物,为落叶乔木或灌木。栾树是一种喜光,稍耐半荫的植物;耐寒;但是不耐水淹,栽植注意土地,耐干旱和瘠薄,对环境的适应性强,喜欢生长于石灰质土壤中,耐盐渍及短期水涝。栾树具有深根性,萌蘖力强,生长速度中等,幼树生长较慢,以后渐快,有较强抗烟尘能力。在中原地区尤其是许昌鄢陵多有栽植。抗风能力较强,可抗-25 ℃低温,对粉尘、二氧化硫和臭氧均有较强的抗性。多分布在海拔1 500 m以下的低山及平原,最高可达海拔2 600 m。

(17)大叶樟(Cinnamomum austrosinense H. T. Chang)。樟科樟属乔木,高5~8(16) m,胸径可达40 cm,树皮灰褐色。产于广东、广西、福建、江西、浙江等省(区)。生于山坡或溪边的常绿阔叶林中或灌丛中,海拔630~700 m。栽植大叶樟的季节宜选择在春季3月中旬至4月初较好,此时气温回升,但温度又不太高,且未到梅雨季节,雨水适中,最适于移植。

(18)苦楝(Melia azedarach)。落叶乔木,高可达10 m。喜温暖湿润气候,耐寒、耐碱、耐瘠薄。适应性较强。以上层深厚、疏松肥沃、排水良好、富含腐殖质的沙质壤土栽培为宜。对土壤要求不严,在酸性土、中性土与石灰岩地区均能生长,可做材用和药用,也具有园林观赏价值。

(19)泡桐(Paulownia fortunei)。落叶乔木,喜光,较耐阴,喜温暖气候,耐寒性不强,对黏重瘠薄土壤有较强适应性。耐干旱能力较强,在土壤肥沃、深厚、湿润但不积水的阳坡山场或平原、岗地、丘陵、山区栽植,均能生长良好,是良好的用材树种。

(20)马尾松(Pinus massoniana Lamb)。乔木,高可达45 m,胸径1.5 m。耐庇荫,喜光、喜温。适生于年均温13~22 ℃,年降水量800~1 800 mm。对土壤要求不严格,喜微酸性土壤,但怕水涝,不耐盐碱,在石砾土、沙质土、黏土、山脊和阳坡的冲刷薄地上,以及陡峭的石山岩缝里都能生长。

2)草本植物修复

大多数草本植物植株矮小,其根较短或较少,通常只适用于清除土壤表层的重金属。因此,拥有较高生物量、生长速度较快、具有较强的生态恢复与水土保持功能的草本植物成为国内外研究的重点。

(1)蜈蚣草(Pteris vittata L.)。凤尾蕨科,凤尾蕨属陆生蕨类植物,植株高可达150 cm。环境适应能力强,生物具有较强的生态恢复与水产量高,属于多年生草本植物,高1.3~2 m,可多次收割,在矿区重金属污染环境修复领域具有较大的研究价值和应用前景。对重金属砷有超富集效应,是砷的超富集植物,同时蜈蚣草对镉和铅也具有很强的耐性,蜈蚣草对极端酸性土壤表现出较强的耐性。

(2)芨芨草[Achnatherum splendens(Trin.) Nevski]。禾本科芨芨草属植物,植株具粗而坚韧外被砂套的须根。生于海拔900~4 500 m的微碱性的草滩及沙土山坡上。喜生于地下水埋深1.5 m左右的盐碱滩沙质土壤上,在低洼河谷、干河床、湖边、河岸等地,常形成开阔的芨芨草盐化草甸。根系强大,耐旱、耐盐碱、适应黏土以至沙壤土。芨芨草的分布与地下水位较高、轻度盐渍化土壤有关,根系分布深度也随着地下水位升降而变化,地下水位低或盐渍化严重的地区不宜生长。可改良碱地,保护渠道及保持水土。

(3)小花南芥(Arabis alpina Linn. var. parviflora Franch.)。主根圆锥状,顶端具侧根,褐色。茎丛生,自基部常分枝。生长于林下或沟边、路边草丛中。产自湖北、陕西(太白山)、甘肃、四川、贵州(贵阳)、云南(维西、洱源)。

(4)续断菊[Sonchus asper (L.)Hill.]。异名刺菜,双子叶植物纲,菊目,菊科,一年生或两年生草本。主要分布在山坡、路旁、荒地、田边、沟旁、房子边。

(5)岩生紫堇(Corydalis petrophila Franch.)。罂粟目罂粟科紫堇属植物,丛生草本植物,高 10~30 cm,灰绿色。生长于海拔 2 300~3 200 m 的林间草地或山坡。分布于中国云南和西藏。

(6)中华山蓼(Oxyria sinensis Hemsl.)。蓼科、山蓼属植物。多年生草本,高30~50 cm。根状茎粗壮,木质,直径 0.7~2 cm。生长于海拔 1 600~3 800 m 的山坡、山谷路旁。喜生长在阳光充足的林缘、灌丛、草地和河岸河沟边,对土壤要求不严,有较强的抗旱耐干旱能力,在干旱河谷地带大量生长。

(7)虎尾草(Chloris virgata)。一年生草本植物,适应性极强,耐干旱,喜湿润,不耐淹;喜肥沃,耐瘠薄。对土壤要求不严,在沙土和黏土土壤上均能适应,在碱性土壤上亦能良好生长。

(8)狼尾草[Pennisetum alopecuroides (L.)Spreng.]。多年生,须根较粗壮。秆直立,丛生,在花序下密生柔。狼尾草喜光照充足的生长环境,耐旱、耐湿,亦能耐半阴,且抗寒性强。适合温暖、湿润的气候条件,当气温达到 20 ℃以上时,生长速度加快。耐旱,抗倒伏,无病虫害。

(9)狗尾草[Setaira viridis(L.)Beauv.]。一年生,根为须状,高大植株具支持根。狗尾草喜长于温暖湿润气候区,以疏松肥沃、富含腐殖质的沙质壤土及黏壤土为宜。生于海拔 4 000 m 以下的荒野、道旁,为旱地作物常见的一种杂草。原产欧亚大陆的温带和暖温带地区,现广布于全世界的温带和亚热带地区。狗尾草为铜污染土壤耐性植物修复资源。

(10)狗牙根(Cynodon dactylon)。低矮草本,具根茎。秆细而坚韧,下部匍匐地面蔓延甚长,节上常生不定根,直立部分高 10~30 cm,直径 1~1.5 mm。喜温暖湿润气候,耐阴性和耐寒性较差,喜排水良好的肥沃土壤,是良好的护坡固土、防止土壤侵蚀、减少水土流失草本植物。

(11)香根草(Vetiveria zizanioides)。禾本科多年生粗壮草本。须根含挥发性浓郁的香气。秆丛生,高 1~2.5 m,直径约 5 mm,中空。喜生水湿溪流旁和疏松黏壤土上,气候适应性广,光合能力强,耐瘠薄。其根系不但能够穿过土层起到锚固作用,还可以有效地提高土体的抗剪强度,从而起到稳定边坡的作用。香根草为铜污染土壤耐性植物修复资源。

(12)白茅[Imperata cylindrica (L.)Beauv.]。禾本科、白茅属多年生草本植物,秆直立,高可达 80 cm,节无毛。白茅喜光,稍耐阴,喜肥又极耐瘠,喜疏松湿润土壤,相当耐水淹,也耐干旱,适应各种土壤,黏土、沙土、壤土均可生长。以疏松沙质土地生长最多,在沙土地上生长繁殖最旺盛,危害最严重。生于低山带平原河岸草地、农田、果园、苗圃、田边、路旁、荒坡草地、林边、疏林下、灌丛中、沟边、河边堤埂、草坪、沙质草甸、荒漠与海滨,竞争扩展能力极强,为铜污染土壤耐性植物修复资源。

(13)高羊茅(Festuca elata)。禾本科,羊茅亚属多年生草本植物,秆成疏丛或单生,直立,高可达 120 cm。生于路旁、山坡和林下。性喜寒冷潮湿、温暖的气候,在肥沃、潮湿、富含有机质、pH 值为 4.7~8.5 的细壤土中生长良好。不耐高温,喜光,耐半阴,对肥料反应敏感,抗逆性强,耐酸、耐瘠薄,抗病性强。

(14)红三叶(Trifolium pratense)。多年生草本,喜温暖湿润气候,不耐高温、干旱。土壤要求以排水良好、土质肥沃、富含钙质的黏壤土为最宜,壤土次之,在贫瘠的沙土地上生长不良。喜中性至微酸性土壤,最适宜 pH 值为 5.5~7.5,常用于草地建植初期的先锋植物。

(15)马唐(Digitaria sanguinalis)。单子叶植物纲、禾本科,一年生。马唐是一种生态幅相当宽的广布中生植物。从温带到热带的气候条件均能适应。它喜湿、好肥、嗜光照,对土壤要求不严格,在弱酸、弱碱性的土壤上均能良好地生长。它的种子传播快,繁殖力强,植株生长快,分枝多。因此,它的竞争力强,广泛生长在田边、路旁、沟边、河滩、山坡等各类草本群落中,甚至能侵入竞争力很强的狗牙根(Cynodond Octy-lon)、结缕草(Zoysiaja-Ponica)等群落中。

(16)铁扫帚[Clematishexapetala Pall. var. tchefouensis(Debeaux)]。毛茛目,毛茛科直立草本,高 30~100 cm。根淡红褐色。枝条细,有纵棱和短柔毛。叶互生,羽状 3 小叶,叶柄短,总花梗极短。9~10 月结果,果为荚果,宽卵形或近球形,长约 3.5 mm,宽 2.5 mm,果皮有伏贴柔毛。在中国分布于江西、甘肃东部、陕西、山西、河北、内蒙古、辽宁、吉林、黑龙江。生固定沙丘、干山坡或山坡草地,尤以东北及内蒙古草原地区较为普遍。朝鲜、蒙古、俄罗斯西伯利亚东部也有。铁扫帚为锰污染土壤耐性植物资源。

(17)扁穗牛鞭草(Hemarthria compressa)。多年生草本植物,喜炎热,耐低温,耐水淹。极端最高温度达 39.8 ℃生长良好,−3 ℃枝叶仍能保持青绿。该草适宜在年平均气温 16.5 ℃的地区生长,气温低影响产量。扁穗牛鞭草对土壤要求不严格,以 pH 值为 6 生长最好,但在 pH 值为 4~8 时也能存活。

(18)牛筋草[Eleusine indica(L.)Gaertn.]。一年生草本。根系极发达,秆丛生,基部倾斜。牛筋草根系发达,吸收土壤水分和养分的能力很强,对土壤要求不高。它的生长需要的光照比较强,适宜温带和热带地区。分布于中国南北各省区及全世界温带和热带地区。多生于荒芜之地及道路旁。全世界温带和热带地区也有分布。根系极发达,秆叶强韧,全株可作饲料,又为优良保土植物。

(19)三叶鬼针草(Bidens pilosa L.)。一年生草本,茎直立,高 30~100 cm。鬼针草喜长于温暖湿润气候区,以疏松肥沃、富含腐殖质的沙质壤土及黏壤土为宜。生于村旁、路边及荒地中。原产热带美洲,在国内主要分布于华东、华中、华南、西南各省(区)。

(20)蕨[Pteridium aquilinum(L.)Kuhn var. latiusculum(Desv.)Underw. ex Heller]。蕨科,属欧洲蕨的一个变种,植株高可达 1 m。蕨生长于海拔 200~830 m 的山地阳坡及森林边缘阳光充足的地方。耐高温也耐低温,32 ℃仍能生长,−35 ℃下根茎能安全越冬。在地温 12 ℃、气温 15 ℃时嫩茎叶片开始迅速生长。蕨菜的抗逆性很强,适应性很广,喜欢湿润、凉爽的气候条件,要求有机质丰富、土层深厚、排水良好、植被覆盖率高的中性或微酸性土壤。分布于中国各地,但主要产于长江流域及以北地区,亚热带地区也有分布,也广布于世界其他热带及温带地区。

(21)葎草[Humulus scandens(Lour.)Merr.]。桑科、葎草属多年生攀缘草本植物,茎、枝、叶柄均具倒钩刺。适应能力非常强,适生幅度特别宽,年均气温为 5.7~22 ℃,年降水 350~1 400 mm,土壤 pH 值在 4.0~8.5 的环境均能生长。葎草喜欢生长于肥土上,但贫瘠之处也能生长,只是肥沃土地上生长更加旺盛。葎草的雌雄株花期不一致,雄株 7 月下旬开花,而雌株在 8 月中旬开花,开花后生长缓慢;9 月下旬种子成熟,葎草生长也停止。中国除新疆、青海外,南北各省(区)均有分布。日本、越南也有分布。常生于沟边、荒地、废墟、林缘边。

(22)芒草(Miscanthus)。各种芒属植物的统称,含有 15~20 个物种,属禾本科草本。直立,粗壮,分枝,茎高 1~2 m。生于热带及南亚热带地区的林缘或路旁等荒地上,海拔 40~1 580(-2 400)m。中国芒生命力强,对环境适应性强;为多年生草本植物,一般寿命 18~20 年;植株高大可达数米,茎干粗壮;根系发达,抗性高,入土深度 1 m 以上;产量可高达 23~30 t/hm²。所以,中国芒作为一种高产且性能优良的新型能源作物,具有巨大的能源开发价值。芒草为铜污染土壤耐性植物修复资源。

(23)五节芒[Miscanthus floridulus(Lab.)Warb. ex Schum. et Laut.]。禾本科、芒属多年生草本,具发达根状茎,高 2~4 m。生于低海拔撂荒地与丘陵潮湿谷地和山坡或草地。五节芒对镉、锌和铅等重金属有较大的耐受性,能够用作修复植物。

(24)黑麦草(Lolium perenne L.)。多年生植物,秆高 30~90 cm,基部节上生根质软。喜温凉湿润气候。宜于夏季凉爽、冬季不太寒冷地区生长。10 ℃左右能较好生长,27 ℃以下为生长适宜温度,35 ℃生长不良。光照强、日照短、温度较低对分蘖有利。温度过高则分蘖停止或中途死亡。黑麦草耐寒耐热性均差,不耐阴。在风土适宜条件下可生长 2 年以上,国内一般仅作越年生牧草利用。黑麦草在年降水量 500~1 500 mm 地方均可生长,而以 1 000 mm 左右为适宜。较能耐湿,但排水不良或地下水位过高也不利黑麦草的生长。不耐旱,尤其夏季高热、干旱更为不利。对土壤要求比较严格,喜肥不耐瘠。略能耐酸,适宜的土壤 pH 值为 6~7。

(25)飞蓬(Erigeron acer Linn.)。菊科飞蓬属两年生草本植物。常生于山坡草地、牧场及林缘,海拔 1 400~3 500 m。性喜阳,耐寒(-5 ℃以上),对环境选择不严,以土壤疏松、肥沃、湿润而排水良好为佳。

(26)苍耳(Xanthium sibiricum Patrin ex Widder)。菊科,属一年生草本植物,高可达 90 cm。喜生长在土质松软深厚、水源充足及肥沃的地块上,pH 值在 5 左右。提高土壤的通透性,增强土壤的肥力,促进苍耳种子发芽及营养吸收。自然生长在平原、丘陵、低山、荒野、路边、沟旁、田边、草地、村旁等处。分布于中国东北、华北、华东、华南、西北及西南各省(区),为潜在超积累植物修复资源。

(27)遏蓝菜(Thlaspi arvense L.)。一年生草本,全株无毛,高 15~40 cm,茎直立,不分枝或稍分枝,无毛。宜丛植于花坛、花镜及岩石园中,林缘或疏林下,也可用作地被材料。遏蓝菜属是一种已被鉴定的 Zn 和 Cd 超积累植物。

2. 动物修复

动物修复是利用土壤中的低等动物能吸收重金属的特性,对土壤重金属进行转移、吸收和降解,以消除或降低土壤重金属含量,对于重建一个健康的土壤生态系统十分重要。能对土壤进行修复的土壤动物主要有蚯蚓、螨类、线虫等[185]。目前对蚯蚓的利用研究最多,因此将详细介绍蚯蚓修复法。

蚯蚓作为土壤环境中最常见的大型无脊椎动物,不仅是改善土壤物理结构、通气性和透水性、增强土壤肥力的能手,还在重金属污染土壤修复中也具有重要的作用。将蚯蚓应用于退化的污染土壤生态系统的恢复,具有较大的发展潜力,在实际应用当中也有较大的可行性。现在有的蚯蚓饲养技术已较为成熟,而且饲养成本也较低、操作简便,还可以利用有机废物喂养蚯蚓,不仅能资源化利用,还可达到治理污染的目的,是修复退化的污染土壤生态系统最合适的"绿色力量"。多项研究表明,饲养在牛粪和生活垃圾中的蚯蚓对Cd、As、Zn、Pb、Cr、Mn、Cu、Si 等重金属元素污染土壤有一定的治理效果[186]。但动物的重金属耐受量有限,动物修复技术不能处理高浓度重金属污染的土壤。

此外,蚯蚓除了能产生粪便直接为植物生长提供营养,还能间接促进植物生长,从而达到强化植物修复的效果。蚯蚓体内能携带各种微生物,如果将蚯蚓引入污染土壤的同时,一方面可以向被污染的土壤中引入各种微生物,从而有助于有机污染物的降解,继而能提高土壤中腐殖质和有机酸含量并促进植物生长;另一方面能促进菌根侵染植物根系的可能性,从而增强植物吸收重金属的能力[113, 114]。

3. 微生物修复

微生物修复是将事先培养的土著微生物或者外源微生物加入需要修复的土壤中,以此来加强微生物对土壤中重金属的吸收、分解、转化或固定作用,从而减少土壤中有害重金属污染的方法[187]。微生物与动植物相比具有种类多、数量大、比表面积大、代谢能力强、适应性强等优势,对污染位点环境的干扰程度最小,不会引起二次污染,而且还可以节省费用,是较具发展潜力和应用前景的技术[188]。

(1)微生物能通过氧化还原、甲基化和去甲基化作用转化重金属,将有毒物质转化成无毒或低毒物质。例如,自养细菌硫-铁杆微生物能氧化 As、Cu、Mo、Fe 等,假单胞杆菌能氧化 As、Fe、Mn 等[189]。

(2)微生物可通过带电荷的细胞表面吸附重金属离子,或通过摄取必要的营养元素主动吸收重金属离子,将重金属离子富集在细胞表面或内部。如动胶菌、蓝细菌、硫酸还原菌及某些藻类,能够吸附产生胞外聚合物与重金属离子形成络合物,从而从土壤中有效去除重金属[180]。

(3)微生物对重金属离子有沉淀作用,使有毒有害的金属元素转化为无毒或低毒金属沉淀物。例如,硫酸盐还原细菌可将硫酸盐还原成硫化物,进而使土壤环境中重金属产生沉淀而钝化,特别是沸石与碳源配合使用的情况下,在 2 d 内能钝化 100% 的可交换态 Ba 和 Sr。该方法的金属去除率很高,但不适合处理高浓度金属废水[190]。

(4)微生物还可以通过矿化固结重金属离子,将离子态重金属离子转变为固相矿物。例如,土壤菌 A 可作为碳酸盐矿化菌,矿化固结土壤中的有效态重金属,如使 Cd^{2+} 沉积为稳定态的碳酸盐,可使得有效态重金属去除率达到 50% 以上[191]。

4. 菌根修复

菌根修复是一种微生物—植物联合修复技术,是在传统单一修复技术基础上开发的新技术。菌根修复既能保留微生物和植物的修复能力,也科学地融合了植物和微生物的特点,以太阳能作为动力源,整体处理效果环境友好,可大面积使用。这种方法效率超过单一微生物和植物修复的效率,具有较大的推广潜力[192]。近年来,国内外学者研究了与植物关系密切的植物内生菌(Endophyte)、丛枝菌根真菌(Arbuscular mycorrhizal fungi,AMF)和根瘤菌(Rhizobium),取得了突破性的进展[187]。

1)植物内生菌根

植物内生菌是一定阶段或全部阶段寄生于健康植物组织和器官内部的真菌或细菌。植物内生菌自身可吸附重金属,还可以分泌脱氨酶、脱羧酶和植物激素,促进植物生长,降低重金属对植物的伤害,此外,还可以提高植物抗氧化酶系统的抵御能力,缓解植物重金属胁迫[187]。如接入嗜线虫沙雷氏菌株(Serratia nematodiphila)的宿主植物长势更好,能提高宿主植物的抗氧化能力、降低镉胁迫导致的活性氧伤害[193]。

2)丛枝菌根

丛枝菌根是丛枝菌根真菌与植物根系相互作用的互惠共生体,能改良土壤结构,增强植物抗性,有效降解土壤中的重金属[194]。丛枝菌根真菌可通过直接或间接作用降低重金属毒性,促进植物生长[195]。如地球囊霉(Glomus geosporum)、摩西球囊霉(Glomus mosseae)、地表球囊霉(Glomus versiforme)和透光球囊霉(Glomus diaphanum)这 4 种丛枝菌根真菌能显著提高 Co 污染土壤下番茄的生物量指标、富集系数和转运系数,同时降低重金属在土壤中的生物有效性,减少有害形态的重金属向地上部转移[196]。丛枝菌根真菌可与约 90%的高等植物形成丛枝菌根,其中桑树、构树是目前研究较多的接种丛枝菌根真菌的植物。

3)根瘤菌根

根瘤菌主要与豆科植物共生,形成根瘤并固定空气中的氮气,是能促使植物异常增生的一类革兰氏染色阴性需氧杆菌。近年来,根瘤菌、豆科植物两者的共生体系受到广泛关注。根瘤菌可以直接螯合、沉淀、转化、吸附和积累重金属,减少土壤中重金属含量。此外,根瘤菌可以促进豆科植物生长,同时降低重金属毒性。根瘤菌根在加快污染地区修复的同时还可以保水保土、增加土壤肥力,具有良好的生态效益[187]。

第6章　石漠化治理模式案例分析与启示

6.1　广西阳朔县白沙镇百里新村—自然恢复主导型—封山育林+生态旅游

6.1.1　基本情况介绍

百里新村建设示范带起点为葡萄镇乌龙村,途经葡萄镇、兴坪镇、白沙镇、阳朔镇等4个乡镇的8个行政村和73个自然村,全长50余km,隶属于桂林市阳朔县,位于广西东北部。阳朔县地貌以石山、丘陵为主,山地为辅,岩溶区内石山林立,海拔200~500 m,相对高差50~300 m。属于亚热带季风气候区,热量丰富,雨量充沛,日照充足,四季分明。土壤种类多,质地多属壤土和沙壤土,沙土和黏土面积小。白沙镇总人口4.6万,其中农业人口4.3万,辖区面积154.2 km²,耕地面积3.8万亩,其中水田2.3万亩。粮食作物以优质水稻种植为主,经济作物以金橘、沙田柚、板栗、柿子等为主。百里新村沿线种植金橘近7万亩,生态金橘为优势产业,并与旅游业互动融合。耕地土壤理化性状较好,有机质含量较高,作物高产稳产。旅游资源丰富,素有"小漓江"之称的遇龙河贯穿全境,国家4A级景区——世外桃源点缀其中,境内秀峰林立,河流延绵不断,景致如画。交通便利,利于农产品的流通及旅游业的发展等。

6.1.2　石漠化特征

百里新村所处的桂林市合计石漠化面积2 986.95 km²,占广西石漠化面积的13.19%,其中轻度石漠化面积为1 634.93 km²,中度石漠化面积为682.80 km²,重度石漠化面积为669.22 km²。桂林除资源县外的11县及5城区均有岩溶裸露,石漠化面积超过17万hm²,占桂林岩溶土地面积的17.8%,其中重度石漠化面积就接近14万hm²,极重度石漠化面积1 800多hm²,主要集中在全州、阳朔、永福等县。历史上人为破坏森林植被最严重的是1958年"大炼钢铁"。改革开放初期,大力开展各项基础设施建设,加剧了石漠化趋势。人为活动使原森林植被覆盖层受到破坏,地表裸露,加上喀斯特石山区土层薄,基岩出露浅,暴雨冲刷,在地表径流和岩溶渗漏的作用下,大量水土流失后岩石逐渐凸现裸露,导致局部地区产生石漠化现象[198]。阳朔县从1991年开始石山封山育林,造封并举,重点抓好漓江两岸、公路沿线和旅游风景点的石漠化治理。

6.1.3　治理模式

百里新村将石漠化综合治理工作与生态建设、扶贫攻坚相结合,围绕"科学保护漓江,发展支柱产业,壮大县域经济,打造世界级旅游胜地"的主题,提出了"既要金山银山,更要绿水青山"的发展思路[199]。主要采取封山育林工程,采取"以封山育林为主,造林补植、改燃节柴为辅"等措施;推广金橘种植"三避"技术、喷灌滴灌技术、捕食螨生物防治技术、金橘绿色标准化种植技术;狠抓生态金橘产业,培育专业合作组织,搞好农产品的流通;突出政府主导的生态产业扶持体系,推广运用节能环保的太阳能路灯、热水器、沼气池,以及太阳能生物捕虫器和有机肥料在生态果园中的运用;打造生态品牌,扩大绿色食品市场份额与知名度;组建和完善了农业专业合作社,培训农民、传播技术、提高农民组织化程度;发挥百里新村千亩茶园、万亩金橘的价值,农家生活和阳朔漓江美景结合起来,发展集观光、采摘、品尝、休闲、娱乐等功能于一体的"金橘之旅"生态游[199],农业与旅游结合,大力发展旅游业。

种植一亩金橘三年左右大约需要投入成本 3 500 元左右,三年后每亩的产值在 5 000 元左右。减去三年种植成本第一次结果便可收益 1 500 元左右。到第五年之后,金橘逐渐进入丰产期,产值每亩可达几万元。

种植金橘需使用肥沃的酸性土壤,可用腐叶土、沙土、饼肥配制;金橘的营养元素含量非常丰富,金橘的维 C 含量是非常丰富的,可以用来制作饮料,其市场需求比较大,依托喀斯特地区独特的地貌,促进生态旅游发展和金橘的销售,具有可推广性。

6.1.4　治理效益

阳朔县 1991 年以来石山封育区的平均植被覆盖率由封育前的 35% 提高到目前的 60%,昔日的荒山秃岭如今都披上绿装,呈现出生机盎然、四季常绿的景色[200]。1999～2005 年阳朔县耕地面积缩减 980 hm²,1999 年至规划年末 2020 年耕地有小幅缩减[201]。2003～2008 年间无明显石漠化恶化趋势,以改善趋势为主。2009 年,百里新村村民仅金橘一项,人均纯收入达 9 000 元以上,比 2007 年增长了 2 倍多。2013 年百里新村沿线村民人均年收入超过 16 000 元,其中凉水井、龙潭门、坪岭等 10 多个自然村年人均纯收入超过 2 万元[202]。

6.1.5　经验总结

6.1.5.1　归纳成条
(1)生态发展是根本。
(2)产业融合是关键。
(3)科技创新是动力。
(4)结构调整是途径。
(5)民主管理是保证。
(6)主体参与是保障[199]。

6.1.5.2　优点与不足
百里新村因地制宜,利用优越的自然环境,变生态优势为经济优势,探索发展生态农业、观光旅游业,形成了喀斯特地区农业可持续发展的阳朔模式[199]。不足之处在于治理难度较大且石漠化治理涉及面广,加上石漠化地区经济贫困、科技文化落后,投入不足。金橘、茶叶等农产品随着产量的提高,市场价格不稳定,存在滞销风险。

6.1.5.3 成功的原因

因地制宜选择适合的石漠化治理的树种,将治理石漠化和农民致富相结合,使得石漠化问题从一定程度上得以缓解,对岩溶石漠化地区的水土流失和生态环境起到了修复作用,带动了当地农民脱离贫困[203]。大大提高了农民参与石漠化治理的积极性,出现了生态效益和经济效益双赢的良好局面,在治理石漠化的同时,以经济作物为基础积极发展生态旅游,开发百里新村知名旅游景点,拓宽了群众的致富路,形成了良好的"治理石漠化—修复生态环境—脱离贫困致富农民"的循环局面。

6.2 贵州务川自治县丰乐镇—特色林业主导型—杂交构树

6.2.1 基本情况介绍

务川仡佬族苗族自治县是贵州省遵义市下辖自治县,位于贵州省东北部,地理坐标为东经 107°30′~108°13′、北纬 28°10′~29°05′。丰乐镇地处务川县南端,南与凤冈县比邻,距离县城 25 km。务川县属于黔北高原喀斯特地貌,属于黔北山原中山峡谷区,总体地势为西高东低,北高南低,地貌以中山、低山丘陵为主,山地面积 2 022.6 km²,海拔在 650~1 200 m。气候类型为亚热带湿润季风气候,年平均气温 15.5 ℃,年平均无霜期 280 d。雨量充沛,平均年降水量为 1 275 mm。土壤类型为黄壤。全县县域面积 2 777 km²,土地总面积 416.9 万亩,总人口 47 万。主要农作物有玉米、水稻、大豆、花生,主要经济作物有烤烟、蚕桑、油桐等。务川县天然草山资源丰富,是草地生态畜牧业大县,种草养畜为全县的支柱产业。

杂交构树产业是国务院扶贫办"十大精准扶贫工程之一",这种树生长快、产量高、适应性强且营养丰富,是中科院植物所研发的一种高效优质树种,树叶和树枝可混合加工成饲料,树叶还可加工成茶叶、药品,附加值高。务川县丰乐镇四季特征分明,立体气候明显,适宜引入杂交构树。

6.2.2 石漠化特征

丰乐镇所在地区为重度石漠化地区。务川县大部分地区为石漠化地区,以重度石漠化为主,其次是中度、极重度石漠化。重度石漠化呈块状分布在西部与东部区域,极重度石漠化呈现连续的带状分布在务川县西北与东南区域[204]。

受地质背景制约,务川县喀斯特地貌发育突出,水土流失严重。特殊的地理地质背景及不合理的人类活动是该地区石漠化的主要原因,但近年来随着退耕还林还草与石漠化治理工程的实施,该地水土流失现象有了明显的好转,石漠化面积有所下降。

务川县 2002 年开始实施退耕还林工程,2008~2010 年开始实施石漠化综合治理工程,石漠化较重的旱地退耕还林,部分稀疏林地封山育林。2010 年至今,重度、极重度石漠化面积明显减少,部分石漠化土地得到改善。务川自治县在总结石漠化治理经验的基础上,逐步恢复和重建严重退化的岩溶生态系统,有效遏制水土流失恶化趋势,使生态功能得到明显改善。

6.2.3　治理模式

6.2.3.1　**理念与思路**

务川县丰乐镇实施"粮烟稳镇，产业富镇，科教兴镇，人才强镇"的战略目标，因地制宜发展杂交构树产业，实施杂交构树"林—料—畜"一体化畜牧产业扶贫。

6.2.3.2　**主要措施介绍**

务川县通过杂交构树育苗、发酵饲料与养殖示范三个板块建设，打造出杂交构树的"种料养"完整的产业链[205]。

1. 构树育苗

杂交构树宜采用埋条繁殖，成活率高且成苗整齐，适合规模化建植。造林时坑宽与深均为 40 cm，株行距为 1.2 m×1.3 m，每 667 m^2 可种 430 株构树。苗木休眠未萌动时造林易成活。

2. 发酵饲料

构树叶饲用价值高，经发酵处理后，其营养价值更高，全株构树机械收割，鲜打浆，采用全发酵技术，加工反刍动物饲料、猪饲料与肉鹅饲料等，能够降低构树抗营养因子含量，提高构树粗纤维消化率，从而大比例应用到单胃动物饲料中。

3. 养殖示范

构树叶片大，产量高，且速生，制成饲料不含农药与激素。根据饲养牲畜品种的不同和生长阶段的不同，饲料消化率达 80% 以上，更加适宜牲畜的吸收和营养的摄入[206]。

杂交构树是中科院植物所采用现代育种技术，通过太空诱变、杂交选育等手段培育出的优质树种，可以一次种植，15 年收割，生长速度快，光合效率高，水肥利用率高，单位面积产量大。并且该树种有超强的适应能力，能够在干旱、盐碱、石漠化、沙化及矿山等环境生长，不仅可以治理石漠化土地，而且可以作为优质的动物饲料原料，经加工后可以满足国内对高蛋白质饲料的需求。通过种植杂交构树既能修复生态，又能利用构树发展草食畜牧业实现百姓脱贫致富，可在全国多地推广。

6.2.4　治理效益

经过治理，2010～2015 年务川县重度、极重度石漠化面积明显减少，大部分石漠化土地得到改善。重度石漠化转为潜在石漠化面积为 15.52 km^2，重度石漠化转为轻度石漠化面积为 98.62 km^2，重度石漠化转为中度石漠化面积为 148.12 km^2，生态环境得到显著改善。

通过杂交构树产业带动，精准扶贫建档立卡户户均种植 10 亩杂交构树，能增加产值 2.4 万元以上，人均增加收入 6 000 元以上，能够确保脱贫致富，并且一年种植，多年受益，还能有效抑制返贫。

6.2.5　经验总结

6.2.5.1　归纳成条

1. 创新模式,产业扶贫

创新科技扶贫模式,发展杂交构树产业,从组培、栽种、饲料、养殖到消费品实现生态闭环,形成现代化构树产业链,实现杂交构树产业扶贫。

2. 改善生态,立足长远

在石漠化地区发展杂交构树产业能够改善生态环境,是一项长远性的产业,在发挥经济效益的同时,为石漠化治理提供了新途径。

3. 种养结合,互利双赢

务川县把杂交构树作为饲料原料在全县推广,并将丰乐镇作为杂交构树产业发展重点乡镇,建立绿色生态产业链,大力推动了种植业和养殖业发展。

6.2.5.2　优点与不足

杂交构树种植易管理,种植不受地形地貌限制,既可以集中连片种植,也可在屋前、屋后、沟塘、溪流附近种植,当年种,当年就能收割产品,3 年后即可进入高产期,而且稳产 20 年,能够带动养殖业发展,具有良好的生态效益、经济效益和社会效益。若重栽轻管,经营粗放,导致产量低。

6.2.5.3　成功的原因

务川县丰乐镇发展特色林业产业成功的原因在于因地制宜发展产业化发展劣势为发展优势,依托科技力量与政策支持,组织当地人民群众发展杂交构树产业。杂交构树产业见效快、门槛低、效益好、可持续,兼具生态效益和经济效益,多样化的用途决定了其产业链长且涉及行业较广,有利于实现种养结合,促进健康可持续发展,形成产业绿色循环体系,尤其适于贫困地区发展草食畜牧业及生态环境治理。

6.3　广西环江毛南族自治县下南乡下塘村—特色药材主导型—山豆根

6.3.1　基本情况介绍

广西环江毛南族自治县下南乡下塘村地处云贵高原南麓,位于环江毛南族自治县西南部。下南乡下塘村是大石山区,属喀斯特地形地貌,亚热带雨林山区气候。下南乡总人口 18 018,其中农业总人口 17 651,居住着毛南、壮、汉等民族,其中毛南族人口占 98.2%,是全国唯一的毛南族聚居乡。全乡总面积为 278 km²,耕地面积 14.32 km²。农作物以种植水稻、玉米、红薯为主,经济作物有黄豆、温州柑、珍珠李、甘蔗、桑苗等,并形成了以“毛南菜牛”为支柱的产业结构。

山豆根在医学上是一种较为常用的中草药,以根部入药,具有清热解毒、消肿利咽等功效。下南乡下塘村的自然环境和气候条件非常适合种植,种植前三年可以连续收获种子,到第四年还可以收获根部,具有很好的经济效益。

6.3.2 石漠化特征

下塘村为潜在石漠化地区。环江毛南族自治县在滇、桂、黔石漠化集中连片地区,岩溶地貌占全县总面积的39.9%。其中,中部、北部和东南部广泛分布着非石漠化区域,潜在石漠化集中分布西部边缘、东北部及东部,轻度石漠化和中度石漠化区域零星分布在非石漠化区域和潜在石漠化区域内,强度石漠化区域分布在南部偏西区域[207]。

受地质背景制约,该地区成土速率慢,地表土层浅薄且分布不连续,加之高强度人类活动导致植被破坏后较难恢复,水土流失加剧,以石漠化为特征的土地退化严重,从无石漠化地区演化为潜在石漠化地区。

中国科学院亚热带农业生态研究所在广西环江县针对石漠化问题开展了多项治理举措,可分为三个阶段:第一阶段,在1994~2003年开展生态移民,岩溶山区贫困户迁出,石漠化得到有效遏制。第二阶段,在2003~2015年开展岩溶山区植被复合经营研究,进行喀斯特石漠化治理适生物种筛选,发展替代型草食畜牧业,脆弱生态环境得到恢复。第三阶段,从2015年开始培育特色生态产业,探索出林下种草养牛、中草药生态种植和发展特色水果产业新模式,在改进生态环境的同时带动当地人民群众脱贫致富。

6.3.3 治理模式

6.3.3.1 理念与思路

广西环江县秉持因地制宜发展绿色生态和特色产业理念,将科技与扶贫相结合,筛选引进优良品种,形成"林上林下"经济模式,实现资源合理利用、经济持续发展,让生态更好、村民更富。

6.3.3.2 主要措施介绍

因地制宜发动群众发展种植山豆根,开展复合生态农业模式,石头缝里种任豆树,涵养水土,林下套种山豆根和牧草,牧草喂菜牛,牛粪还田。在经营管理上,实行"政府+公司+合作社+农户+市场"模式,统一供应苗木供应、统一规划土地、统一制订技术方案、统一提供服务跟踪、统一保价回收,带动当地经济发展。

山豆根用种子育苗、扦插繁殖。播种育苗季节,春季播种在2月底至3月中旬进行,育苗采用大棚营养袋,保持苗床湿润并防止苗床积水,苗期除草2次,施肥2次农家肥。移栽时按株距40 cm、行距50 cm挖穴,穴长、深、宽为20 cm×10 cm×15 cm,每穴放1营养袋苗,覆土过根茎为宜,浇足定根水。每年3~10月,每月除草、培土各1次,适时浇排水,保持土壤湿润。每年在3~4月与10月除草培土后施2次腐熟农家肥。种植3~4年后采收,但最好是4~8年以后采收。采收时间最好在秋季8~9月,采收时将根部挖出,用枝剪除去地上部分,保留根和根茎,把根部的泥沙洗净,晒干或烘干,置干燥、阴凉、通风处贮藏。一般干货的亩产量是130~180 kg,其中生长年份达3~4年的山豆根平均亩产量130~140 kg,生长年份达5年及其以上的平均亩产量达160 kg[208]。

山豆根适宜在温暖环境和疏松肥沃的土壤生长,可生长于石灰岩山地或岩石缝中,主产于我国广东、四川、广西,是治理喀斯特石漠化的优良物种。野生的山豆根市场供不应求,人工种植山豆根生态效益好、经济价值高、见效快,可在南方喀斯特地区进行推广种植。

6.3.4　治理效益

经过治理,环江县石漠化土地转变为潜在石漠化土地面积 12 292.2 hm²,潜在石漠化土地转变为非石漠化土地面积 4 406.8 hm²。通过发展林下经济,2018 年,下塘村集体经济收入 8.29 万元,全村农民人均纯收入超过 6 500 元。

6.3.5　经验总结

6.3.5.1　归纳成条

一是积极响应国家"精准扶贫"战略,创新科技扶贫模式,将石漠化治理与改善人民生活水平联系起来,改善人们不合理的生产生活方式,从源头治理石漠化问题。

二是开发与保护并举,在不破坏生态的前提条件下因地制宜发展特色农业,引进新技术新产业,发展区域特色优势产业,真正实现山清水秀生态美。

三是依托科技力量发展"林上林下"经济及循环经济,增加生物多样性,将生态农业与畜禽养殖进行有机结合,形成可复制可推广的石漠化综合治理典型样板。

6.3.5.2　优点与不足

下塘村根据区域特点培育特色生态产业,减少农业活动过度开发,极具生态效益,并且通过种植中草药,在有限的土地上获得更高的经济效益,具有可推广的价值。

中药材种植散户的数量仍然较大,与基地种植模式相比,散户种植在种植经验、种植技术等方面存在着明显的劣势,标准化、规范化程度较低。

6.3.5.3　成功的原因

下塘村发展特色药材产业成功的原因在于将生态环境治理与产业扶贫相结合,依托科技力量,在政府的支持之下集中优势力量发展产业,摒弃收益低且不利于生态环境保护的传统玉米种植,转而选择适宜当地生态环境的山豆根,并结合任豆树种植和菜牛养殖,开展立体经济、循环经济,充分利用农村的自然资源、劳动力资源等,解决农村过剩劳动力和农民就地就业问题,推动乡村振兴,实现了绿水青山就是金山银山的转变,取得良好的生态效益、经济效益与社会效益。

6.4　贵州镇宁自治县六马镇果园村—特色果业主导型—蜂糖李

6.4.1　基本情况介绍

镇宁布依族苗族自治县隶属安顺市。六马镇位于镇宁县南部,距镇宁县城 63 km,距安顺市 93 km。乡域北连沙子乡、南与良田乡接壤,西接打邦乡,东邻紫云县,属珠江水系与长江水系分水岭区。镇宁县地处云贵高原向南倾斜的斜坡地带,地势北高南低,坡度变化较大。镇宁是一个典型的山区县,山地面积 1 098 km²,丘陵面积 157.8 km²,分别占全县总面积的 63.91% 和 9.19%。产区地处河谷地带,区内土壤较为湿润,土壤类型为黄壤,土层较厚,有机质含量丰富,多数地块有机质含量在 2% 以上,并富含氮、磷等植被生长所需的营养元素。该区属于亚热带低热河谷气候。产区位于县境南部的低热河谷地区,海拔范围 500~900 m,该地区温度较全县平均温度(16.2 ℃)高出 1 ℃左右,年积温 5 443.4~6 755.2 ℃,县境年均日照时数 1 200 h 左右,年无霜期一般在 330 d 以上,无霜期长,昼夜温差大,形成产区独自的小范围内特殊河谷气候,水热条件充足,温暖湿润,素有"天然温室"的美称。镇宁布依族苗族自治县境内长期居住着汉族、布依族、苗族、仡佬族等 23 个民族。六马乡全乡辖 1 个集镇,19 个村民委员会,93 个自然寨,112 个村民小组,乡域面积 171.5 km²,人口密度 112 人/km²,总人口 3 520 户,19 002 人。其中,非农人口 580 人。耕地面积 11 519 亩,其中田 5 792 亩,地 57 276 户。境内林业资源有用材林、松、杉、枫杏、杏梓、白杨、绵竹、金竹等。经济林有柚桐、桃、梨、李、杏等。

镇宁自治县南部是典型的亚热带低热河谷气候区,具有雨热同季的气候特点,适宜发展李子产业。镇宁蜂糖李以个大、肉厚、果脆、汁多、味甜等特质受到消费者的青睐,即便是每斤最低 30 元的售价也无法阻挡全国各地客商的热情,零售市场的售价更是在 30~35 元/kg。2017 年 9 月 1 日,中华人民共和国农业部批准对"镇宁蜂糖李"实施国家农产品地理标志登记保护。2019 年 11 月 15 日,镇宁蜂糖李入选中国农业品牌目录。

6.4.2 石漠化特征

镇宁布依族苗族自治县所在地区岩溶地貌分布广,占全县总面积 60% 以上,是贵州省岩溶地貌发育最典型的地区之一,属中度—重度石漠化地区。

安顺市石漠化分布复杂,遥感监测数据表明该区岩溶区面积 7 178.66 km²,占全市总面积的 77.5%。在岩溶区中,石漠化总面积为 3 434.78 km²,占全市国土面积的 37.1%;无石漠化面积为 2 420.37 km²,占全市国土面积的 26.1%;受地质构成、岩性综合影响,安顺市石漠化空间分布特征明显,非岩溶区主要分布在安顺市南部,无石漠化主要分布在平坝、西秀区、普定县的峰林洼地和坝地,石漠化土地主要分布在的安顺中部、紫云东部沿线和普定—镇宁—紫云沿线。

石漠化形成既有自然因素,更有人为因素。自然因素方面,岩溶地区碳酸盐岩易淋溶、成土慢,同时山高坡陡,雨水丰沛,提供了侵蚀动力和溶蚀条件。人为因素则是岩溶地区各种不合理的土地资源开发,如过度樵采柴草、过度开垦、山坡地耕种、乱砍滥伐、放牧牲畜等,毁坏了地表林草植被,加上雨水的冲蚀,造成土壤流失。

镇宁布依族苗族自治县坚守发展与生态两条底线,推进生态文明建设,打造美丽家园。认真践行习近平总书记"要金山银山,更要绿水青山"的嘱托。以"双创"工作为引领,全力打造绿色宜居新镇宁,成功创建省级森林城市和省级园林县城,全面推进绿色矿山建设和矿山地质环境治理恢复工作。

6.4.3 治理模式

6.4.3.1 理念与思路

近年来,镇宁县六马镇根据自身优势,大力发展蜂糖李、四月李等李子种植,走出了一条"生态产业化、产业生态化"的绿色发展新路子。六马乡抓住退耕还林的机遇,把环境保护作为新的农村经济增长点来抓,通过多次外出考察,决定引进能在恶劣环境中苗壮成长的楠竹来种植。六马乡的绿化种植避开"一刀切",在环境恶劣地段栽种成活率高但见效较慢的楠竹,条件稍好的荒山则主张优先考虑果树。

6.4.3.2　主要措施介绍

为带动更多的群众发展李子种植,六马镇采取"党支部(村委)+合作社+农民"的发展模式,村(居)合作社建立实现全覆盖,100%贫困户实现全加入。坚持培育扶持种植大户,让李子产业带来经济效益的身边实例带动群众自觉投入。

选择适宜当地栽植的优良李子品种,以优质毛桃为砧嫁接,芽接一般在7月中旬至9月,枝接于冬季或早春萌芽前。密度一般为(2~3)m×(3~5)m。土壤管理要进行中耕除草,保持土质疏松,盘内割草覆盖,提高土壤有机质含量。水分管理干旱时应及时灌水,特别是果实膨大期和果实成熟期。提倡滴灌、渗灌、微喷等节水灌溉措施。设置排水沟,雨水较多时应及时排水。肥料管理以有机肥为主,农家肥为辅。基肥宜于每年9~10月,深翻改土或果实采收后重施基肥,一般采用深40~60 cm的沟施方法。

六马镇果园村立足实情,推行"靠山吃山"的绿色强乡战略,把荒山绿化与产业结构调整相结合,既保护环境,又能助农增收。六马乡村村寨寨都有李子树,出产的李子历来口感不错,为了做强做大这一产业,便通过嫁接的方式,改良传统品种,极力打造"六马六月李"品牌。为了"绿"喀斯特地貌,"大"绿色产业,"鼓"农民腰包,六马乡从省外引进公司,修建了面积为50亩的优质果树示范园,品种多达53种,目的是探索适合当地种植的果树,以及提高农民栽种果树的科技含量。

6.4.4　治理效益

通过楠竹、果树等绿色战略的实施,截至目前新增造林14.4万亩,森林覆盖率达59%。

2017年,镇宁县六马镇李子总产量达3.2万t,总产值达4.75亿元,人均收入达15 500余元。2018年全镇李子总面积达11万余亩,总产值达5.7亿元,惠及贫困户2 779户12 555人。李子产业已成为六马镇决战脱贫攻坚、决胜同步小康的主力军。

6.4.5　经验总结

6.4.5.1　归纳成条

(1)因地制宜,以种带护。

(2)品牌打响,以种致富。

6.4.5.2　优点与不足

利用当地自然条件优势,大力发展蜂糖李、四月李等李子种植,打响了"镇宁蜂糖李"的品牌,走出了一条"生态产业化、产业生态化"的绿色发展新路子。独特的地理气候条件造就了蜂糖李,也制约了该模式向其他地区的推广。

6.4.5.3　成功的原因

(1)镇宁自治县抓住机遇,充分把握国家给予的政策优惠和资金扶持等有利条件。紧紧围绕"一达标两不愁三保障"的脱贫目标,深入推进大扶贫战略行动,打好脱贫攻坚

"四场硬仗",不断拓宽贫困户增收渠道,打好扶贫"组合拳"。

(2)实施科技扶贫战略,确立因地制宜策略。科学技术是第一生产力。有了组织的支持和制度的保障,扶贫开发工作还离不开科技力量的支撑[3]。该县一开始就重视增加第一产业的科技含量,因地制宜地制定科学的发展思路。

6.5　广西平果县果化镇布尧村—特色果业主导型—火龙果

6.5.1　基本情况介绍

果化镇位于广西百色平果市的西部,距平果市中心约 23 km。果化火龙果种植示范区建于 2001 年,位于果化镇西部(107°22′40″ ~ 107°25′30″E,23°22′30″ ~ 23°24′00″N),以布尧村龙何屯为核心,总面积 2 000 hm²[209-211]。示范区为典型的岩溶峰丛洼地地貌,海拔为 110~570 m。地层岩性主要为纯石灰岩和硅质灰岩[209]。亚热带季风气候,年均温为19.1~22 ℃,年降水量约 1 500 mm[212]。土壤类型有赤红壤、红壤、石灰土等。龙何屯辖 3个村民小组 120 户 502 人。耕地面积 613 亩,主要粮食作物为玉米,平均亩产仅有 216kg,经济作物是黄豆[209]。火龙果是该屯农民的主要收入来源。

火龙果耐瘠耐旱、管理简单、经济效益高、根系发达可以保持水土。该屯生态气候条件符合火龙果的要求[209],是火龙果适宜种植区。

6.5.2　石漠化特征

2014 年平果市非石漠化面积占比 18.47%,潜在石漠化 32.9%,中度石漠化 18.94%,重度石漠化 4.89%[213]。龙何屯为重度石漠化[213],石漠化面积占比 70%。

平果市潜在石漠化和轻度石漠化广泛分布于喀斯特区碳酸岩区;中度石漠化呈条带状分布于北部、中部;重度石漠化呈点状、面状分布于中部、东南部与北部地区[213]。

在亚热带湿润的气候条件和石灰岩广泛发育自然背景下,岩溶极其发育,由岩石风化形成的土层很薄,多数农民无地可种,只能加大成本地在石山、主坡等地开垦种植,植被破坏严重,基岩大面积裸露,土壤侵蚀加重,土地退化加剧,周而复始,恶性循环,引发恶劣的石漠化问题,石漠化程度的日益严重也让贫困问题不断加深[213]。

2003 年在龙何屯试种约 4 hm² 共 2.4 万株火龙果,科研人员开展了系统研究与应用推广,集成岩溶石山火龙果栽培管理技术。2010 年,果化镇以龙何屯为中心,加大扶持力度,培育新型经营主体,申报取得了火龙果无公害栽培生产基地,注册了"龙何牌"商标。2017 年平果市推广火龙果种植 5 万亩,直接经济效益 7.5 亿元/年,带动近 20 万人脱贫致富,取得了良好的生态效益、经济效益和社会效益[214]。

6.5.3　治理模式

6.5.3.1　理念与思路

以"农业增效、农民增收"为根本出发点,以市场经济为导向,结合石漠化防治,合理调整农业产业结构,大力引导发展火龙果产业,全程跟踪保障火龙果的育苗、品种、种植、管护、销售等,同时配套其他水保措施,增加农民收入。

6.5.3.2　主要措施介绍

优化土地利用结构,开展水保工程;大力栽种火龙果,推行梯田、套种、增肥;恢复重建林地;政府帮扶。

1. 工程措施

沿等高线梯形整理15°~25°的坡耕地,作为药材、林果或牧草用地;完全清除8°~15°的坡耕地内的石牙,作为高效旱作地;对于坡度<8°的荒坡地,修建阶梯状拦水梯埂,其他不变。蓄引出露泉水,修建水柜蓄水池,铺设引水主管道,解决农作物自流灌溉问题。

2. 农艺措施

改变过去大范围种植农作物的单一种植模式,在旱地大力推广栽种火龙果;套种花生、黄豆等矮秆经济作物;采用秸秆还田等改良土壤;施行地膜覆盖,推广喷灌、滴灌。

3. 林草措施

引进优质速生常绿阔叶树种并与乡土树种一起营造人工混交林,形成以生态水源林为基础,以优质水果为主轴,以经济作物为补充的复合农林系统。

4. 管理措施

政府积极宣传,通过给予补贴、加强技术培训、"三包"服务(包种得下、包种得活、包种得有效益)等,鼓励支持农户种植及加工企业投资,引进高产栽培管理技术,推广优良新品种,扩大火龙果种植规模。向外招商引资,引进多家龙头企业,成立专业合作社,提供销售渠道,提高农户收益。

6.5.3.3　资金投入评价

石山地:前两年投入 3.78 万元/hm²,亩产 18 750 kg/hm²,产值 1.5 万元,纯利润 11.22 万元/hm²;平地:前两年投入约 7.2 万元/hm²,亩产 26 250 kg/hm²,产值 21 万元/hm²,纯利润 13.8 万元/hm²;霸王花品种改造:投入 1.05 万元/hm²,产量 1.35 万 kg/hm²,产值 8.1 万元,纯利润 7.05 万元。目前该基地种植火龙果 680 亩,亩产约 1 500 kg,年产量 1 000 多 t,产值 600 多万元[215]。

6.5.3.4　推广适宜性

火龙果对土层要求不高、根系分布广、适应石灰土、水分利用率高、石漠化山地适应能力极强,且多年生、劳力相对投入少、经济效益高。如今"果化模式"已在西南八省 300 多个县 40 万 km² 岩溶区辐射推广,生态效益、经济效益和社会效益显著。

6.5.4　治理效益

如今示范区植被覆盖率由原来的不足 10% 提升到 85%。土地利用率提高 60%,水资源利用率增长 5 倍,坡耕地、石旮旯地也全部得到有效利用。土壤侵蚀模数下降 80%,水土流失综合治理程度达到 85%,石漠化面积也由原来的 72% 减少到 10%。

示范区由治理前的 800 元/亩、农民人均纯收入不足 600 元/年提高到 1.8 万元/亩、1.8 万元/年。在该基地的示范带动下,布尧村的 4 个屯 416 户农户种植火龙果达 1 280 亩,年增收 936.6 万元。2015 年布尧村整村脱贫,全村共有贫困户 70 户 269 人依靠火龙果实现脱贫致富。

6.5.5　经验总结

6.5.5.1　归纳成条

（1）火龙果石漠化山地适应能力极强，经济效益高、管理粗放，根系发达可保持水土，因地制宜引入发展火龙果产业，可农业增效、农民增收、石山增绿。

（2）用科学技术服务水土保持，系统攻关技术瓶颈，集成岩溶地区高效种植火龙果技术，促进高效快速发展。

（3）政府要做好扶持，对火龙果进行全程跟踪保障，且注意与保水保肥、封山育林等其他水保措施结合，合理布局水土保持措施体系。

6.5.5.2　优点与不足

火龙果果品甜、含糖量低，有丰富的营养价值，5~11 月均能采摘出售，发展前景较高。

目前，火龙果品种较杂乱，品质参差不齐；仍以鲜果销售为主，高附加值深加工仍处于小规模尝试摸索阶段；初期投入成本较高，投资 1.5~2 年后才有收获，一些种植户经济能力有限无法承受，而政府财政补贴资金有限，加上平果县传统种植的经济作物为甘蔗等，且当年即有回报，使得一些农户对火龙果产业积极性不高。

6.5.5.3　成功的原因

（1）火龙果适宜且经济效益高。
（2）科技力量攻克技术瓶颈。
（3）政府大力帮扶。
（4）水土保持措施体系因地制宜、科学合理。

6.6　贵州关岭县新铺镇岭丰村—特色牧业主导型—关岭牛+皇竹草

6.6.1　基本情况介绍

岭丰村位于关岭布依族苗族自治县新铺镇西南面，距新铺镇 8 km，地理坐标为北纬 25°50′，东经 105°25′。地貌类型复杂多样，喀斯特发育，海拔为 370~1 355 m。县内土壤以黑色石灰土、棕色石灰土为主，非石灰岩地区则以黄壤、红黄壤及水化红壤为主，肥力条件中等水平。新铺镇属中亚热带季风湿润气候，年平均气温 16.5 ℃，年降水量 1 230 mm，全年日照时数 1 480 h，无霜期 313 d[216, 217]。种植的作物有玉米、火龙果、砂仁、花椒、乌桕、油桐、石榴、芭蕉、无花果、桃树、李子等。以"菜果药、牛猪鹅"乡村旅游和农产品深加工为支柱产业。新铺镇总人口 17 961，其中农业人口 17 662，有汉族、黎族、布依族、苗族、仡佬等，少数民族人口占 90%。新铺镇以"关岭牛"振兴计划为主导，种草养畜，助力"关岭牛"产业发展。

"关岭牛"作为具有地理标志证明商标和农产品地理标志保护的特色产品，在贫困治理中具有独占性优势。而皇竹草作为"关岭牛"的绿色草料，在石漠化治理中具有排他性优势。"关岭牛"和皇竹草的完美搭配,为脱贫攻坚和乡村振兴有机衔接探索出环境友好型发展模式。

6.6.2　石漠化特征

关岭县潜在石漠化分布较广,面积为 441.17 km²,轻度及以上石漠化面积为 581.06 km²,占全县土地总面积的 39.5%,石漠化主要以轻度石漠化、中度石漠化为主,强度石漠化占石漠化面积比例较小。新铺镇土地总面积是 161.2 km²,石漠化程度达到 74.14%[218]。

关岭县石漠化空间分布广、石漠化在全县各乡镇都有分布,而且等级都不轻。但是,县域南部石漠化等级较高,石漠化更为严重,中部、北部石漠化等级相对较轻。

关岭县生态环境脆弱、社会经济基础薄弱,人地矛盾突出。长期不合理的耕作活动导致水土流失和石漠化的发展,尤其是森林覆盖度较低、人口密度较高和地面坡度较陡的地区,就更容易加速石漠化的产生和发展[219]。

1991~2003 年,花江石漠化综合防治与可持续发展示范工程,该工程共完成治理石漠化面积 30.88 km²,农民年人均纯收入由 651 元增加到 1 800 元,林草覆盖率由 14.16% 增加到 21.29%[219]。

2008~2016 年,自实施石漠化综合治理工程以来,共治理石漠化 141.98 km²,治理区内的林草覆盖率由原来的 30% 提高到了 2016 年的 41.7%。农民年人均可支配收入由治理前的 2 430 元增长到 2016 年的 5 986 元[220]。

6.6.3　治理模式

6.6.3.1　理念与思路

皇竹草具有根系发达、耐旱性强、抗病性强、产量高、营养价值高、对土壤肥力要求不高的优势,加上岭丰村全年无霜,皇竹草能四季生长。关岭牛肉品质好,但品牌优势没有凸显出来。岭丰村用皇竹草喂养"关岭牛",再将牛粪作为皇竹草肥料,既可推进石漠化治理,又能使农民增收。

6.6.3.2　主要措施介绍

主要措施包括草种选择、种植技术、田间管理、利用技术、棚圈建设、水利水保设施、能源工程等 7 项措施。

(1)草种:选择抗旱耐寒能力强、根系发达、分蘖能力强、生长迅速、耐割耐牧、再生能力强、保水保土性能好的皇竹草为草种。

(2)种植技术:分为育苗移栽和直接栽种[221]。

(3)田间管理:苗期生长缓慢,必须清除杂草,移栽苗定根后及时施追苗肥。遇到积水及时排除,遇到干旱要适时灌溉。

(4)利用技术:皇竹草可直接饲喂牛、制成青干草、加工成青草粉、青贮、调制成微贮饲料等。

(5)棚圈建设:建设便于粪便清扫,保持圈舍干燥的牛圈,实施圈养,防止牛群啃食践踏植被。

(6)水利水保设施:配套蓄水池、管网等小型水利水保设施,保障种植、养殖用水。

(7)能源工程:整合沼气项目,处理牲畜粪便,沼渣沼液用于皇竹草肥料。

6.6.3.3　资金投入评价

2017 年 12 月,新铺镇政府在岭丰村整合财政扶贫资金、村民户头扶贫资金等 400 万元,指导建成岭丰村牛圈项目、成立合一的种养业合作社,覆盖全村贫困户 169 户 637 人,盈利后采用“127”模式进行分红,贫困户占 70%,合作社占 20%,村集体占 10%。此种资金投入和分红模式,让村民的利益最大化,认准种草养牛致富路,促使“关岭牛+皇竹草”产业能够持续发展。

6.6.3.4　推广适宜性

皇竹草是一种高产、优质的刈割型饲草,可用于喂牛、羊等草食性牲畜和禽类、鱼类,是水土保持、治理荒坡、生态建设、种草养畜的主推草。皇竹草适宜热带与亚热带气候生长,喜温暖湿润气候。对土壤要求不严,贫瘦沙滩地、沙地、水土流失较为严重的陡坡地以及酸性、粗沙、黏质、红壤土和轻度盐碱均能生长。

6.6.4　治理效益

岭丰村如今草盛牛肥,产业兴旺。目前,新铺镇在石山荒坡上种草面积已达 3 万亩。发展了 10 个养牛专业合作社,合作社和群众一共养殖了 6 000 多头关岭牛。皇竹草和养牛产业带动了贫困户增收,全镇有 300 多贫困户靠皇竹草和养牛摘掉了“穷帽”。岭丰村已完成种植皇竹草 7 000 多亩,植被覆盖度从原来的 10% 增加到了近 50%。森林面积达到 116.33 万亩,森林覆盖度 52.83%,比 2014 年提高了 10.41%。截至 2018 年年底,关岭县水土流失面积降低至 407.9 km²,占全县面积的 27.79%,比 2015 年下降 3.01%。岭丰村所在的新铺镇土地石漠化从 2016 年的 70% 降到 30%。关岭(自治)县石漠化面积也从5 年前的 43%,降低到了 32%。截至 2019 年,关岭县牛产业累计直接带动农户 9 404 户3.29 万人,户均增收 6 000 元。

6.6.5　经验总结

岭丰村通过种植皇竹草喂养“关岭牛”,再将牛粪作为皇竹草肥料,过剩的牛粪和皇竹草出售,这种模式既可以推进石漠化治理,又可以实现当地群众的脱贫致富。

6.6.5.1　归纳成条

以养带种,以种带护,种养致富,护地脱贫。

6.6.5.2　优点与不足

全年饲草供应较均衡,群体水平佳,繁殖率、出栏率、周转率都较高,饲料报酬显著。避免了“靠天养牛”的弊端,有利于恶劣生态环境的改造。但种草养牛劳动成本较高,该种模式不太适合散户养殖,而且圈养的牛运动少、体质弱,肉的品质不佳。

6.6.5.3　成功的原因

(1)产业生态化,市场前景广。

(2)村民利益最大化,产业能持续。

6.7　广西东兰县兰木乡弄台村—特色养殖主导型—黑山猪

6.7.1　基本情况介绍

广西河池东兰县兰木乡弄台村(107.26°E,24.41°N)位于广西西北部,云贵高原的南部边缘,红水河中游,距离东兰县城约30 km,属于东兰县"老、少、边、山、穷"的石山区之一。兰木乡是典型的峰丛洼地地貌,亚热带季风气候,年平均气温为20.5 ℃,年降水量1 600～1 700 mm,年平均日照时数1 522 h[222]。林木资源丰富,林区面积13 695亩。主要土壤类型为红壤,土层深厚,绝大部分在1.0 m以上,表土有机质含量为3%～4%[222]。水源充足,水质清洁无污染,矿化度小于1 g/L。兰木乡辖区面积255 km²,全乡辖11个行政村,178个村民小组,3 842个农户,16 142人,聚居有壮、汉、瑶、毛南四个民族。兰木乡盛产"兰木粳米",素有"好吃不过兰木米"之美称,全乡耕地面积10 463.98亩,其中水田4 305亩,旱地6 158.98亩。土鸡、黑乳猪、黑山羊的养殖是弄占村的主要经济来源。

兰木乡生态气候条件优越,污染较小,有利于生产无公害的绿色产品,可以在林下养殖黑山猪。林下生态养殖黑山猪的饲养周期比常规饲养方式要短,且猪的运动量较大,再加上经常寻食林下百草,使黑山猪的肉质紧凑、脂肪较少。林下黑山猪这样独特的肉质及无公害绿色环保品质,使得市场的需求量增多,经济效益好[223]。

6.7.2　石漠化特征

2009年河池市岩溶地区面积23 293.91 km²,其中石漠化面积8 823.58 km²[224]。2015年东兰县的邻县都安县石漠化面积29.8%,轻度石漠化比例17.39%,中度石漠化比例8.5%,强度石漠化比例3.28%。2015年兰木乡主要为潜在石漠化和轻度石漠化[225]。2015年河池市潜在石漠化强度呈条带状、面状分布于河池市中部和东部;轻度石漠化强度呈条带状分布于北部、东部和西部;中度石漠化呈点状、面状分布于中部、西部和北部;重度石漠化主要分布于河池市南部[225]。

古环境演化使得该地广泛分布碳酸盐物质,且该地为亚热带季风气候,可溶岩尤其是碳酸盐岩自身的造壤能力低。地形较为零星陡峭,枯水季节常干旱,地表植被覆盖率低,水土流失严重,产生石漠化[224-226]。岩溶区人口快速增长,过度放牧、樵采与陡坡开垦及一些便民富民工程等,使得自然生态资源消耗量逐渐增加、植被覆盖率不断下降,加剧了岩溶地区石漠化的演变速度[224]。

随着政府退耕还林保护生态,石山上的植被状况逐渐恢复。2011年,弄台村部分村民自筹120多万元,利用闲置的松树林地开始生态养殖黑山猪,收获颇丰。之后附近群众纷纷申请入股,成立松树林黑山猪养殖合作社,取得了较高的经济效益。2012年,东兰县推进发展东兰黑山猪林下规模生态养殖场。2013年,东兰县建立林下黑山猪养殖场41个。2015年,东兰县不断壮大特色养殖业规模,建成以"公司+合作社+农户"为经营模式的黑山猪林下生态养殖示范场40个。2017年1月,中华人民共和国农业部批准对"东兰黑山猪"实施国家农产品地理标志登记保护,当年东兰黑山猪产16.27万头。

6.7.3 治理模式

6.7.3.1 理念与思路

在林地面积不断扩大、生态环境不断改善的新形势下,利用闲置的土地、果林、人力、时间,以搭建棚子、围栏等方式发展黑山猪林下生态养殖,其肉质味道鲜美,肥而不腻,绿色无公害,可以显著提高群众收入。

6.7.3.2 主要措施介绍

主要措施有产地选择、品种选择、生产过程管理、饲养管理与疫病防控等。

(1)产地选择:①通风向阳、地势高燥、坡度15°左右、隔离条件好、有一定遮阴地的果园、林地或山坡;②远离居民区、医院、垃圾处理场等地;③加强环境卫生,通常粪便清理后用于种植一些牧草,如果人手不足可以考虑2年更换一个场地,几年后再回到原场地[222]。

(2)品种选择:健康、符合品种特征的种群。

(3)生产过程管理:小猪舍饲圈养,喂与本品种相应的符合相关规范的全价料;中大猪林下放养,以玉米、米糠、红薯、天然牧草等为主[222]。

(4)饲养管理与疫病防控:舍饲圈养阶段,林下放养阶段,以及屠宰和产品销售阶段做好饲养管理和疫病防控工作。

6.7.3.3 资金投入评价

(1)投入:2010年,建3个共1 600 m² 养殖基地,并购买黑山猪种猪120头、公猪3头,共需要花60余万元。2016年,购买20头母黑山猪、2头黑公猪共需要花12万元。

(2)收入:2014年,弄台村林下放养黑山猪收购价达40~60元/kg,当年出栏110多头黑山猪,年收入140多万元。2016年购买的20头母黑山猪和2头黑公猪,到2018年可以发展到存栏220头、出栏50余头。2015年,东兰县黑山猪出栏12.3万头,带动7 600多户农户参与养殖产值18 450万元。

6.7.3.4 推广适宜性

黑山猪肉质好、耐粗饲、抗病性强、繁殖性能好,林下生态养殖的黑山猪肉质味道鲜美,肥而不腻,绿色无公害,经济效益高。东兰县生态环境好,森林覆盖率高,林下生态养殖黑山猪发展的潜力和前景很高。2015年,东兰县发放给2 365户贫困户16 580头黑山猪苗,以此推进黑山猪作为支柱产业发展,促进群众增收。

6.7.4 治理效益

无较大变化,少部分过牧可能导致植被盖度略有降低。弄台村1998年和2002年主要为中度和重度石漠化,2007年主要为潜在和轻度石漠化,2015年主要为潜在石漠化[225]。参加黑山猪林下生态饲养的农户年均增收1万元。

6.7.5　经验总结

6.7.5.1　归纳成条

随着退耕还林石漠化治理的推进,生态环境逐渐好转,可以利用闲置的林地发展黑山猪林下生态养殖,其肉质味道鲜美,肥而不腻,绿色无公害,可以显著提高群众的经济收入。

6.7.5.2　优点与不足

绿色无公害,适合现代高品质的消费,经济效益高。部分养殖户没有受到专业人员指导,选择林地不合理且保健意识差而受损;放养寄生虫发病率较大;近亲繁殖致使猪群质量下降。

6.7.5.3　成功的原因

(1)因地制宜发展生态养殖。

(2)绿色无公害,经济效益高。

6.8　贵州威宁县板底乡新华村—特色农业主导型—马铃薯

6.8.1　基本情况介绍

新华村地处板底乡中南部,东与板底村接壤,南与东风镇毗邻,西与清河村交接,北与安坪村相邻,总面积约为 10.76 km²。新华村海拔高,山地相对较多,而平地或小型盆地相对较少。新华村属亚热带温润季风气候,具有低纬度高原季风气候特点,年平均气温在 10.9 ℃左右。相对于周边各村,新华村气候条件较好。该村冬季冷凉,夏季温凉,年温差小,日温差大,日照多,无霜期短。近年来,气候异常现象时有发生,凝冻灾害更为频发。全乡辖 8 个行政村,50 个村民组,3 313 户,15 003 人。其中,农业人口 14 923,少数民族人口 10 208。总体而言,全乡居民文化教育程度低。板底乡产业结构单一,农民主要靠种植业和养殖业维持生计。其中,种植业主要以玉米、马铃薯及荞麦为主。养殖业主要以饲养羊、猪、家禽为主。

得天独厚的自然环境和交通条件,造就了威宁马铃薯产业的发展空间。威宁地区年温差小、日温差大、无霜期短、日照时间长、年平均气温 10.2 ℃,气候冷凉,适宜种植马铃薯。产出的洋芋块大、产量高、品质优、退化慢、口感好,营养丰富、耐运输、耐贮藏,产量和质量在全国均处于一流水平。加之威宁地处川、滇、黔交通要塞,便利的交通成为威宁马铃薯产业向大中城市销售的经济通道。

6.8.2　石漠化特征

该村所属的威宁县板底乡所在地区石漠化严重,土壤覆盖率低,土层瘦薄。荒山草坡因岩石裸露和土地石漠化,荒草多矮弱、干枯。该村所属的毕节市岩溶山区是我国云贵高原石漠化危害最为严重的地区之一。依照相关监测数据显示,毕节市面积为 26 853.1

km²,而石漠化面积达到了 5 983.6 km²,约为毕节市国土面积的 22.28%。有约 1 734 km² 为轻度石漠化面积,是毕节市石漠化的 28.98%,有约 3 561.39 km² 为中度石漠化,约为毕节市石漠化面积的 50.52%。达到重度石漠化的面积为 630.68 km²,约占全市石漠化面积的 10.54%。有 57.53 km² 为极重度石漠化,占 0.96%。

长期以来,人为因素(如过度放牧、开垦土地等因素)造成区内石漠化问题突出。在自然因素方面,岩溶地区的碳酸盐岩易淋溶、成土慢,同时山高坡陡,雨水丰沛,提供了侵蚀动力和溶蚀条件,加速了石漠化的形成。将生态、扶贫及移民等项目进行充分结合,实现对区内各产业的有效协调,加强合股与引资经营,实现多产业经营协同发展,积极研究富民措施。推进特色农业建设与发展,提升经济效益与生态效益。如依托当地退耕还林与水土保持与科技扶贫等各类项目实施下,进行农业和林果业和畜牧业发展,以便更好地对区内石漠化进行治理[226, 227]。

6.8.3　治理模式

6.8.3.1　理念与思路

板底乡以“农业稳乡、科技种养”为战略目标,调整优化农业产业结构,加快农业产业结构调整步伐,推进特色农业建设,促使农村经济稳步提升,特色农业发展取得了很好的成绩。

6.8.3.2　主要措施介绍

威宁以品牌农业为统领,以农业供给侧结构性改革为主线,加大“威宁洋芋”品牌培育、塑造,坚持绿色生态发展理念,突出标准化、优质化、品牌化。板底乡加快专业合作社和党建示范服务基地建设,推广公司+基地+合作社+农户经验模式,加强品牌宣传,逐步建立营销网络,拓展销售市场,鼓励支持大户种植,以党建示范带动更多的村民种植马铃薯,邀请专家技术指导,提高群众马铃薯种植水平。

2020 年,威宁自治县人民政府通过提供免费种薯的方式鼓励群众种植早熟马铃薯。在新型冠状病毒肺炎疫情下,全县开展“防控疫情、春耕同行”等措施,完成 200 万亩马铃薯种植任务,种植早熟马铃薯 15 万亩,建设早熟马铃薯标准化示范基地 3.2 万亩。

在推广种植方面,追求最大产值,实现种薯的优胜劣汰。在 2008～2015 年马铃薯产业发展规划中,威宁明确提出加快种薯和品种改良,推广优质专用脱毒种薯,提高单产,发展优质专用型品种,以适应食品加工和淀粉加工企业的需要。

6.8.4　治理效益

新华村林地面积 9 091.8 亩,荒山草坡面积 1 500 余亩。林木品种单一,多为松树和多年生灌木,林木不成片,生长稀疏、矮小。荒山草坡因岩石裸露和土地石漠化,荒草多矮弱、干枯。全村耕地面积约为 3 131 亩,人均耕地 1.95 亩。全村土地多石漠化,全村可耕种的土地多呈分散性、梯形状分布,有部分耕地坡度大,不适宜耕种,雨水季节多水土流失。2009 年年末,全乡总产值 4 044.46 万元。其中,农业产值 3 463.5 万元,占总产值的 85.6%,林业产值 137.6 万元,占总产值的 3.4%。2009 年人均纯收入 1 885 元,属全县中低水平。2020 年,威宁早熟马铃薯产量预计达 31 万 t,产值 9.92 亿元,已然成为老百姓增加收入的重要途径。

6.8.5　经验总结

6.8.5.1　归纳成条

大力调整农业产业结构,因地制宜流转土地发展马铃薯产业。

6.8.5.2　优点与不足

威宁通过创建"威宁洋芋"特色农产品,利用"威宁洋芋"产业的资源禀赋和产业基础,进一步借势中国特色农产品优势区政策的辐射拉动,做大做强"威宁洋芋"产业品牌,把"威宁洋芋"产业推向全国洋芋产业最前端,形成育种、种植、加工、销售完整产业链体系,助力脱贫攻坚。

脱贫致富中还有很多科技问题需要及时解决,如科学合理地选择适合不同生态环境的适生物种,还应当保持良好的经济性与生态型。针对喀斯特地区不断退化的生态环境,进行相应健康标准的建设,提升区内石漠化治理水平的同时帮助困难农户解决脱贫问题。

6.8.5.3　成功的原因

(1)发展特色农业。创建特色农产品优势区是党中央、国务院的重大决策部署,是深入推进农业供给侧结构性改革,提升我国农业国际竞争力的重要举措,也是各有关部门在打赢脱贫攻坚战和推进乡村振兴战略实施中充分履行职责、发挥作用的迫切需要。

(2)强化了发展模式创新和利益联结机制的建设。组建马铃薯产业协会,强化对马铃薯产业的协调和统筹力度。大力发展"订单马铃薯生产",鼓励农民采取股份制、股份合作制等形式以土地承包经营权、资金、技术等生产要素入股,与龙头企业结成利益共享、风险共担的共同体,带动全县马铃薯种植户增收致富。

(3)加强了特色品种保护,加速成果转化应用、产品结构优化和组织管理创新,让传统产业焕发新的活力。促进威宁马铃薯产业链优化和融合发展,进一步提高了"威宁洋芋"特色产品附加值和溢价能力,同时对"威宁洋芋"特色品种保护,做大做强品牌建设,提高了产品市场竞争力。

6.9　贵州荔波县朝阳镇八烂村—特色旅游主导型—全域复合旅游

6.9.1　基本情况介绍

八烂村地理坐标为北纬 25°21′,东经 107°50′,坐落在樟江河畔,位于荔波县西南部,距县城 11 km,距朝阳镇政府驻地 2 km,交通便利。八烂村常年气候温暖湿润,年均气温 18 ℃,无霜期 283 d,年降水量 1 200~1 300 mm,属于亚热带季风湿润气候区,喀斯特地貌发育,平均海拔为 450 m。全县土壤主要为山地黄棕壤、黄壤、红壤、石灰土、紫色土、潮土、水稻土,共 7 个土类,县内分布面积最大、范围最广的土壤类型是石灰土[228],河谷盆地地区则以黄壤、黄红壤为主[229]。八烂村共有 15 个村民小组,527 户,2 090 人,少数民族 1 945 人(主要为布依族)。全村主要以无公害早熟蔬菜、枇杷、板栗、蜜柚、桃子等果蔬产业为主要经济来源。其中,枇杷、蜜柚、板栗等作物销量尤为突出,是八烂村的支柱型产业。

八烂村所在的朝阳镇是县城至大、小七孔景区的必经之地,在交通、市场乃至农业发展环境上都具有较大区位优势。选择适生经果品种,最大程度利用喀斯特石漠化土地,形成农旅结合的发展模式,既能推进石漠化治理,又能实现农业增效、农民增收。国民大众旅游消费时代的到来,人们对于原生态环境及乡土的向往强烈,荔波县推出全域旅游战略。

6.9.2　石漠化特征

县内喀斯特石漠化总面积为 1 797.1 km²,占全县土地总面积的 73.9%,以潜在石漠化和轻度石漠化为主。县内潜在石漠化面积为 484.41 km²,占全县土地总面积的19.92%,轻度石漠化 383.49 km²,占土地总面积的 15.77%;中度石漠化 178.96 km²,占土地总面积的 7.36%;强度石漠化 136.49 km²,占土地总面积的 5.61%;极强度石漠化 63.5 km²;占土地总面积的 2.61%[230]。

荔波县碳酸岩类广泛分布,山高坡陡,土层浅薄,由于人口的压力和大面积的垦殖产生石漠化。

1988 年以来,荔波县先后实施了九万大山扶贫项目、珠江防护林、退耕还林、天然林资源保护、世行贷款造林和公益薪炭林建设等生态建设工程,使局部生态环境得到了明显的改善,为该地区的工农业生产和人民群众的生活提供了良好的生态环境和重要的生态屏障。至 2010 年,全县完成人工造林 22 533.3 hm² 和封山育林 8 066.7 hm²。森林覆盖率由 1986 年的 31.7%提高到 2010 年的 55.2%。从 2002 年启动实施小流域治理工程以来,荔波县先后实施了朝阳小流域水土保持综合治理、懂榕小流域治理、坡改梯及樟江河水土保持生态开发示范等工程。至 2010 年,已完成了小流域及水土保持综合治理工程18 596 hm²,其中营造水土保持林 5 946 hm²、经济林 1 230 hm²、坡改梯 1 350 hm²、保土耕作 2 510 hm² 和封禁治理 7 560 hm²。使全县的水土流失面积从 2001 年的 662.72 km² 下降到 476.80 km²[231]。

6.9.3　治理模式

6.9.3.1　理念与思路

以荔波县全域旅游开发为契机,充分利用八烂村优良的气候与区位条件,发展乡村旅游、精品水果产业,按照"以农助旅、以旅促农、农旅结合"的思路,将农业采摘与旅游观光体验相结合,将传统农业与现代农业相结合,不仅能防治石漠化,扮靓环境,同时也能改善民生。

6.9.3.2　主要措施

1. 果蔬品种搭配

选择无公害早熟蔬菜、枇杷、板栗、蜜柚、桃子等果蔬进行搭配种植,做到有花有果,四季有景,季季有收入。

2. 观光道路和机耕道建设

田间道路与村级道路建设相连接,保障田间耕作,往外运农产品,保证农旅观光活动。

3. 水利水保设施

灌溉蓄水池、排水沟与农村饮用水工程建设相结合,保证果田灌溉,又兼顾农村饮水。

4. 基础设施和服务设施建设

建设农家乐和景点接待中心,提高旅游接待能力和水平。

5. 乡村环境整治

全面治理农村"脏、乱、差"现象,通过文化墙、主题标语等形式,引导村民养成文明健康的生活方式,提升农村文明程度。

6.9.3.3 推广适宜性

该模式适宜在旅游黄金线及具有旅游发展潜力的区域进行推广。

6.9.4 治理效益

自 2015 年荔波县提出全域旅游以来,全县森林覆盖度从 63.85% 增至 2019 年的 71.01%。2016~2019 年年底,全县水土流失治理面积 101.62 km²。截至 2018 年,八烂村发展蜜柚、枇杷、板栗、油桃、百香果等经果林种植 4.5 万亩。2016 年至 2018 年年底,全县石漠化治理面积达 49.06 km²[232]。八烂村仅水果销售一项收入年均达 600 万余元,人均纯收入增收 2 600 元。贫困发生率由 2014 年的 26.83% 降到 2019 年年底的 1.24%。

6.9.5 经验总结

6.9.5.1 归纳成条

以农助旅、以旅促农、农旅结合,实现山绿人富村美。

6.9.5.2 优点与不足

该种模式既能防治石漠化,又能实现百姓增收致富。但大面积的种植经果林,导致生态结构单一,生态系统不平衡,可能会产生新的石漠化。

6.9.5.3 成功的原因

(1)气候优势:气候条件好,适宜果蔬生长,品质好,产量高。

(2)区位优势:距离大小七孔景区近,占据有利的区位优势。

(3)政策导向:荔波县推进全域旅游战略,推进了乡村旅游发展。

6.10 广西都安县地苏镇大定村—生态移民发展型—无土安置

6.10.1 基本情况介绍

都安瑶族自治县(107°51′E~108°30′E;23°47′N~24°35′N)属于广西西北边陲的河池市,地苏镇位于都安瑶族自治县西部,距广西南宁市 150 km,大定村位于广西河池市都安县地苏乡西面,距地苏乡府 5 km。都安县地处岩溶谷地,西北部多石山,海拔 300~600

m,地貌以峰丛洼地、峰丛谷地和峰林谷地为主。处于南亚热带季风气候区,全年平均气温在 18.2～21.7 ℃,年平均降水量为 1 581.7 mm。土壤类型主要为红壤。该镇主要支柱产业是编织业、建筑业、养鱼业、藕粉加工和劳务输出等。大定村交通方便,柏油路直达,全村有 29 个村民小组,聚居住着瑶、壮、汉、仫佬等少数民族共 1 015 户 4 288 人,耕地面积 3 050 亩,人均耕地不足 0.7 亩。

　　闻名的编织之镇,编织业发达。交通便利,县城柏油路直达。都安大定村景区,属人文风景旅游区。都安县内河航运资源丰富,属于珠江上游的红水河从县城周边穿过。

6.10.2　石漠化特征

　　石漠化的分布面积占全县土地面积的 29.8%,占碳酸盐岩出露面积的 93.47%,其中轻度石漠化的比例为 17.39%,中度石漠化的比例为 8.5%,强度石漠化的比例为 3.28%[233]。石漠化面积集中连片分布于县城的南部及北部地区,东部也有零星分布。总体上呈现由中部逐渐向四周减弱的趋势[234]。

　　都安县属于典型喀斯特地貌,长期以来毁林开荒、大肆养殖山羊、掠取自然植被的藤茎草芒等进行编织等人为的因素,直接、间接地对土地形成过度利用,诱发石漠化[235]。20 世纪 60 年代,迫于恶劣的自然条件,为生存计谋,都安人想方设法从石山间往山外搬迁;70 年代,石山区贫困人口迁往南宁市九曲湾农场;80 年代,主要迁往钦州市灵山县、北海市合浦县等地;90 年代,都安掀起了"有土安置"扶贫搬迁的新高潮;后提出了"无土安置"的搬迁新思路,2005 年率先在广西实施易地扶贫搬迁试点第一个项目;2005～2012年,都安县先后创建了农民进城创业园、大兴九香、菁盛等安置点。

6.10.3　治理模式

6.10.3.1　理念与思路

　　发展生态农业,推动安置户"家门口致富"。根据"山上搬山下"模式的特点,按照"人下山,树上山,羊入圈,草进地,药盖石,水蓄柜,土保住,民致富"的思路[236],因地制宜发展生态农业。

6.10.3.2　主要措施介绍

　　(1)无土安置。政府无偿分给搬迁户宅基地,但不配置耕地,搬迁户自筹资金建房并通过从事第二产业、第三产业解决生活。

　　(2)扶贫+产业。在县城附近荒凉地建设了六柱安置点,创建"农民工回乡进城创业园"。整合资金发展产业,将工业的发展、服务业的发展与扶贫工作结合起来,第二产业、第三产业提供就业岗位,易地扶贫搬迁提供劳动力。大定村逐步形成以竹藤草编织业为主的经济发展模式,形成规模经营的编织公司。

6.10.3.3　具体配置模式

　　科学谋划布局、加大资金投入、完善公共服务设施等措施,大力扶持竹藤草芒编织业进行产业化升级,使之成为中国西南地区最大的竹藤草芒编织工艺品生产基地。通过党建带多建,创新非公有制企业参与扶贫开发的形式。充分发挥"龙头企业"的带动作用,开展"公司+基地+农户"的扶贫模式,使民营企业与农户形成一个利益共同体,使企业的资金、技术、市场等优势与贫困户的土地、劳动力等资源结合起来,形成优势互补,构筑了一个共同致富的平台。

6.10.3.4　资金投入评价

以一家 5 口人来计算,每户补助 3 万元,再加上每户安排一个危房改造指标补助 1.9 万元,共计 4.9 万元。而按安置区 120 m² 户型计算,每平方米售价 1 380 元,搬迁户只需支付每平方米 980 元,政府补贴每平方米 400 元[236]。

6.10.3.5　推广适宜性

扶贫生态移民是走大石山区脱贫致富的必由之路。"山高路陡土地薄,又缺吃来又缺喝"这句山歌形象地说明了石漠化与贫困相伴相生,对于居住在山旮旯,不通路、不通电、不通水等严重石漠化地区的群众来说,就地解决脱贫致富问题难度大、成本高,实施易地扶贫搬迁便成了唯一的出路。大定村的生态移民工程是一个成功案例,大定村无土安置模式是河池市 10 多万扶贫生态移民下山开辟新家园的一个缩影,在喀斯特地区具有可推广性。

6.10.4　治理效益

50 多年来,都安共搬迁农户 16 600 多户,人口 70 900 多,退耕还林面积 98 000 多亩,保护自然环境面积 120 多 km²。

全县大部分裸露岩石基本得到了绿化,植被覆盖率比治理前增加 20% 以上。都安县 2015 年坡耕地有较大幅度的减小,反映出近年来生态治理措施取得的成效[237]。有效地遏制了大石山区的石漠化,都安瑶族自治县的变化最明显,近 70 年内(1930~2000 年)减少了 894.8 km²[238]。2013 年创业园安置户人均纯收入达 5 138 元,比全县人均纯收入高出 535 元,比进城前人均纯收入提高 3 000 元以上。

6.10.5　经验总结

6.10.5.1　归纳成条

(1)依托城镇"无土安置"的搬迁模式。
(2)依托乡镇集镇建设的搬迁模式。
(3)依托二级公路,采用"山上搬山下"的搬迁模式。
(4)强化就业扶持—走扶贫生态移民的可持续发展之路[239]。

6.10.5.2　优点与不足

生态移民不仅使搬迁户改变了生产生活环境,有了从根本上实现脱贫致富的可能,还可减少脆弱环境的承载力,促进石漠化地区生态恢复。

由于需要搬迁的人数众多,因此搬迁资金需要政府投入和群众自筹。高昂的搬迁成本及搬迁后后续产业发展两大难题仍制约着"扶贫搬迁列车"的提速。而且还牵涉到搬迁用地、人口户籍、医疗、教育、养老保险等一系列配套服务。

6.10.5.3　成功的原因

对易地扶贫搬迁形式进行积极有效的探索,根据当地宜居土地和耕地资源缺乏的条件,尝试走出一条依托县城区、工业园区、乡镇集镇和公路沿线"无土安置"农村人口,促进农村人口不断向城镇转移和第二产业、第三产业不断向城镇聚集的易地安置新路。从"有土安置"到"无土安置",从"农民城"到"创业园","石山王国"开创了一条大石区脱贫开发新路子。

6.11 云南西畴县兴街镇多依坪村—工程措施主导型—炸石造地

6.11.1 基本情况介绍

多依坪村隶属于云南省红河州金平苗族瑶族傣族自治县铜厂乡崇岗村委会行政村,位于铜厂乡政府南边,距离崇岗村委会 2 km,距离乡政府 9 km,国土面积 3.19 km²。多依坪村属亚热带低纬山地季风气候区,冬无严寒,夏无酷暑,温湿多雨,干湿季分明,立体气候明显。年平均气温 16 ℃,年均降水量为 2 420 mm,海拔 1 440 m,年降水日数平均为 180 d。全县岩石以碳酸盐类的石灰岩为主,土壤主要有红壤、黄壤、黄棕壤、紫色壤、赤红壤、石灰岩土、水稻土 7 大类[240]。多依坪村共有农户 104 户 432 人。2008 年全村经济总收入 56 万元,农民人均纯收入 1 269 元,收入水平非常低。主要产业为种植业和养殖业,主要粮食作物有水稻、小麦、玉米、马铃薯、蚕豆、黄豆和其他杂粮,主要经济作物有烤烟、向日葵、油菜、蚕桑等。

通过就地取材,把大量裸露的岩石作为修建地埂的原材料,将石旮旯地改造成保水保肥保土的"三保地"。变废为宝,直接减少了石漠化面积,增加农民收入,减少了石漠化逆向演替的可能性,真正实现了"石山变金山"的石漠化生态治理目标。

6.11.2 石漠化特征

多依坪村为重度石漠化地区。县内石漠化面积 232.66 km²,占岩溶面积 1 078.56 km² 的 21.57%。其中,重度石漠化面积 37.81 km²,中度石漠化面积 118.18 km²,轻度石漠化面积 76.67 km²[241]。县内石灰岩广泛分布,造壤能力差,成土速率远低于侵蚀速率,因此极易发生水土流失使得大量岩石裸露地表。由于人们大肆地毁林开荒、过度砍伐等不合理的土地利用方式,严重破坏了当地生态系统的平衡,从而形成石漠化。1990~2008 年全县炸石垒埂建造了 4 717.3 hm²"三保台地",使人均粮食从 196 kg 增加到 351 kg,每年减少水土流失 1 132~2 264 t。1998~2007 年间西畴县共实施人工造林 13 093 hm²,占全县森林面积的 14.9%。党的十八大以来,西畴人民大力推进"山、水、林、田、路、村"的石漠化综合治理,2012 年以来全县共治理石漠化 140.2 km²,封山育林 12.62 万亩,人工造林 3.35 万亩,从以小水窖建设为主转向"五小水利"工程建设,累计投入 10 亿多元,建成"五小水利"工程 4.3 万余件。通过石漠化治理工程取得了显著的生态效益、经济效益和社会效益,多依坪村从"三光村""口袋村"变成了小康村、生态村。

6.11.3　治理模式

6.11.3.1　理念与思路

深入贯彻落实"绿水青山就是金山银山"的生态发展理念,始终坚持"向石旮旯要粮,在石缝中要地"的治理目标,炸石造地,大力推进"山、水、林、田、路"的综合治理,走经济与生态健康可持续发展的石漠化治理与扶贫道路。

6.11.3.2　主要措施介绍

(1)基本农田建设。炸石垒埂建造台地的方法是将半石漠化土地中大石块用炸药炸碎,将碎石块垒成地段,并一点点挖出石缝中的泥土,规整成一定耕作厚度,造成台地。造成台地的半石漠化土地,由于地形变得平缓从而减少了水土流失[242]。

(2)乡村道路建设。要想富,先修路,村民自发对村内道路进行改造建设。

(3)产业转型。多依坪村农业生产由原来的石头缝里种粮食转型为种植三七、烤烟等经济作物。利用"合作社+基地+农户"经营模式,在多依坪片区流转土地发展猕猴桃为主的经济林果 5 000 亩,发展乌骨鸡养殖产业。大力发展旅游产业,全村建起 14 家农家乐、民宿客栈。

2013 年,西畴县累计投入 3.1 亿元对三光片区山、水、林、田、路、电、村进行综合整治,目前全县共治理石漠化 140.2 km²,建成保水、保土、保肥"三保"台地 10 多万亩,土地复种指数高达 300%,森林覆盖率提高到 53.3%,有效遏制石漠化发展,同时也解决了区域群众贫困难题。

通过"炸石造地"来进行坡改梯的模式,只可作为一个样板示范。炸石造地对自然原貌破坏严重,而且工程量大,人力成本高,劳民伤财,治理速度慢,因此不建议大面积推广。这种模式仅适用于可用耕地严重不足又有财政资金支持地区的潜在石漠化、轻度石漠化地段。

6.11.4　治理效益

2012 年以来,县内森林覆盖率由 20 世纪 80 年代的 25.24%提高到 53.3%。20 年来,西畴县群众炸石造地 10 多万亩,人均耕地从过去的 0.3 亩增长到 0.78 亩。2012 年以来,全县石漠化面积由 20 世纪末的 75%减少到 2018 年的 42%。2017 年全村人均可支配收入达 12 000 元。

6.11.5　经验总结

6.11.5.1　归纳成条

(1)群众团结奋进,锐意进取。

面对困境,西畴人民坚定向石旮旯要地要粮的奋斗目标,以实际行动践行"等不是办法,干才有希望的"的西畴精神,争当"愚公",炸石造地,在悬崖上筑路,打响了"小康是干出来的,不是靠要来"的时代最强音。

（2）政府部门的方针明确。

政府部门方针明确,制定一系列惠民政策。党员干部敢为人先,以身作则,带领西畴人民向大山进攻,向贫困宣战,坚决打赢这场石漠化治理与脱贫攻坚的硬战。

（3）因地制宜,变废为宝。

根据西畴乱石林立、土地瘠薄、干旱缺水的特点,垒埂造地,征服"石魔",创造了石漠变绿洲、群众奔小康的奇迹。

6.11.5.2　优点与不足

炸石造地虽然通过就地取材,把裸露的岩石用于地埂的修建,从而建成大量建成保水、保土、保肥"三保"台地,促进农村农业高质量发展,改善当地生态环境,治理收益高,受益时间长。炸石造地工程量大,人力成本高,治理速度慢,对原始生态环境造成破坏。

6.11.5.3　成功的原因

（1）西畴人民用实际行动践行"不等不靠不懈怠,苦干实干创新干"的奋斗精神。面对荒山秃岭,重山阻隔的艰苦困境,西畴人民团结一致、自力更生,向大山进发、与石漠抗争。

（2）县政府因势利导,出台炸石造地和中低产田地改造的一系列补助政策,激发群众苦干脱贫的奋斗力量,因地制宜制订石漠化治理措施,实现山变绿、村变美、产业兴、社会稳的新农村建设。

6.12　贵州关岭—贞丰花江示范区—综合措施治理型

6.12.1　基本情况介绍

贵州关岭—贞丰花江示范区位于贵州西南部,关岭县以南贞丰县以北的北盘江花江河段峡谷两岸,东经105°36′03″~105°46′30″,北纬25°39′13″~25°41′00″。辖北盘江镇的水淹坝、擦耳岩、云洞湾和板贵乡的木工、坝山、三家寨、孔落箐及花江镇五里村共8个行政村,总面积为 51.62 km^2[243]。地貌类型为典型喀斯特高原峡谷,海拔 500~1 200 m,相对高差 700 m,属亚热带季风湿润气候,冬春温暖干旱,夏秋湿热,热量资源丰富。年均温 18.5 ℃,年均极端最高气温为 30.3 ℃,年均极端最低气温为 4.7 ℃,年均降水量 1 259 mm。示范区内总人口数为 10 749,人口密度为 208 人/km^2,人均 GDP 为 2 070 元,人均纯收入为 1 546 元,收入水平较低。区内主要农作物有玉米、水稻、小麦,经济作物有花椒、金银花、花生、油菜、砂仁、桃、李、梨等。牧业生产主要以传统的家庭养殖为主,品种有猪、牛、羊、鸡等。区内现已形成以"顶坛花椒"生产为支柱,同时发展经果林的产业结构。

贵州花江示范区为典型的喀斯特高原峡谷,区内水热条件丰富,石灰岩土壤具有一定的肥力。花椒是一种根系发达,耐旱性强的经济树种,在石生环境中具有很强的适应能力,特别适合生长在喀斯特干热河谷地区。

6.12.2　石漠化特征

花江示范区为中—强度石漠化区。示范区总面积 51.62 km²，喀斯特面积占 87.9 %。2005 年石漠化面积占示范区总面积的 52.62%。其中，轻度石漠化面积 15.82 km²，占示范区总面积的 30.65%，中度石漠化面积 4.90 km²，占 9.49%，强度石漠化面积 4.16 km²，占 8.05%，极强度石漠化面积 2.31 km²，占 4.47 %。由于受地质环境影响，区内成土速率慢，土层浅薄，分布不连续，且保水性耐旱性差。由于长期高强度的土地垦殖粗放经营，人们滥垦滥伐，重用轻养，形成越垦越穷，越穷越垦的恶性循环，使得当地土地生产力不断下降，土壤营养元素大量流失，加剧了石漠化进程。花江示范区石漠化治理工作开展已有二十几年，在"九五"期间建成水窖 33 个，可蓄水 37 887 m³，因地制宜，初步集成并推广节水灌溉技术，并研发了"猪—沼—椒"的生态产业模式。"十五"对相关的治理技术和模式进行探索，并研发了顶坛花椒、花椒油和复合麻辣香粉等经济产品。经过"九五"和"十五"期的治理，植被恢复程度高，但存在生态系统不稳定，强度石漠化面积大，退化生境植物恢复困难，水土流失严重，产业结构单一，花椒老化减产等问题。在"十一五"期间紧紧围绕"蓄水制土造林"的核心理念，进行封山育林，经果林种植及水利工程建设，引进了火龙果等经济作物，补种花椒，种植皇竹草等，形成稳定的生态系统，优化产业结构[244]。

6.12.3　治理模式

6.12.3.1　理念与思路

花江示范区把因地制宜治理石漠化与改变传统落后的农业生产的产业结构相结合，深入贯彻生态扶贫与科技扶贫的治理理念，坚决落实石山披"绿装"，荒山变青山的治理道路。以蓄水、治土、造林种草为核心，形成"猪—沼—椒"的绿色生态产业模式，建立多目标、多层次、多功能、高收益的综合防治体系[245]。

6.12.3.2　主要措施

(1)在中度和强度的林地和灌木林地中进行封山育林，选择优势树种构树、任豆、香椿进行播种从而促进植被恢复，选择车桑子、金银花、乌桕、棕榈等适生树种营造防护林，发展火龙果规模化种植，林下种植皇竹草，建立林灌草复合生态结构。

(2)在坡度>25°的中度石漠化区发展林草、林粮间作模式，通过种植核桃、李子、花椒等经济林，套种玉米、皇竹草、花生等作物，发展林下养殖产业。

(3)在坡度<25°的轻度石漠化地区进行坡改梯建设，配套作业便道和蓄、引水工程，发展花椒产业、节水农业和林下养殖产业。

(4)通过修建蓄水池、管道等将水资源引入群众家中，利用屋面集雨和水窖储水，通过参与式水资源开发利用与管理，实现水资源开发利用与合理配置。

(5)建立以沼气能源为核心的"猪—沼—椒"庭院经济模式，很好地实现了生态治理与经济发展同步进行。建立"政府+专家+公司+农户"的运作方式，促进村民参与的积极性，使得该治理模式能持续健康发展。

6.12.3.3　推广适宜性

在示范区内,由于水热条件丰富,且花椒的根系发达,适应性和耐旱性强,在石旮旯地里种植成活率高,品质好,价格高。随着石漠化治理工作的推进,昔日的一片秃山变成了如今的"绿色银行"。花椒树变身摇钱树,成为花江村民脱贫致富的法宝,成为示范区的产业名片,该技术模式适宜在广大石漠化地区进行推广。

6.12.4　治理效益

花江示范区植被覆盖度由 2006 年的 13.78% 上升到 2010 年的 39.75%。2005~2010 年花江示范区旱地面积由 2005 年的 9.74 km² 增加为 9.92 km²。2000~2010 年间花江示范区石漠化面积减小 2.79 km²。其中,无石漠化面积增加 2.49 km²,潜在石漠化面积增加 0.31 km²,轻度石漠化面积增加 4.25 km²,中度石漠化面积减少 3.36 km²,强度石漠化面积减少 3.68 km²[246]。2005~2010 年人均纯收入提升 2 194.29 元。

6.12.5　经验总结

6.12.5.1　归纳成条

1. 生态优先,因地制宜

大力推进退耕还林还草和人工造林,在石旮旯地中种植花椒,既可防治水土流失,又可增加经济收入。石山披上了绿装,荒山变成了金山,实现了石漠化治理与生态扶贫、经济发展的多重目标。

2. 能源建设,养护结合

"椒—沼—猪"的农村循环生态经济发展模式使得生态产业与养殖业有机结合,实现经济健康可持续发展,建设社会主义新农村,实现乡村振兴。

3. 多措并举,优化配置

开展山、水、林、田、路综合治理,走生产产业化、产业生态化的绿色发展道路。

6.12.5.2　优点与不足

花江顶坛花椒自种植以来取得了良好的生态效益、经济效益和社会效益,花椒品质好,收益高,促进农村劳动力转移就业。在花椒种植及管护过程中需要将其他杂草除掉以促进花椒的高产,在此过程中破坏了区内生态系统的稳定性;花椒树龄较短,易老化减产,需及时补种。

6.12.5.3　成功的原因

(1)坚持生态优先、因地制宜的原则。将石漠化治理与生态建设有机结合起来,封山育林、种植特色经果林以促进生态恢复。

(2)把石漠化治理与农村社区发展,庭院经济和新农村建设结合起来,促进当地旅游资源开发,实现乡村振兴,建设农民脱贫致富的绿色发展道路。

第 7 章　石漠化治理范式及技术配置方案

7.1　不同现状类型石漠化治理模式及范式总结

针对不同现状类型对现有的石漠化治理模式及范式进行总结,可为后期不同立地条件大的石漠化治理技术配置提供参考依据。

7.1.1　现有石漠化治理模式

7.1.1.1　不同石漠化程度的治理模式

根据石漠化程度的不同来选择不同的治理技术或措施(见表 7-1),符合因地制宜的原则,能最大限度地减少治理成本的同时保证最佳的治理效果。

表 7-1　不同石漠化程度的石漠化治理模式总结

模式来源	潜在石漠化	轻度石漠化	中度石漠化	强度石漠化
喀斯特石漠化区植被建植与退化植被恢复技术项目[247]	—	近天然林经营配套技术	封山造林及其组成结构调整技术	客土整地与保水促根配套造林技术
德江县喀斯特石漠化治理[248]	基本农田建设模式	以喀斯特水资源开发和基本农田建设为主的土地石漠化治理模式	以退耕还林—特色经济林及食草型畜牧业为主的土地石漠化治理模式	以生态修复与农村能源建设为主的土地石漠化治理模式
喀斯特小流域综合治理[249]	—	林草配置与特色经济林果栽植	人促生态恢复与经济林规范种植技术	生态修复与先锋物种恢复技术
贵州龙里水土保持示范园[250]	农林果草复合经营(核桃/花椒/梨子+黑麦草)	经济林草配置和草地畜牧养殖(茶叶/乌桕+黑麦草/鸭茅)	人工点播和撒播速生高效的乔灌草种子(刺槐/多花木兰+鸭茅/高羊茅/黑麦草)	自然恢复和人工促进生态修复治理模式(封育+女贞/构树)
贵州花江示范区[251]	花椒+砂仁	花椒+皇竹草	香椿+花椒+金银花	任豆+金银花
毕节撒拉溪示范区[252]	核桃+马桑+火棘+金丝桃+白三叶(林灌草)	桑树+刺梨+蜈蚣草+芒(林灌草)	火棘+马桑+千里光(灌草)	
治理对策建议[45]	宜农宜林牧	宜林牧	宜牧	自然恢复

7.1.1.2　不同地貌类型区的治理模式

石漠化特征的区域性决定了石漠化的治理需根据分区科学合理地确定工程布局、因地制宜地安排治理模式和技术措施。国务院 2008 年批复的《岩溶地区石漠化综合治理规划大纲(2006~2015 年)》中,将岩溶区石漠化综合治理区域划分为中高山石漠化综合治理区、岩溶断陷盆地石漠化综合治理区、岩溶高原区石漠化综合治理区、岩溶峡谷石漠化综合治理区、峰丛洼地石漠化综合治理区、岩溶槽谷石漠化综合治理区、峰林平原石漠化综合治理区、溶丘洼地(槽谷)石漠化综合治理八大区,并提出了相应的治理方案[87]。在规划成果的基础上,结合相关文献结果[253, 254],总结了西南喀斯特不同地貌类型区的石漠化治理模式(见表 7-2)。

表 7-2　不同地貌类型区的石漠化治理模式总结

地貌类型区	区域概况	制约因素	治理思路与途径
中高山	本区包括滇东北和川西及四川盆地西部周边 23 个县域,其中石漠化严重县 8 个;石漠化分布面积 0.68 万 km²,占岩溶面积 33.83%。该区为亚热带中高山气候区,年平均降雨量 700~800 mm,年平均气温仅 8~11 ℃。该区山高坡陡,交通不便,平均海拔 2 500~3 500 m 以上,高差 1 000~3 000 m。气候垂直差异明显,河谷焚风效应突出,生态环境极为脆弱。植被覆盖度为 40%~60%。区内人口密度平均为 76 人/km²,人均耕地面积为 1.44 亩。该区以牧业为主导产业,草场超载现象严重;农村能源中薪材比重较大	山高坡陡,属滑坡、泥石流等地质灾害高发区;存在高山低温和干热河谷焚风效应两大生态脆弱因素;人口贫困,局部水资源、能源短缺,草地退化;石漠化土地主要发生在斜坡山地上,生态建设难度大	保护好现有林草植被,同时重点加强草地保护和建设,发展草食畜牧业和生态旅游业。一是局部水源缺乏地区宜结合水土保持、加强小型水利工程建设。二是合理配置牧草的品种,提高单位面积草地的产量和品质;改良草食牲畜品种,优化牲畜结构,做好草畜平衡;提高畜产品的科技附加值。三是利用岩溶自然景观、辅以民族文化底蕴,大力开发生态旅游业
岩溶断陷盆地	本区位于云贵高原,包括滇东至四川攀西(昌)盐源地区及贵州西部的 45 个县,其中石漠化严重县 17 个;石漠化面积 1.51 万 km²,占岩溶面积 31.92%。本区属于北亚热带季风湿润气候,年均降雨量 900~1 200 mm,年均气温 13.5~15.5 ℃,夏季多暴雨。海拔为 1 300~3 000 m,区内人口密度平均为 162 人/km²,人均耕地面积为 1.51 亩。盆地周边洼地底部多有落水洞、竖井分布,可利用的耕地资源和水资源均有限,未利用地比重较高,山地林草植被破坏严重,石漠化现象奕出,生态环境脆弱,属山洪、泥石流多发区;盆地内地下水文过程活跃,水资源短缺,制约了土地和光热资源的开发利用	盆地周边山高坡陡,石漠化严重,农村能源短缺,局部地区无序工矿活动严重,加速了土地石漠化,导致生态环境恶劣,修复难度大;盆地内地下水文过程活跃,可利用水资源短缺	严格制止非法工矿建设,保护好现有林草植被,并重点加强植被建设和特色产业开发。一是对山区向盆地过渡地带具备封育条件的石漠化土地实施封山育林草;二是对宜林地与陡坡耕地营造以华山松、栎类、柏类等为主的生态林和薪炭林,提高林草植被覆盖度;三是完善小型水利水保设施,大力发展以核桃、板栗等为主的林果产业,以乌、盐肤木、杜仲、金银花、黄荆、龙须草等为主的中草药产业,培育新的经济增长点

续表 7-2

地貌类型区	区域概况	制约因素	治理思路与途径
岩溶高原	位于贵州中部长江与珠江流域分水岭地带的高原面上,包括贵州平坝、安顺、普定、六枝的34个石漠化县,其中石漠化严重县18个;石漠化面积136万 km²,占岩溶面积的28.45%。年均气温15.0～17.5 ℃,年均降雨1 300～1 500 mm,无霜期289 d,云雾多,日照少,太阳辐射能量低。海拔一般为1 600～2 400 m,地形相对平缓,土层较薄,但土被的覆盖率较高。地表河流少,地下河流发达,埋藏浅(一般不大于50 m)。地下水季节变化大,雨季水量丰富,可形成洪涝,旱季很多岩溶泉干涸。区内人口密度高达293 人/km²,是西南岩溶区人口密度最高区域之一。人均耕地为1.64 亩,土地垦殖率高达32%,耕地石化突出,中低产田比例高达70%	石漠化集中,危害严重;光热条件较差,植被生态建设较慢;降水季节分配不均,地表水资源缺乏,旱涝现象明显;人口密度大、贫困面大、中低产地比重高	强化封山育林育草,保护好现有林草植被;对坡度大于25°与生产力低下的石旮旯地实施退耕还林还草,积极发展水源涵养林。一是在流域上游地区大力开展封山育林育草和宜林地人工造林,提高林草植被盖度;二是在中游地区通过坡改梯、配套小型水利水保设施等扩大耕地面积,适度发展以花椒、香椿、杜仲、金银花等为主的经果林与中药材等生态经济型产业;三是在下游地区积极开展石灰土的改良,提高土地生产力,建设高效现代农业、林业与牧业示范区
岩溶峡谷	本区位于南盘江、北盘江、金沙江、沧江等大江、大河的两岸,包括黔西南部、滇东北、滇西南以及川南等地的35个县,其中石漠化严重县20个;石漠化面积1.35万 km²,占岩溶地区面积的30.89%,林草植被盖度低。区内地形高差起伏大,海拔200～3 500 m 以深切河谷为中心,形成典型的山区立体生态和气候类型,以海拔800～850 m 为界,以上为中亚热带山区气候,以下为南亚热带干热河谷气候,干旱缺水,土壤贫乏。区域内地表水资源短缺,地下水埋藏深(150～200 m),可利用率较低。区内人口密度平均为177 人/km²,人均耕地面积为1.54 亩	石漠化分布高度集中,且程度深,是石漠化危害最严重的区域。该区800～1 000 m 以上的地区虽然土层较厚但土壤侵蚀严重,800～1 000 m 以下地区土层薄,人口压力大,陡坡开垦、砍伐薪材现象比较严重。立体气候明显,需要多样化生态建设措施。区域地表水资源短缺,生态承载力低	实施封山育林育草、人工造林护草为主的植被恢复与建设,积极发展特色农林牧业与生态旅游业。一是800～1 000 m 以上的地区,大力开展以封山育林育草为主的植被建设,同时通过水源工程建设和坡改梯,建设基本农田;陡坡耕地要因地制宜地退耕还林还草,发展畜牧业和以梓木、香椿、栎类、竹类等为主的特色农林业。二是800～1 000 m 以下的地区,加强对水土资源的保护和开发,搞好节水工程建设和水利工程建设,积极发展以核桃、李、花椒、金银花等为主的特色经果林。三是完善以沼气池为中心、南亚热带特色经果林、早熟蔬菜和种养结合的庭院经济。通过封山育林、人工造林提高植被覆盖度,依托岩溶峡谷地貌、森林、草地、雪山自然景观和少数民族原生态文化,积极发展旅游业

续表 7-2

地貌类型区	区域概况	制约因素	治理思路与途径
峰丛洼地	本区位于贵州高原向广西盆地过渡的斜坡地带，包括黔南、黔西南、滇东南、桂西、桂中等地的 62 个县，其中石漠化严重县 41 个；石漠化面积达 3.10 万 km²，占岩溶面积的 35.55%，生态环境极端脆弱。本区具有典型的热带、亚热带湿热的季风气候特征，年均气温 14.5~20 ℃，年均降雨量 900~1 600 mm，海拔多在 500~1 700 m。岩溶植被退化严重，以岩溶灌木林为主。区内人口密度平均为 127 人/km²，人均耕地面积为 1.8 亩。土地可开垦率很低，耕地资源十分匮乏，主要分布于洼地底部、山麓和山坡下部；洼地底部耕地土壤较厚但易涝，山坡山麓土层薄，耕地多为石旮旯地，是"一碗泥巴、一碗饭"的典型区域。土壤流失严重，缺水少土，土地生产力低下，是国家扶贫工作重点县集中分布区	石漠化土地基岩裸露度高，程度深，未利用地石漠化比例高且连片分布，生态建设难度大；洼地水文系统具有典型的二元结构，地表水系缺乏，而地下水系发育，旱涝灾害频繁，人畜饮水困难；石旮旯地居多，缺水、少土，耕地生产力低，水土流失和石漠化严重。生态恶劣，经济滞后，贫困面大	重点是提高植被覆盖度，搞好蓄水保土，建设基本农田，发展南亚热带特色林业，并适度进行生态移民。一是开发利用坡面径流、岩溶表层泉水资源，缓解灌溉用水、人畜饮水问题；通过排涝沟渠、隧道建设和落水洞清淤，根除洼地、谷地的涝灾问题。二是通过坡改梯等措施，提高耕地质量；对土地生产力低、区位重要的石旮旯地与陡坡耕地实施退耕还林还草，发展以任豆、苏木、竹类等为主的生态经济型产业。三是宜林地的人工造林和符合封育条件的未利用地、灌木林地等石化土地的封山育林育草。四是充分利用水能资源，发展水电，解决农村能源问题。五是人地矛盾突出的地区，有计划地开展易地扶贫搬迁
岩溶槽谷	本区包括黔东北、川东、湘西、鄂西，以及渝东南、渝中、渝东北等地的 130 个县，其中石漠化严重县 49 个；石漠化面积达 3.49 万 km²，占岩溶面积的 26.08%。地处中亚热带到北亚热带，年均气温 14~18 ℃，年均降雨量 800~1 600 mm，平均海拔 500~2 500 m。区内人口密度平均为 250 人/km²，人均耕地面积为 1.24 亩，人地矛盾突出。在地质上表现为碳酸盐岩与碎屑岩相间分布，常出现"悬挂式"的地下河，具有较好的开发利用条件和价值；局部碳酸盐岩集中裸露，危害严重；耕地石漠化占石漠化总面积的 23.2%，但还多有一定厚度的土层分布，水土资源条件较好，土地承载能力相对较高	石漠化呈块状或带状分布，并呈扩展趋势；交通等基础设施建设和煤矿开采常导致高位岩溶水资源渗漏；耕地石漠化比重较高，农业生产方式落后，农业生产结构不尽合理，对土地依赖性高	保护、开发和合理调配不同高程的岩溶水资源，加强水土保持，调整农业生产结构，发展草食畜牧业。一是根据岩溶含水介质的空间分布特征，搞好不同高程的岩溶地下水的开发与利用，加强工矿、交通设施建设的环境影响评价，保护好岩溶水文地质结构。二是加强水土保持工程，实施坡改梯、建设坡面水系、开展沟道治理，建设旱涝保收的稳产高产基本农田，提高耕地生产力。三是加强宜林地的人工造林，发展栎类等水土保持林和水源涵养林；同时积极培育岩桂、竹类、板栗、核桃等经果林，积极发展草食畜牧业、中草药等特色产业，加速群众脱贫致富

续表 7-2

地貌类型区	区域概况	制约因素	治理思路与途径
峰林平原	本区包括桂中、桂东、湘南、粤北等地 54 个县,其中石漠化严重县 4 个;石漠化面积 0.59 万 km²,占岩溶面积的 16.71%,局部石漠化问题突出。地处中亚热带温暖湿润东南季风区,地形较平坦,峰林往往是比较秀丽的旅游景观,旅游开发潜力大。年均气温 15~22 ℃,年均降雨量 1 400~2 200 mm,降水主要集中在 4~7 月,秋旱严重。地下水位埋藏较浅,地表、地下水系均发育。交通条件好,社会经济活动频繁。人口密度平均为 205 人/km²,人均耕地面积为 1.27 亩。岩溶植被退化显著,以灌木林地为主,生态较脆弱;峰林部分基岩裸露度极高,林草植被稀少,石漠化程度深,是生态建设的难点和重点	石漠化影响岩溶景观旅游资源价值及生态环境质量;地表水资源渗漏严重,过度开采地下水引发地面塌陷;降雨季节分配不均,旱涝现象明显;峰林区域立地条件恶劣,生态建设困难	合理开发利用地表和地下水资源,大力开展封山育林和人工造林,提高森林生态功能与景观价值。一是合理开发利用地表、地下水资源,避免因过度抽水引发地面塌陷,同时缓解区域季节性旱灾问题,提高土地生产力;二是实施封山育林育草,提高岩溶景观、森林景观的观赏价值,发展生态旅游产业;三是开展人工造林,积极发展经果林生物质能源林、中药材产业,提高林草植被覆盖度;四是合理发展薪炭林,减少对原生植被的破坏
溶丘洼地	本区包括湘中、湘南、鄂东、鄂中等地的 68 个县,其中石漠化严重县 12 个;石漠化面积 0.88 万 km²,占岩溶面积的 25.36%,呈块状或带状分布,且以轻度、中度石漠化为主。碳酸盐岩与碎屑岩交互分布,且多为不纯的石灰岩,立地条件相对较好。地处亚热带温暖湿润东南季风区,地形较平坦,海拔一般在 100~300 m。年均气温 15~22 ℃,年均降雨 1 400~2 200 mm,降水集中在 4~7 月。岩溶地下水的埋深较浅,为 30~50 m。区内人口密度平均为 342 人/km²,人均耕地面积为 0.88 亩,耕地石漠化较突出;农村生活能源对薪材依赖性较大;但近年生态建设中,石漠化土地治理力度较大,现今石漠化土地中未成林造林地比重较大	工农业生产活动较为活跃,水资源需求量大,加上降雨时空分布不均,季节性干旱严重;局部采矿、采煤等工矿活动对地下水文结构的影响较大,容易导致地面沉降、地面塌陷灾害的发生;农村生活能源相对匮乏	围绕洞庭湖流域、岩溶景观区开展封山育林育草、人工造林,提高林草植被盖度与景观效果。一是联合开发地表、地下水,缓解该区的季节性干旱;对水源严重缺乏地区,优先安排岩溶水资源的开发利用,解决农村饮水困难。二是强化对现有植被特别是未成林造林地的管护,同时培育栎类、松类、柏类、香椿等为主的水源涵养林和水土保持林。三是对陡坡耕地实施退耕还林还草,培育以乌桕、漆、桑、油、竹类等为主的生态型经济林草,发展特色种植业和草食畜牧业。四是对水土流失严重、过度依赖薪材的地区,要加大水土保持和以栎类为主的薪炭林或沼气池建设

7.1.1.3　不同发展模式的治理模式

基于现有文献资料,根据经济发展模式的不同总结了相应的石漠化治理模式(见表7-3)。

表7-3　不同发展模式的石漠化治理模式总结

模式名称		模式结构	所在地区	配置建议
生态农业+庭院经济治理模式		特色种植+养猪+沼气	贵州北盘江镇花江大峡谷顶坛片区;北盘江支流者楼河畔;沙县岩孔镇板桥村	喀斯特峡谷石漠化区;海拔较低、灌溉和交通便利、离城镇较近的地区
生态畜牧业治理模式		养羊+牧草	晴隆县	中高海拔喀斯特山地丘陵石漠化区;石山面积大、可用耕地少、水资源利用难、玉米种植受到限制
经济作物治理模式		经果林+药材	贵州凤冈县;贞丰县珉谷镇坪上村	中海拔低山丘坡荒山丘坡石漠化区;总体地势平缓,便于形成规模和采摘
经果林林下种养模式		经果林+养殖/种植	贵州平塘县	喀斯特峰丛洼地石漠化区
退耕还林还草治理模式		农民退耕造林,获取劳务和补助	贵州施秉县甘溪乡	喀斯特溶蚀丘陵石漠化区;适应于峰林、峰丛强度石漠化生态环境脆弱区,特别是国家划定的退耕还林、生态林保护区
水保水利治理模式		基本农田建设+水资源开发+观光农业+新品种新技术	贵州贵定县音寨村	适应于面积较大河谷盆地、坝子,土层较厚,石漠化较轻的地区
水土保持与混农林牧业治理模式		"五子登科"的小流域综合治理模式	贵州毕节市	喀斯特高原石漠化区;海拔较高,石漠化较为严重的地区
优势资源发展模式	药材资源开发治理模式	金银花、龙须草、五倍子、石斛、杜仲、黄柏等中草药种植及产业化	贵州安龙县	可在大部分喀斯特荒山荒坡及石漠化地区推广;但在品种选择上,应根据市场需求变化及土地适宜性状况。以产业化生产经营为主导,采用"公司+农户+基地"的方式,产、供、销一体化的市场运作机制进行运作
	旅游资源开发治理模式	乡村旅游(民俗/节庆/采摘/休闲)	贵州贵定县音寨村	生态环境优美、交通便利,具有独特民族文化的喀斯特地区
	水能资源开发治理模式	乡村小水电开发	贵州普安县	水能资源丰富、可用能源不足的喀斯特地区。民间投资、村民集资,解决能源问题

7.1.1.4　不同地方典型样板

基于现有文献资料,对地方石漠化治理典型样板进行了总结(见表7-4)。

表7-4　不同地方典型样板总结

模式名称	模式结构	所在地区	配置建议
顶坛模式	花椒(或砂仁)+养猪+沼气	贵州北盘江镇花江大峡谷	喀斯特峡谷低海拔区;适合在海拔较低(一般在800 m以下)的喀斯特干热河谷地区种植推广
者楼模式	无公害早熟蔬菜	贵州北盘江支流者楼河畔	黔西南州;适合在海拔较低(一般在600 m以下)、农田水利、交通运输条件、生态环境较好、离城镇较近的地区发展
坪上模式	金银花+李子为主;花椒、桃、李、梨、砂仁、花生等套种的立体种植模式	贵州贞丰县珉谷镇坪上村	喀斯特中海拔地区;可在大部分喀斯特荒山荒坡及石漠化地区推广,模式推广性较强;但在品种选择上,应根据市场需求变化及土地适宜性状况
风冈模式	富锌富硒有机茶+桂花	贵州风冈县	中海拔低山丘坡荒山丘坡石漠化区;上覆一定厚度的黄壤、山地黄棕壤的岩溶山区,海拔一般在1 100 m以上,总体地势相对平缓,便于形成规模和茶叶采摘
晴隆模式	养羊+牧草	贵州晴隆县	喀斯特中高海拔山区;在畜牧及饲草品种选择上,应根据市场需求变化及土地适宜性状况
平塘模式	经果林种植+林下经济模式	贵州平塘县	喀斯特峰丛洼地石漠化区;适合在人均基本农田面积小、但荒山荒坡面积大,气候适宜的地方推广
板桥模式	养殖+果树+沼气	贵州金沙县岩孔镇板桥村	喀斯特山区乡村
则戎模式	山头封山育林+山腰特色经济林+山脚基本农田建设	贵州兴义则戎	喀斯特石漠化严重的峰丛洼地、低中山区
清镇王家寨—羊昌洞小流域治理模式	蔬菜+奶牛+退耕封禁	贵州清镇市红枫湖镇簸箩村和骆家桥村	喀斯特溶蚀丘陵区;喀斯特峰林盆地;在大部分中高海拔喀斯特荒山荒坡及石漠化地区推广

7.1.2 代表性的技术措施

以下介绍一些石漠化治理中具有代表性或创新性的技术措施或模式。

7.1.2.1 适用于所有石漠化等级的经济林草

花椒、金银花、火棘、构树、木豆、皇竹草、葛藤、麻疯树等均是既能创造经济价值,又能适应重度石漠化恶劣生态环境的经济林草[251, 255, 256],值得在广大的石漠化严重的喀斯特贫困山区推广种植。

7.1.2.2 等高植物篱技术

等高植物篱是指在山丘、坡面上沿等高线按照一定的间隔,以线状或条带状密植乔木、多年生灌木或草本植物,既获得最大的坡面利用空间,又形成能挡水、挡土的篱笆墙,以达到防治水土流失的技术。这是一种坡耕地上低投入、高收益的保护性耕作和可持续利用技术,是农林复合经营的重要形式之一[98]。

7.1.2.3 籐冠技术

籐冠技术主要通过人工网络架构等技术手段,借助藤本植物生长迅速、用土节约等优点,将石漠化地块迅速进入"籐冠"演替阶段,收到快速、高效的生物生产效果,并为尽快恢复至多层多种森林植被打下环境基础[257]。籐冠技术的主体结构,是借助石漠化中的大小石头,建立供籐本植物攀爬的各类棚架,这些棚架又可作为接雨棚的支架,将降雨接住,顺利解决了石漠化地块中重要的"水"问题。攀爬有籐本植物的棚架,又是种植喜阴植物的遮荫棚,并具有大棚增温增湿效果。籐本植物的特殊性,又为石漠化地块中土壤缺乏找到了解决办法,棚架下的广阔天地,又是发展养殖业的良好场所。

7.1.2.4 苔藓—石斛—桑树生态系统治理技术

利用苔藓—石斛形成稳定的草本群落,使桑树幼树获得优越的生长条件,可以在石漠化严重的石灰岩山地上实现成活率95%以上,且生长旺盛。这样就使桑树形成起稳定灌木的小乔木群落,桑树成活并生长后,能替代遮阳网对石斛群落进行遮荫。这样的方式能明显降低石漠化治理中乔木幼树定植困难,显著提高其成活率,并且能获得原生态种种的石斛,充分发挥了石漠化地区裸露石灰岩特别丰富的优势,在培植物种回归适宜生境过程中,使石漠化裸露基岩上产出高经济价值[258]。

7.1.3 常见的治理范式

范式是符合某一种级别的关系模式的集合。石漠化治理范式是对同类治理技术或模式的高度总结。以下介绍几种常见的石漠化治理范式。

7.1.3.1 林下经济

林下经济主要是指利用林下土地资源和林荫空间优势,在林冠下开展种植业、养殖业、采集业和森林旅游业等多种复合生产经营,从而使农、林、牧业实现资源共享、优势互补、循环相生、协调发展。林下经济投入少、见效快、易操作、潜力大,对缩短林业经济周期,增加林业附加值,促进林业可持续发展,开辟农民增收渠道,发展循环经济,巩固生态建设成果,都具有重要意义。发展林下经济,在发展经济的同时又能兼顾生态保护,不仅能让大地增绿,还能让农民增收。按照产业发展形式,林下经济分为林下种植(林药林菌、林花林草、林粮林油林蔬、林瓜林豆),林下养殖(林禽、林畜、林蜂、林蝉)和林下旅游(林下观光、林下采摘)。其中,经果林木+药材+农作物间套种模式在喀斯特退耕还林地最为常见,其优势是既可增加植被覆盖,又能增加农民经济收入,是最受农民欢迎的模式。各地区根据当地的自然地理条件、气候特点和农民的种植习惯形成了林农、林果、林药等不同的套种间作模式,具有长短结合、节约耕地、见效快、收益高等特点,取得了较好的效果。这种"上中下(空间)、短中长(时间)"立体复合生产经营的格局,使林下经济能以无数种结构形式在不同条件的石漠化地区的生态治理迸发绿色致富活力。

7.1.3.2　立体复合农林模式

类似广西马山弄拉和平果果化地区的"山顶封,山坡林、竹、药,山脚果、药、草,地上粮,低洼桑"的立体复合农林模式[259],就是利用山体不同地段的立地条件的不同,因地制宜地采取不同治理技术或措施。例如,在陡峭山顶及坡上地段长期封山育林,重点发展水源林,涵养表层岩溶水;比较陡的山坡主要发展金银花、木豆、竹林等水土保持能力强的植物;峰丛垭口、山麓、平缓的山坡重点发展优质果树和经济林,间种药材;洼地底部主要为耕地,发展高效旱作粮食作物及发展特色经济作物和种草养畜业,同时注意建立洼地的排水系统。类似的还有云南西畴地区的"六子登科"模式:山上植树造林"戴帽子",山腰经果林"系带子",山脚坡改梯"搭台子",平地基本农田集约经营"铺毯子",入户发展沼气水窖水池"建池子",环境恶劣村庄易地搬迁"移位子"。这种类型的模式在增加植被覆盖度、生物多样性的同时,能有效控制水土流失和石漠化,还能帮助农民人均纯收入增加,优化产业结构,在喀斯特峰丛洼地和低中山区有良好可行性[260]。

7.1.3.3　"种—养—沼/肥"循环经济模式

"种—养—沼/肥"循环经济模式,也称"种植—养殖—农村能源建设"的生态农业模式。例如,在发展任豆、肥牛树、牧草等饲料林(草)的前提下,大力发展畜牧业,主要是圈养猪、牛、羊等牲畜及鸡、兔等,同时推广应用沼气池,利用人畜的粪便发展生态能源,减免砍柴割草,保护石山森林植被,沼气渣、液是水果、经济农作物的无公害肥料。该模式真正起到保护生态环境,促进农牧业的发展,增加群众收入,有效地治理石漠化[259],是"以养带种,以种带护;种养致富,护地脱贫"的充分体现。

7.1.4　石漠化治理类型和技术模式应用总结

以经济发展方向为线索,将石漠化治理类型分了四类。粮食主导型是以保障粮食为导向的治理和发展策略;经济主导型是以发展特色经济作物种植、畜牧业、旅游业为导向的治理和发展策略;生态主导型是以生态修复、绿色发展为导向的治理和发展策略;综合治理模式是以多种经营和多产融合为导向的治理和发展策略。

现有技术库和以上对现有石漠化治理模式、代表性的技术措施和常见的治理范式的分析,对四种石漠化治理类型下对应的模式、技术及其适用条件进行了总结(见表7-5)。

表 7-5 石漠化治理类型和技术模式应用总结

石漠化治理类型	一级模式	二级模式	三级模式	技术类型	应用条件
粮食主导型	粮食保障模式	基础农业	粮食作物型	工程技术	适宜人多地少,粮食紧缺的地区,如水库淹没良田、需要保障基本粮食的地区
				农耕技术	
				节水技术	
				培土技术	
经济主导型	产业升级模式	特色农业	特色种植型	中药材	人均耕地不足,交通条件较好的石漠化山区
				香料林	
				油料林	
				饮料林	
				用材林	
				纤维林	
			果蔬园艺型	水果坚果	离城区较近的石漠化地区
				瓜蔬种植	
				花卉作物	
		生态养殖	农地畜牧业	"粮—圈舍—畜禽"	石漠化山区农村
			草场畜牧业	"草—圈舍—畜禽"	
			粮草结合畜牧业	"粮草—圈舍—畜禽"	
			林下畜牧业	"林下/草—家禽"	
			沼气种养模式	"养殖—沼/肥—种植"	
		生态旅游	石漠化景观旅游模式[261]	国家石漠公园游 石漠化治理科普示范基地游 石漠化(治理)景观观光游 矿山石漠化改造开发式旅游	特色石漠地质景观及石漠化治理示范区; 旅游黄金线及具有旅游发展潜力的地区; 具有开发潜力的旅游景区及周边
			田园农业旅游模式	田园农业游(田园茶园果园) 园林观光游(花卉苗木园) 农业科技游(精品现代农业) 务农体验游	
			农家乐旅游模式	农业观光农家乐 民俗文化农家乐 民居型农家乐 食宿接待农家乐 农事参与农家乐	

续表 7-5

石漠化治理类型	一级模式	二级模式	三级模式	技术类型	应用条件
经济主导型	产业升级模式	生态旅游	民俗风情旅游模式	农耕文化游 民俗文化游 乡土文化游 民族文化游	城市或重要风景资源周边岩溶景观资源； 人文资源有特色的区域； 少数民族聚居的地区； 坝库淹没良田，不适宜发展种植业的地区
			村落乡镇旅游模式	古民居和古宅院游 民族村寨游 古镇建筑游 新村风貌游	
			休闲度假旅游模式	休闲度假村 休闲农庄 乡村酒店	
			科普教育旅游模式	农业科技教育基地 少儿教育农业基地 农业博览园 观光休闲教育农业园	
			回归自然旅游模式	观山、赏景、登山、森林浴、滑雪、露营等	
生态主导型	植被恢复模式	生态修复	封山育林育草	全面封禁	人迹不易到达的深山、远山和治理难度极大的重度石漠化林草荒地
				半轮半封	
			人工植树种草	封育补植造林	交通便捷、坡度较陡的轻度、中度石漠化地区
				荒山荒坡种树种草	
				退耕还林还草	
		绿色发展	生物质能源建设	薪柴林	石漠化山区农村
			坡耕地防护	等高植物篱	
			道路边坡防护	植物护坡	生产建设项目区
			矿山、采石场的生态修复与复垦	土壤修复	
				植被绿化	
		生态移民[262]	开发性建设移民	就近从事劳动密集型加工产业	人口压力大的生态脆弱区、自然保护区
			城镇服务性移民	进城定居从事服务和商贸行业	
			区域集中居住迁移	兴建集镇，集约经营农业	
			国家生态安置	国家安置迁移生态难民	

续表 7-5

石漠化治理类型	一级模式	二级模式	三级模式	技术类型	应用条件
全面发展型	综合治理模式	立体生态农业模式	立体分区综合治理	山顶种养护林 山腰种经果林 山脚种粮经作物 在家养殖牲畜	具有一定自然经济条件的石漠化地区
		生态种养循环经济产业化	种植+养殖+规模化/产业化	禽/畜—蚯—草—果—蔬—药—蜂(例)禽/畜—沼—茶—花—蜂(例)禽/畜—沼—草/林—菌(例)	
		生态农业旅游	种植(名贵)+养殖(特种)+加工+旅游	花草种植+牛—蚯蚓养殖+加工+农家乐/采摘/摄影/婚庆/节庆/赛事(例)	

7.2　石漠化生态治理中技术配置的原则

石漠化治理是一项系统工程,既要充分尊重自然规律,又要照顾人文社会特点,还需要有充足的资金投入做保证。同时,石漠化治理又是一项社会公益事业,大力投入得到的直接经济收益十分有限。最后,石漠化治理是一项长期工程,不可能短期内实现,需要各级政府持续不断地坚持。既然是一个长期的、复杂的和系统的世纪工程,治理石漠化需要遵循客观规律,制订合理的规划,坚持科学的原则。

7.2.1　重视差异性原则

在石漠化广布的我国西南喀斯特地区,自然条件复杂,人文特色多样,经济发展水平不平衡等特点十分突出,不同区域本身所面临的生态环境问题及对治理的迫切性都不尽相同。这些客观存在的自然环境和社会经济方面的差异性,要求在开展石漠化治理时,首先也必须坚持差异性原则。在目标确定、资金投放,以及政策制度等方面都不能搞一刀切,而是要进行分区规划、区别示范、各自推广。否则,不仅会浪费社会公共资源,而且治理效果也只能是事倍功半。

7.2.2　因地制宜性原则

坚持差异性原则是要求不能搞"一刀切",而在具体走一条什么样的治理路子时,又要坚持因地制宜性原则。不同石漠化程度、不同立地条件、不同的土地利用结构和不同社会经济条件都会制约石漠化治理范式选择及措施配置。不同的方式及措施配置,在不同条件下就是有不同的治理效果。例如,在云南有些地方试点的去石整地工程,对基本农田极度短缺、特色种植初具规模、资金相对雄厚的地方可行,且长期效果显著。但对大多数石漠化地区而言,这种技术或许不具可行性。再如各地推广的特色种植,选择什么品种既要考虑当地自然条件,还要进行充分的市场论证。这些都是需要坚持因地制宜原则的具体表现。

7.2.3　效益最大化原则

石漠化治理从长远看是一项社会公益事业,对区域可持续发展和人类生存条件改善具有重大意义。石漠化治理效益体现在生态效益、经济效益和社会效益三个方面。所谓效益最大化原则也是指综合效益的最大化,而不是简单的经济效益最大化。在坚持综合效益最大化的前提下,尽可能地保证经济效益,最终实现社会效益的最大化。但是,首先保证生态效益是实现其他效益的前提,否则,治理方案或措施配置就是失败的案例。因为石漠化是水土流失的结果,不管怎么治理,首先必须控制水土流失。然后在采取什么措施、按照什么模式实施等规划中,尽可能地考虑经济效益最大化。

7.2.4　治理与脱贫兼顾原则

新时代搞生态恢复和建设的目标已经不是简单地实现森林覆盖度增加、草场变绿及环境问题得到控制或缓解,而是要走出一条通过生态建设而实现脱贫致富的发展新路。我国许多生态环境问题的原因是土地利用方式的不合理,而不合理利用土地的根源在于贫穷。由于贫穷,因此就不断通过控制垦种面积、生产更多的粮食来增加收入。坡地开垦完后就开垦相对平缓的坡面,相对平缓的地块开垦完后就开垦坡度更陡的坡面,最终导致水土流失,土地退化,产量减少。为了保证粮食产量,继续开垦陡坡,形成了越穷越开,越开越穷的局面。因此,治理石漠化和搞生态建设,必须考虑最终实现脱贫。只有实现致富,才能从根本上遏制生态环境恶化的势头。因此,治理石漠化必须坚持治理与脱贫兼顾的原则。

7.3　石漠化治理技术综合配置方案

为了做到有的放矢和精准治理,实现生态效益、经济效益和社会效益最大化,兼顾石漠化治理与脱贫致富,对石漠化治理背景现状进行了分类。以石漠化程度为基础,以产业结构调整和主导产业培育为途径,以及交通条件和经济发展水平为参考,以生态恢复和经济发展为目标制定了分类原则。明确了石漠化程度、交通条件、人均耕地及坡面位置这四个划分依据,将石漠化治理背景现状通过逐级制约、层层分解的方式划分为 36 个基本类型。针对每一个基本类型,提出一种最佳治理范式或一系列的技术集群,实现因地制宜和效益最大,充分体现生态恢复和脱贫致富双赢的新时代石漠化治理理念。

7.3.1　石漠化治理背景现状类型划分

我国西南岩溶地区石漠化土地涉及湖北、湖南、广东、广西、重庆、四川、贵州和云南,地貌类型多样,气候特征多变;人口密度和人均耕地空间分布不均,社会经济发展水平参差不齐,交通条件差异巨大。由于上述这些差异性的客观存在,即使石漠化程度相同的地块,当其位于不同自然环境和社会经济条件下时,需要采取不同对策和模式来实施治理。因此,为了做到有的放矢,且事半功倍,从而实现效益最大化,首先需要对要治理的地块进行分类,相同类型或类型区的石漠化地块,可以采取相同或相近的治理模式和措施配置。

7.3.1.1　划分原则

划分治理现状类型是为了更好地规划和安排治理方案、投资和开展效益评价。划分类型的原则如下:

(1)类型间差异性显著原则。是指所划分的类型在自然条件、社会经济、人文特点,以及石漠化程度等诸多方面存在明显差异。在实施石漠化治理时,必须区别对待;否则就会出现失败的案例。

(2)各类型内相对均一原则。是指每个类型在自然条件、社会经济、人文特点等方面相对一致,可实施大体相近的治理模式和措施配置,并能取得显著的生态效益、经济效益和社会效益。

(3)指标可操作性原则。是指分类指标既能抓住喀斯特地区石漠化治理所面临的主要方面,每个指标又容易获取且有明确的指代意义,选用指标层次清晰。

(4)实用性原则。是指划分类型首先都在西南喀斯特地区现实存在,类型不能是一个面积太大的区域,应该是能够安排治理措施的最小单元。面积太大,基本类型就少,失去了对现状进行分类的意义。面积太小,意味着划分的基本类型很多,也不宜治理措施的合理布设。

7.3.1.2　划分依据

治理现状类型划分的依据主要包括以下几个方面:石漠化强度、交通条件、人均耕地和坡面位置。

(1)石漠化强度。采用石块出露度指标评判,小于10%时,属于无石漠化;10%~30%时,为潜在石漠化;30%~50%时,为轻度石漠化;50%~70%时,为中度石漠化;大于70%时,则属重度石漠化[42]。

(2)交通条件。根据距离高速公路的远近分为好和差两个级别。如果距离高速路车程小于3 h,就属于交通条件好;否则,就属于差。

(3)人均耕地。分为不足和短缺。如果当地人均耕地面积大于区域平均水平,就属于不足一级;如果当地人均耕地面积小于区域平均水平,则属于短缺一级[263]。受地形条件限制,喀斯特地区总体都是耕地资源不足的情况,特别是在石漠化发育地区,人均耕地更少。在石漠化最为严重的滇、桂、黔石漠化片区,人均耕地面积仅为0.99亩。因此,将人均耕地面积<1亩的划分为不足,人均耕地面积≥1亩的归为富余级别。

(4)坡面位置。分为坡上、坡中和坡下三个坡位。其中,坡上包含坡顶,坡下包含山脚下的平地和洼地。结合地表过程物质运移规律和地形学原理,得到不同坡位的立地条件如表7-6所示。

表 7-6　不同坡位地段的立地条件对比

立地条件	坡上	坡中	坡下
侵蚀特征	侵蚀较弱	侵蚀较强	以堆积过程为主
土壤厚度	中	薄	厚
水分条件	差	中	好
总体坡度	较陡	陡	缓

7.3.2　石漠化治理技术与治理背景现状类型的匹配

基于已集成的石漠化治理技术库(见表 4-1),根据四级分类下每一项具体治理技术的性质和所适用的立地条件,匹配相应的治理背景类型(见表 7-7)。

表 7-7　石漠化治理技术与治理背景现状类型的匹配建议

一级分类	二级分类	三级分类	四级分类	石漠化强度	交通条件	人均耕地	坡面位置
生物技术	生态恢复	封山育林	全面封禁	重	差	富余	均可
			半封轮封	中	差	富余	均可
		人工恢复	生物结皮	中—重	好	富余	坡上—坡中
			绿化先锋植物	重	均可	富余	坡上
			水土保持植物	中—重	均可	富余	坡中
			造林种草技术	均可	好	均可	均可
	经济作物	经济林草	中药材	均可	均可	不足	均可
			经果林	轻—中	好	不足	坡下—坡中
			香料林	均可	均可	不足	坡下—坡中
			油料林	轻	好	不足	坡下
			饮料林	轻—中	好	不足	坡中—坡上
			用材林	均可	好	不足	坡上—坡中
			纤维林	轻—中	好	不足	坡中—坡下
			薪炭林	中	差	富余	坡中
		饲料作物	草本饲料	均可	好	均可	坡中—坡上
			木本饲料	轻—中	好	均可	坡下—坡中
		瓜蔬作物	耐储运菜	均可	差	不足	坡中—坡下
			新鲜蔬菜	均可	好	不足	坡下
		花卉作物	鲜花作物	轻—中	好	不足	坡中—坡下
			盆花作物	均可	好	不足	坡下
			干花精油	均可	好	不足	坡下
	护坡植物	等高植物篱	经济植物篱	轻	好	不足	坡中—坡下
			固氮植物篱	轻	均可	均可	坡中—坡下
			水土保持植物篱	中	差	富余	坡上—坡中
		边坡防护	植被护坡	重	均可	均可	坡下
			植生袋技术	重	好	均可	坡下
			厚层基质喷附技术	重	好	均可	坡下

续表 7-7

一级分类	二级分类	三级分类	四级分类	石漠化强度	交通条件	人均耕地	坡面位置
工程技术	水保工程	坡面整地工程	坡改梯	轻	好	不足	坡中—坡下
			穴坑整地	中—重	均可	均可	坡上—坡中
		沟道防护工程	石谷坊	轻—中	好	均可	坡下—坡中
			拦沙坝	轻—中	好	均可	坡下
			防护堤	轻—中	好	均可	均可
	水利工程	坡面水系工程	拦沙排涝技术	轻—中	均可	均可	坡下
			集水储水技术	均可	均可	均可	均可
			引水供水技术	均可	均可	均可	均可
		洼地排洪工程	落水洞治理	轻—中	均可	均可	坡下
			洼地排水系统	均可	好	不足	坡下
	能源工程	能源建设工程	沼气技术	轻—中	差	不足	坡下
			太阳能技术	均可	好	不足	坡下
			小水电技术	轻—中	好	不足	坡下
		能源节约工程	节能技术	均可	均可	不足	坡下
农耕技术	耕作方法	等高垄作	等高耕作	轻	均可	不足	坡下—坡中
			沟垄耕作	轻	均可	不足	坡下—坡中
			条带种植	轻	均可	不足	均可
		穴状种植	一钵一苗	中—重	均可	不足	均可
			一钵数苗	中	均可	不足	均可
		少耕、免耕、休耕	少耕	轻	差	富余	坡中
			免耕	中	差	富余	坡中—坡上
			休耕	重	差	富余	坡上
	种植方式	复种轮作	复种	轻	好	不足	坡下—坡中
			轮作	轻	好	不足	坡下—坡中
		间套混种	间作	轻	好	不足	坡下—坡中
			套种	轻	好	不足	坡下—坡中
			混种	轻	好	不足	坡下—坡中

续表 7-7

一级分类	二级分类	三级分类	四级分类	石漠化强度	交通条件	人均耕地	坡面位置
节水技术	栽培节水	覆盖保墒抗旱	生物覆盖保墒	轻—中	均可	不足	坡下—坡中
			物理覆盖保墒	轻	好	不足	均可
		播种育秧抗旱	播种抗旱	轻—中	均可	均可	坡中—坡上
			育秧抗旱	轻—中	均可	均可	坡中—坡上
	生物节水	抗旱品种	抗旱植物	轻—中	好	不足	坡上—坡中
			抗旱作物	轻—中	好	不足	坡中—坡下
		生理节水	调亏灌溉	轻—中	均可	均可	坡中—坡下
			根系分区交替灌溉	轻	好	不足	坡下
	灌溉节水	高效节水灌溉	湿润灌溉	轻	好	不足	坡下
			水肥根灌	轻—中	好	不足	均可
			滴灌	轻	好	不足	均可
			微喷灌	轻	好	不足	坡下—坡中
		管道输水灌溉	小管出流灌溉	轻—中	均可	均可	均可
			低压管道输水	轻—中	均可	均可	坡下—坡中
		渠道输水灌溉	渠道防渗灌溉	轻—中	好	均可	坡下—坡中
培土技术	土壤改良	增施有机肥	有机废弃物	轻—中	好	不足	坡下
			绿肥植物	轻—中	均可	不足	坡中
		添加改良剂	酸碱调节剂	均可	好	均可	坡下
			保水剂	中—重	好	不足	坡下
			固土剂	中—重	好	不足	坡中
			水土保持剂	重	好	不足	坡下
	土壤修复	物理修复	客土法	中—重	好	不足	坡下—坡中
			换土法	轻	好	不足	坡下—坡中
			深耕翻土法	轻	均可	不足	坡下—坡中
			隔离包埋法	轻	好	不足	坡下
		化学修复	化学吸附修复	轻—中	好	不足	坡下
			化学沉淀修复	轻—中	好	不足	坡下
			氧化还原修复	轻	好	不足	坡下
		生物修复	植物修复	均可	均可	不足	均可
			动物修复	轻	好	不足	坡下
			微生物修复	轻	均可	不足	均可
			菌根修复	均可	均可	不足	均可

7.3.3　不同尺度石漠化治理技术综合配置建议

基于石漠化治理技术库(见表 4-1)与其适用的治理背景现状类型的匹配情况(见表 7-7),通过在 Matlab 中编写多条件反向查询算法,根据石漠化强度、交通条件、人均耕地状况、所在坡面位置的不同获得不同石漠化治理背景类型下坡面尺度的石漠化治理技术集合。根据坡面尺度的石漠化治理技术集群和技术库层级关系,将坡面尺度治理技术集群中的同类技术归并,分类组合形成小流域尺度石漠化治理技术组合配置模式,并在此基础上提炼总结出小流域和区域尺度的石漠化治理技术配置建议。基于小流域尺度下石漠化治理技术组合配置的结果,以经济发展和生态建设为导向,提炼总结出区域尺度的石漠化治理技术配置建议。具体配置结果见表 7-8。

表 7-8　不同尺度石漠化治理技术配置建议

石漠强度	交通条件	人均耕地	坡面位置	坡面尺度技术集群	小流域尺度技术配置建议	区域尺度技术综合配置方案
轻度	好	富余	坡上	造林种草技术//草本饲料//防护堤//集水储水技术、引水供水技术//播种抗旱、育秧抗旱//小管出流灌溉	人工恢复(生物结皮)+饲料作物(种草种树、发展畜牧)+护坡植物+坡面整地工程(穴坑整地)+沟道防护工程+坡面水系工程+洼地排洪工程+节水技术+土壤改良(酸碱调节)	生态养殖+绿色发展
			坡中	造林种草技术//草本饲料、木本饲料//固氮植物篱//石谷坊、防护堤//集水储水技术、引水供水技术//播种抗旱、育秧抗旱//调亏灌溉//小管出流灌溉、低压管道输水/渠道防渗灌溉		
			坡下	造林种草技术//木本饲料//固氮植物篱//石谷坊、拦沙坝、防护堤//拦沙排涝技术、集水储水技术、引水供水技术/落水洞治理//调亏灌溉//小管出流灌溉、低压管道输水/渠道防渗灌溉//酸碱调节剂		
		不足	坡上	造林种草技术//中药材、饮料林、用材林//草本饲料//防护堤//集水储水技术、引水供水技术//条带种植//物理覆盖保墒//播种抗旱、育秧抗旱//抗旱植物//水肥根灌、滴灌//小管出流灌溉//植物修复、微生物修复、菌根修复	人工恢复+经济林草+饲料作物(种草种树、发展畜牧)+瓜蔬作物(新鲜蔬菜)+花卉作物+护坡植物(经济/固氮植物篱)+坡面整地工程(坡改梯)+沟道防护工程+坡面水系工程+洼地排洪工程+能源工程(太阳能/小水电/节能技术)+农耕技术+节水技术+土壤改良+土壤修复(植物/动物/微生动/菌根修复)	特色农业+生态旅游
			坡中	造林种草技术//中药材、经果林、香料林、饮料林、用材林、纤维林//草本饲料、木本饲料//鲜花作物//经济植物篱、固氮植物篱//坡改梯/石谷坊、防护堤//集水储水技术、引水供水技术//等高耕作、沟垄耕作、条带种植//复种、轮作/间作、套种、混种//生物覆盖保墒、物理覆盖保墒/播种抗旱、育秧抗旱//抗旱植物、抗旱作物//调亏灌溉//水肥根灌、滴灌、微喷灌、小管出流灌溉、低压管道输水/渠道防渗灌溉//绿肥植物//换土法、深耕翻土法/植物修复、微生物修复、菌根修复		

续表 7-8

石漠强度	交通条件	人均耕地	坡面位置	坡面尺度技术集群	小流域尺度技术配置建议	区域尺度技术综合配置方案
	好	不足	坡下	造林种草技术//中药材、经果林、香料林、油料林、纤维林//木本饲料//新鲜蔬菜//鲜花作物、盆花作物、干花精油/经济植物篱、固氮植物篱//坡改梯/石谷坊、拦沙坝、防护堤//拦沙排涝技术、集水储水技术、引水供水技术/落水洞治理、洼地排水系统//太阳能技术、小水电技术/节能技术//等高耕作、沟垄耕作、条带种植//复种、轮作/间作、套种、混种//生物覆盖保墒、物理覆盖保墒//抗旱作物//调亏灌溉、根系分区交替灌溉//湿润灌溉、水肥根灌、滴灌、微喷灌//小管出流灌溉、低压管道输水/渠道防渗灌溉//有机废弃物/酸碱调节剂//换土法、深耕翻土法、隔离包埋法/化学吸附修复、化学沉淀修复、氧化还原修复/植物修复、动物修复、微生物修复、菌根修复		
轻度		富余	坡上	集水储水技术、引水供水技术//播种抗旱、育秧抗旱//小管出流灌溉	护坡植物(固氮植物篱)+坡面水系工程+洼地排洪工程+农耕技术(少耕)+节水技术	基础农业+绿色发展
			坡中	固氮植物篱//集水储水技术、引水供水技术//少耕//播种抗旱、育秧抗旱//调亏灌溉//小管出流灌溉、低压管道输水		
			坡下	固氮植物篱//拦沙排涝技术、集水储水技术、引水供水技术/落水洞治理//调亏灌溉//小管出流灌溉、低压管道输水		
	差	不足	坡上	中药材//集水储水技术、引水供水技术//条带种植//播种抗旱、育秧抗旱//小管出流灌溉//植物修复、微生物修复、菌根修复	经济林草(中药/香料)+瓜蔬作物(耐储运菜)+护坡植物(固氮植物篱)+坡面水系工程+洼地排洪工程+能源工程(沼气/节能技术)+农耕技术(等高垄作)+节水技术+土壤改良+土壤修复(植物/微生物/菌根修复)	特色农业+绿色发展
			坡中	中药材、香料林、耐储运菜//固氮植物篱//集水储水技术、引水供水技术//等高耕作、沟垄耕作、条带种植//生物覆盖保墒//播种抗旱、育秧抗旱//调亏灌溉//小管出流灌溉、低压管道输水//绿肥植物/深耕翻土法/植物修复、微生物修复、菌根修复		
			坡下	中药材、香料林、耐储运菜//固氮植物篱//拦沙排涝技术、集水储水技术、引水供水技术/落水洞治理//沼气技术/节能技术//等高耕作、沟垄耕作、条带种植//生物覆盖保墒//调亏灌溉//小管出流灌溉、低压管道输水/深耕翻土法/植物修复、微生物修复、菌根修复		

续表 7-8

石漠强度	交通条件	人均耕地	坡面位置	坡面尺度技术集群	小流域尺度技术配置建议	区域尺度技术综合配置方案
中度	好	富余	坡上	生物结皮、造林种草技术//草本饲料//穴坑整地/防护堤//集水储水技术、引水供水技术//播种抗旱、育秧抗旱//小管出流灌溉	人工恢复(生物结皮)+饲料作物(种草种树、发展畜牧)+坡面植物+坡面整地工程(穴坑整地)+沟道防护工程+坡面水系工程+洼地排洪工程+节水技术+土壤改良(酸碱调节)	生态养殖+绿色发展
			坡中	生物结皮、水土保持植物、造林种草技术//草本饲料、木本饲料//穴坑整地、石谷坊、防护堤//集水储水技术、引水供水技术//播种抗旱、育秧抗旱//调亏灌溉//小管出流灌溉、低压管道输水/渠道防渗灌溉		
			坡下	造林种草技术//木本饲料//石谷坊、拦沙坝、防护堤//拦沙排涝技术、集水储水技术、引水供水技术/落水洞治理//调亏灌溉//小管出流灌溉、低压管道输水/渠道防渗灌溉//酸碱调节剂		
		不足	坡上	造林种草技术//中药材、饮料林、用材林//草本饲料//穴坑整地/防护堤//集水储水技术、引水供水技术//一钵一苗、一钵数苗//播种抗旱、育秧抗旱//抗旱植物//水肥根灌/小管出流灌溉//植物修复、菌根修复	人工恢复+经济林草+饲料作物(种草种树、发展畜牧)+瓜蔬作物(新鲜蔬菜)+花卉作物+护坡植物+坡面整地工程(穴坑整地)+沟道防护工程+坡面水系工程+洼地排洪工程+能源工程(太阳能、小水电、节能技术)+农耕技术(穴状种植)+节水技术+土壤改良+土壤修复	特色农业+生态养殖+生态旅游+绿色发展
			坡中	造林种草技术//中药材、经果林、香料林、饮料林、用材林、纤维林//草本饲料、木本饲料//鲜花作物//穴坑整地/石谷坊、防护堤//集水储水技术、引水供水技术//一钵一苗、一钵数苗/生物覆盖保墒//播种抗旱、育秧抗旱//抗旱植物、抗旱作物//调亏灌溉//水肥根灌/小管出流灌溉、低压管道输水/渠道防渗灌溉//绿肥植物/固土剂/客土法/植物修复、菌根修复		
			坡下	造林种草技术//中药材、经果林、香料林、纤维林//木本饲料//新鲜蔬菜、鲜花作物、盆花作物、干花精油//石谷坊、拦沙坝、防护堤//拦沙排涝技术、集水储水技术、引水供水技术/落水洞治理/洼地排水系统//太阳能技术、小水电技术/节能技术//一钵一苗、一钵数苗/生物覆盖保墒//抗旱作物/调亏灌溉//水肥根灌/小管出流灌溉、低压管道输水/渠道防渗灌溉//有机废弃物/酸碱调节剂、保水剂/客土法/化学吸附修复、化学沉淀修复/植物修复、菌根修复		

续表 7-8

石漠强度	交通条件	人均耕地	坡面位置	坡面尺度技术集群	小流域尺度技术配置建议	区域尺度技术综合配置方案
中度	差	富余	坡上	半封轮封//水土保持植物篱//穴坑整地//集水储水技术、引水供水技术//免耕//播种抗旱、育秧抗旱//小管出流灌溉	封山育林(半封轮封)+人工恢复(水土保持植物)+经济林草(薪炭林)+护坡植物(水土保持植物篱)+坡面整地工程(穴坑整地)+坡面水系工程+洼地排洪工程+农耕技术(免耕)+节水技术	绿色发展+生态修复
			坡中	半封轮封/水土保持植物//薪炭林、水土保持植物篱//穴坑整地//集水储水技术、引水供水技术//免耕//播种抗旱、育秧抗旱//调亏灌溉//小管出流灌溉、低压管道输水		
			坡下	半封轮封//拦沙排涝技术、集水储水技术、引水供水技术/落水洞治理//调亏灌溉//小管出流灌溉、低压管道输水		
		不足	坡上	中药材//穴坑整地//集水储水技术、引水供水技术//一钵一苗、一钵数苗//播种抗旱、育秧抗旱//小管出流灌溉//植物修复//菌根修复	经济林草(中药/香料)+瓜蔬作物(耐储运菜)+坡面整地工程(穴坑整地)+坡面水系工程+洼地排洪工程+能源工程(沼气/节能技术)+农耕技术(穴状种植)+节水技术+土壤改良(绿肥植物)+土壤修复(植物/菌根修复)	特色农业+绿色发展
			坡中	中药材、香料林//耐储运菜//穴坑整地//集水储水技术、引水供水技术//一钵一苗、一钵数苗//生物覆盖保墒/播种抗旱、育秧抗旱//调亏灌溉//小管出流灌溉、低压管道输水//绿肥植物//植物修复、菌根修复		
			坡下	中药材、香料林//耐储运菜//拦沙排涝技术、集水储水技术、引水供水技术/落水洞治理//沼气技术/节能技术//一钵一苗、一钵数苗//生物覆盖保墒//调亏灌溉//小管出流灌溉、低压管道输水//植物修复、菌根修复		
重度	好	富余	坡上	生物结皮、绿化先锋植物、造林种草技术//草本饲料//穴坑整地//集水储水技术、引水供水技术	人工恢复(生物结皮/先锋植物/水保植物)+饲料作物(种草养殖)+护坡植物(边坡防护)+坡面整地工程(穴坑整地)+坡面水系工程+土壤改良(酸碱调节)	绿色发展+生态养殖
			坡中	生物结皮、水土保持植物、造林种草技术//草本饲料//穴坑整地//集水储水技术、引水供水技术		
			坡下	造林种草技术//植被护坡、植生袋技术、厚层基质喷附技术//集水储水技术、引水供水技术//酸碱调节剂		

续表 7-8

石漠强度	交通条件	人均耕地	坡面位置	坡面尺度技术集群	小流域尺度技术配置建议	区域尺度技术综合配置方案
重度	好	不足	坡上	造林种草技术//中药材、用材林//草本饲料//穴坑整地//集水储水技术、引水供水技术//一钵一苗//植物修复、菌根修复	人工恢复+经济林草(中药/香料/用材林)+饲料作物(种草养殖)+瓜蔬作物(新鲜蔬菜)+花卉作物+护坡植物(边坡防护)+坡面整地工程(穴坑整地)+坡面水系工程+洼地排洪工程+能源工程(太阳能/节能技术)+农耕技术(穴状种植)+土壤改良+土壤修复(植物—菌根修复)	特色农业+生态养殖+生态旅游+绿色发展
			坡中	造林种草技术//中药材、香料林、用材林//草本饲料//穴坑整地//集水储水技术、引水供水技术//一钵一苗//固土剂//客土法/植物修复、菌根修复		
			坡下	造林种草技术//中药材、香料林//新鲜蔬菜//盆花作物、干花精油//植被护坡、植生袋技术//厚层基质喷附技术//集水储水技术、引水供水技术/洼地排水系统//太阳能技术/节能技术//一钵一苗//酸碱调节剂、保水剂、水土保持剂//客土法/植物修复、菌根修复		
重度	差	富余	坡上	全面封禁/绿化先锋植物//穴坑整地//集水储水技术、引水供水技术//休耕	封山育林(全面封禁)+人工恢复+护坡植物+坡面整地工程(穴坑整地)+坡面水系工程+农耕技术(休耕)	生态修复+绿色发展
			坡中	全面封禁/水土保持植物//穴坑整地//集水储水技术、引水供水技术		
			坡下	全面封禁/植被护坡//集水储水技术、引水供水技术		
		不足	坡上	中药材//穴坑整地//集水储水技术、引水供水技术//一钵一苗//植物修复、菌根修复	经济林草(中药/香料)+瓜蔬作物(耐储运菜)+坡面整地工程(穴坑整地)+坡面水系工程+能源工程(节能技术)+农耕技术(穴状种植)+土壤修复(植物/菌根修复)	特色农业+绿色发展
			坡中	中药材、香料林//耐储运菜//穴坑整地//集水储水技术、引水供水技术//一钵一苗//植物修复、菌根修复		
			坡下	中药材、香料林//耐储运菜//植被护坡//集水储水技术、引水供水技术//节能技术//一钵一苗//植物修复、菌根修复		

注:表中第五列坡面尺度技术集群中,符号"//"表示不同属于一个二级分类;"/"表示同属于一个二级分类,但不同属于一个三级分类;"、"表示同属于一个三级分类下的四级分类。坡下部位包括洼地底部、山麓和山坡下部;坡上部位包括山顶和杉皮上部。坡面水系工程是一切坡面种植和生产活动的基础,因此是必备技术,具体配置视当地具体条件和需求而定。

第 8 章　结　语

　　石漠化是我国西南喀斯特地区最主要的生态环境问题。石漠化不断发展强化的结果,导致土壤资源不断流失和土地资源的持续退化。经过几十年的不断探索和实践,科研人员和广大喀斯特地区干部群众积累了大量的石漠化治理技术或方法。党的十九大报告中将生态文明建设提升到基本国策的高度,为喀斯特地区石漠化治理注入了新的活力,并提高了政策及资金支撑的力度。特别是党中央提出"高质量发展"号召后,也为石漠化治理提出了更高要求,使石漠化治理从单纯的水土保持工作上升到了乡村振兴和促进区域社会经济发展的高度。在总结梳理现有石漠化治理技术模式的基础上,从高质量生态建设及经济发展的实际需求出发,以乡村振兴及人地和谐为目标,探讨了喀斯特地区石漠化综合治理技术模式及其配置方案,得出以下几条结论:

　　(1)新时代石漠化治理指导思想需创新。石漠化是人类不合理土地利用方式的结果,仅仅控制水土流失不能从根本上解决石漠化问题,只有从解决人地关系矛盾入手,通过改变产业结构,提高土地附加值,将传统农民种地单一的生产方式,转变为多种途径增收、农业生产为辅的新时代生产方式,促进经济发展,减少人对土地的压力。在"两山理论"指导下,将"石山荒山"变成"绿水青山",再到"金山银山",实现乡村振兴。通过尊重自然、顺应自然、利用自然,实现保护自然和脱贫致富双赢,才可以从根本上治理石漠化,推动石漠化地区生态文明建设走上新高度。

　　(2)新时代石漠化治理模式选定需要考虑治理区的区位条件。关于石漠化治理技术,不同学者在不同时期和不同地区提出过很多种类型模式。但某种技术应该都有最适用的立地条件,特别是进行综合治理配置时,需要使每种技术措施效益最大化。因此,在石漠化治理模式选取和技术配置时,要着眼石漠化程度,立足当地的社会经济条件,以水保效益、生态效益和社会效益最大化为目标,选择现有成功的治理技术或措施,配置具体的石漠化治理模式。

　　(3)石漠化治理技术数据库构建需做到科学、系统、全面。通过查阅文献,整理出上千条石漠化治理技术或措施,详细描述每一种技术或措施的具体规范、使用范围及效益最佳的立地条件等,分门别类,构建了可通过计算机查询的数据库,可为具体的石漠化治理提供参考依据。

　　(4)石漠化治理技术配置方案要根据不同区域治理需求拟定。运用业已构建的石漠化治理技术库,根据各项技术和不同区位条件的匹配情况,提出了一套可在不同治理背景下快速筛选和多尺度优化配置石漠化治理技术的方法(不同尺度、不同条件地区石漠化治理技术综合配置建议)。将来在人工智能深度学习技术的支撑下,开发可自动生成石漠化治理技术配置和范式的选择方案,并能进行效益分析评价的人机互动系统,便于政府部门和投资者进行效益预测和风险评价。

参 考 文 献

[1] 张平仓，丁文峰. 我国石漠化问题研究进展[J]. 长江科学院院报，2008(3):1-5.

[2] 王世杰. 喀斯特石漠化概念演绎及其科学内涵的探讨[J]. 中国岩溶，2002(2):31-35.

[3] Yuan D. Rock desertification in the subtropical karst of south China[J]. Zeitschrift für Geomorphologie N. F. , 1997,108:81-90.

[4] 马芊红，张科利. 西南喀斯特地区土壤侵蚀研究进展与展望[J]. 地球科学进展，2018,33(11): 1130-1141.

[5] 卢耀如. 中国喀斯特地貌的演化模式[J]. 地理研究，1986(4):25-35.

[6] 袁道先. 中国岩溶学[M]. 北京：地质出版社，1993.

[7] 王世杰. 喀斯特石漠化——中国西南最严重的生态地质环境问题[J]. 矿物岩石地球化学通报，2003(2):120-126.

[8] 王世杰，张信宝，白晓永. 中国南方喀斯特地貌分区纲要[J]. 山地学报，2015,33(6):641-648.

[9] 何永彬，张信宝，文安邦. 西南喀斯特山地的土壤侵蚀研究探讨[J]. 生态环境学报，2009,18(6): 2393-2398.

[10] 王世杰，张信宝，白晓永. 南方喀斯特石漠化分区的名称商榷与环境特点[J]. 山地学报，2013, 31(1):18-24.

[11] 袁道先，蒋勇军，沈立成，等. 现代岩溶学[M]. 北京：科学出版社，2016.

[12] Liu M, Xu X, Sun A Y, et al. Is southwestern China experiencing more frequent precipitation extremes? [J]. ENVIRONMENTAL RESEARCH LETTERS, 2014,9(0640026).

[13] 安裕伦，蔡广鹏，熊书益. 贵州高原水土流失及其影响因素研究[J]. 水土保持通报，1999(3): 50-55.

[14] 陈植华，陈刚，靖娟利. 西南岩溶石山表层岩溶带岩溶水资源调蓄能力初步评价价[M]//中国岩溶地下水与石漠化研究. 桂林：广西科学技术出版社，2003.

[15] 易淑榮，胡预生. 土壤学[M]. 北京：中国农业出版社，1993.

[16] 张卫，覃小群，易连兴，等. 滇黔桂湘岩溶水资源开发利用[M]. 武汉：中国地质大学出版社，2004.

[17] 蒋忠诚. 中国南方表层岩溶带的特征及形成机理[J]. 热带地理，1998(4):322-326.

[18] 曹建华，袁道先，潘根兴. 岩溶生态系统中的土壤[J]. 地球科学进展，2003,18(1):37-44.

[19] 张信宝，王世杰，曹建华，等. 西南喀斯特山地水土流失特点及有关石漠化的几个科学问题[J]. 中国岩溶，2010(3):274-279.

[20] 张信宝，王世杰，贺秀斌，等. 碳酸盐岩风化壳中的土壤蠕滑与岩溶坡地的土壤地下漏失[J]. 地球与环境，2007(3):202-206.

[21] 袁道先，蔡桂鸿. 岩溶环境学[M]. 重庆：重庆科技出版社，1988.

[22] 姚智，张朴，刘爱民. 喀斯特区域地貌与原始森林关系的讨论——以贵州荔波茂兰、望谟、麻山为例[J]. 贵州地质，2002(2):99-102.

[23] 张殿发，王世杰，李瑞玲. 贵州省喀斯特山区生态环境脆弱性研究[J]. 地理学与国土研究，2002

(1):77-79.

[24] 吴强,李倩,李薇. 中国南方喀斯特石漠化生态恢复与扶贫发展[J]. 现代园艺,2019(11):52-53.

[25] 吴协保,孙继霖,林琼,等. 我国西南岩溶石漠化土地生态建设分区治理思路与途径探讨[J]. 中国岩溶,2009,28(4):391-396.

[26] 中华人民共和国国家统计局. 国家数据[EB/OL]. [2020-9-1]. http://data.stats.gov.cn/easyquery.htm? cn=E0103.

[27] 国务院扶贫开发领导小组办公室,国家发展和改革委员会.滇桂黔石漠化片区区域发展与扶贫攻坚规划(2011~2020年):国开办发[2012]54号[A]. 2012.

[28] 张殿发,欧阳自远,王世杰. 中国西南喀斯特地区人口、资源、环境与可持续发展[J]. 中国人口·资源与环境,2001,11(1):77-81.

[29] 陈洪松. 西南岩溶区水土流失防治成效评估报告[R].2017.

[30] 国家林业局. 岩溶地区石漠化状况公报[R].2006.

[31] 王德炉,余守谦,黄宝龙.石漠化的概念及其内涵[J].南京林业大学学报(自然科学版),2004,28(6):87-90.

[32] 李阳兵,王世杰,容丽. 关于喀斯特石漠和石漠化概念的讨论[J]. 中国沙漠,2004,24(6):689-695.

[33] 但新球,贺东北,吴协保,等. 中国岩溶地区生态特征与石漠化危害探讨[J]. 中南林业调查规划,2018,37(1):62-66.

[34] 王宏远,韩志敏,刘子琦. 中国喀斯特地区石漠化成因及其危害研究概述[J]. 安徽农业科学,2011,39(11):6680-6684.

[35] 袁道先. 我国西南岩溶地区的石漠化问题[C].2003.

[36] 水利部,中国科学院,中国工程院. 中国水土流失防治与生态安全:西南岩溶区[M]. 北京:科学出版社,2010.

[37] 但新球,贺东北,吴协保,等. 中国岩溶地区生态特征与石漠化危害探讨[J]. 中南林业调查规划,2018(1).

[38] 覃小群,朱明秋,蒋忠诚. 近年来我国西南岩溶石漠化研究进展[J]. 中国岩溶,2006(3):234-238.

[39] 张信宝,王世杰,贺秀斌,等. 西南岩溶山地坡地石漠化分类刍议[J]. 地球与环境,2007,35(2):188-192.

[40] 王宇,张贵. 滇东岩溶石山地区石漠化特征及成因[J]. 地球科学进展,2003,18(6):933-938.

[41] 王连庆,乔子江,郑达兴. 渝东南岩溶石山地区石漠化遥感调查及发展趋势分析[J]. 地质力学学报,2003,9(1):78-84.

[42] 蒋忠诚,等. 广西岩溶山区石漠化及其综合治理研究[M].北京:科学出版社,2011.

[43] 熊康宁,黎平,周忠发,等. 喀斯特石漠化的遥感—GIS典型研究——以贵州省为例[M]. 北京:地质出版社,2002.

[44] 张信宝,王世杰,贺秀斌,等. 西南岩溶山地坡地石漠化分类刍议[J]. 地球与环境,2007,35(2):188-192.

[45] 宋同清,彭晚霞,杜虎,等. 中国西南喀斯特石漠化时空演变特征、发生机制与调控对策[J]. 生态学报, 2014,34(18):5328-5341.

[46] 国家发展和改革委员会国务院扶贫开发领导小组办公室. 滇桂黔石漠化片区区域发展与扶贫攻坚规划(2011~2020年)[R]. 2012.

[47] 童立强,聂洪峰,姚林君. 基于遥感和GIS的西南岩溶石山地区石漠化研究[C]//第十四届全国遥感技术学术交流会. 青岛, 2003.

[48] 国家林业和草原局. 中国·岩溶地区石漠化状况公报[R]. 2018.

[49] 蒋忠诚,罗为群,童立强,等. 21世纪西南岩溶石漠化演变特点及影响因素[J]. 中国岩溶, 2016,35(5):461-468.

[50] 国务院扶贫开发领导小组办公室,国家发展和改革委员会. 滇桂黔石漠化片区区域发展与扶贫攻坚规划(2011~2020年)[R]. 2012.

[51] 安国英,周璇,温静,等. 西南地区石漠化分布、演变特征及影响因素[J]. 现代地质, 2016,30(5):1150-1159.

[52] 喻甦. 中国石漠化分布现状与特点[J]. 中南林业调查规划, 2003,22(2):53-55.

[53] 童立强. 基于遥感和GIS的滇黔桂岩溶石山地区土地石漠化研究[C]//国土资源信息化建设研讨会. 昆明, 2005.

[54] 盈斌. 岩溶地区土地利用、石漠化与治理工程设计[D]. 贵州:贵州师范大学, 2009.

[55] 杜鹰. 与自然和谐相处:岩溶地区石漠化综合治理的探索与实践[M]. 北京:中国林业出版社,2011.

[56] 喻理飞,朱守谦,叶镜中,等. 退化喀斯特森林自然恢复评价研究[J]. 林业科学, 2000,36(6):12-19.

[57] 国家发展改革委员会,水利部,林业局,等. 岩溶地区石漠化综合治理工程"十三五"建设规划[R]. 2016.

[58] 陈强. 云南岩溶地区石漠化生态治理模式及技术[M].昆明:云南科技出版社, 2011.

[59] 熊康宁,陈永毕,陈浒,等. 点石成金——贵州石漠化治理技术与模式[M]. 贵阳:贵州科技出版社, 2011.

[60] 祝列克. 岩溶地区石漠化防治实用技术与治理模式[M].北京:中国林业出版社, 2009.

[61] 国家林业局防治荒漠化管理中心,等. 石漠化综合治理模式[M].北京:中国林业出版社, 2012.

[62] 胡培兴,等. 石漠化治理树种选择与模式[M]. 北京:中国林业出版社, 2015.

[63] 谷晓平,等. 西南地区农业干旱和低温灾害防控技术研究[M].北京:中国农业科技出版社, 2016.

[64] 蒋忠诚,等. 广西岩溶山区石漠化及其综合治理研究[M].北京:科学出版社, 2011.

[65] 李玉田. 岩溶地区石漠化治理研究[M].桂林:广西师范大学出版社, 2004.

[66] 谢家雍. 西南石漠化与生态重建[M]. 贵阳:贵州民族出版社, 2001.

[67] 李菁. 石灰岩地区开发与治理[M].贵阳:贵州人民出版社, 1996.

[68] 姚小华,等. 石漠化植被恢复科学研究[M].北京:科学出版社, 2013.

[69] 鞠建华,等. 岩溶石漠化遥感监测与防治[M].北京:地质出版社, 2006.

[70] 梁瑞龙,等. 广西热带岩溶区林业可持续发展技术[M].北京:中国林业出版社, 2010.

[71] 温远光,等. 石漠化地区的植被恢复与综合优化治理模式[M]. 北京:中国林业出版社, 2005.

[72] 韦茂才,等. 智战石漠化——滇桂黔石漠化片区扶贫探索[M]. 南宁:广西人民出版社,2014.

[73] 国家林业局.喀斯特石漠化山地经济林栽培技术规程:LY/T 2829—2017[S]. 北京:中国标准出版社,2017.

[74] 中华人民共和国水利部,等.水土保持综合治理技术规范小型蓄排引水工程:GB/T 16453.4—2008[S]. 北京:中国标准出版社,2008.

[75] 国家技术监督局. 水土保持综合治理技术规范坡耕地治理技术:GB/T 16453.1—1996[S]. 北京:中国标准出版社,1996.

[76] 中华人民共和国住房和城乡建设部. 生产建设项目水土流失防治标准 GB/T 50434—2018[S]. 北京:中国计划出版社,2018.

[77] 国家林业和草原局. 石漠化治理监测与评价规范:LY/T 2994—2018[S]. 北京:中国标准出版社,2018.

[78] 国家林业局. 喀斯特石漠化地区植被恢复技术规程:LY/T 1840—2009[S]. 北京:中国标准出版社,2009.

[79] 中华人民共和国水利部. 岩溶地区水土流失综合治理技术标准:SL 461—2009[S]. 北京:中国水利水电出版社,2009.

[80] 湖北省质量技术监督局. 岩溶区石漠化生态治理技术规程:DB42/T 1261—2017[S]. 2017.

[81] 国家发展改革委. 贵州省水利建设生态建设石漠化治理综合规划[R]. 2011.

[82] 国家林业局. 桂黔滇喀斯特石漠化防治生态功能区生态保护与建设规划(2014~2020 年)[R]. 2014.

[83] 中华人民共和国国土资源部,中华人民共和国环保部,中华人民共和国住房和城乡建设部,等. 全国生态保护与建设规划(2013~2020 年)[R]. 2013.

[84] 中华人民共和国水利部. 全国水土保持规划(2015~2030 年)[R]. 2015.

[85] 中华人民共和国农业部. 全国种植业结构调整规划(2016~2020)[R]. 2016.

[86] 国家林业局,中华人民共和国农业部,中华人民共和国水利部. 岩溶地区石漠化综合治理规划大纲(2006~2015)[R]. 2018.

[87] 国家发展和改革委员会,国家林业局,中华人民共和国农业部,等. 岩溶地区石漠化综合治理工程"十三五"建设规划[R]. 2016.

[88] 喻甦,但新球,吴协保. 石漠化土地综合治理模式探讨[J]. 中南林业调查规划,2003(3):18-20.

[89] 罗征鹏,熊康宁,许留兴. 生物土壤结皮生态修复功能研究及对石漠化治理的启示[J]. 水土保持研究,2020,27(1):394-404.

[90] Whitton B. Biological Soil Crust: Structure, Function, and Management: Edited by J. Belnap and O. L. Lange. Springer, Berlin & Heidelberg, 2001. 503 pp, ISBN 3 540 4107/5 9 (hbk), Price £ 95.00.[J]. Biological Conservation, 2002,108(1):129-130.

[91] 王玲,牛玉华,史志华. 一种红壤新垦果园地力快速提升方法:CN201811126774.3[P]. 2019-02-01.

[92] 林永江,李曙明. 石灰岩山地植被群落组成与生物量变化研究[J]. 林业实用技术,2011(9):23-25.

[93] 陈洪凯,周晓涵. 石漠化地区乔木种植基盘技术研究[J]. 重庆师范大学学报(自然科学版),

2016,33(2):138-141.

[94] 张学国. 桦树切根苗造林成活率高的机理浅析[J]. 河北林业,2009(2):18.

[95] 郭红艳. 干旱区提高造林质量的苗木处理试验[D]. 北京:北京林业大学,2008.

[96] 苏梦昱. 石漠化治理优良树种——任豆、吊丝竹[J]. 大众科技,2016,18(9):75-76.

[97] 杨澜,王爱华,李薇,等. 贵阳石漠化山地越冬多肉植物品种筛选[J]. 北方园艺,2017(9):
57-61.

[98] 邬岳阳,严力蛟,樊吉,等. 植物篱对红壤坡耕地的水土保持效应及其机理研究[J]. 生态与农村
环境学报,2012,28(6):609-615.

[99] 袁盛华. "喀斯特地区灌木护坡技术"在贵州石漠化退化生态系统修复中的应用[C]. 中国科协年
会,2013.

[100] 景卫东. 厚层基质喷附技术在平程路边坡生态防护工程中的应用[J]. 绿色交通,2008(1):
154-157.

[101] 冯润祥. 砌墙保土对山区脱贫致富具有重要作用[J]. 广西水利水电,1992:31-33.

[102] 张信宝,王世杰,孟天友. 石漠化坡耕地治理模式[J]. 中国水土保持,2012(9):41-44.

[103] 王海军,叶国彬. 旱坡耕地梯改综合措施效果浅析[J]. 耕作与栽培,2005(3):57-58.

[104] 罗林,胡甲均,姚建陆. 喀斯特石漠化坡耕地梯田建设的水土保持与粮食增产效益分析[J]. 泥
沙研究,2007(6):8-13.

[105] 李星辰,杨吉华,于连家,等. 石灰岩山地不同整地方式对侧柏林土壤蓄水保土功能的影响[J].
中国水土保持科学,2013,11(3):59-65.

[106] 刘哲. 南水北调中线水源区淅川县石质荒漠化特征及防治技术研究[D]. 郑州:华北水利水电大
学,2018.

[107] 田亚萍,张金红. 小反坡穴状整地抗旱造林技术[J]. 河北林业科技,2011(2):79.

[108] 辛文渊,马小军. 小穴状整地种柠条技术[J]. 内蒙古林业,2003(1):35.

[109] 赵树龙. 浅谈造林穴状整地[J]. 现代农村科技,2017(4):45.

[110] 王小红. 遵义地区生态建设与土地可持续利用研究[D]. 雅安:四川农业大学,2003.

[111] 罗娅. 喀斯特石漠化综合治理规划研制[D]. 贵阳:贵州师范大学,2005.

[112] 中华人民共和国水利部,等. 中国水土流失防治与生态安全——西南岩溶区卷[M]. 北京:科学
出版社,2010.

[113] 刘峰,陈奎,莫剑锋,等. 环江县小流域石漠化治理技术及效益分析[J]. 林业调查规划,2013,
38(6):112-116.

[114] 中华人民共和国水利部. 水土保持综合治理技术规范小型蓄排引水工程:GB/T 16453.4—2008
[S]. 北京:中国标准出版社,2009.

[115] 程剑平,严俊,杨飞. 学习以色列先进理念和技术,探索石漠化综合治理新思路——贵州岩溶地
区石漠化综合治理与农业水资源高效利用的阶段性研究工作回顾[J]. 教育文化论坛,2010,2
(2):92-98.

[116] 史运良,王腊春,朱文孝,等. 西南喀斯特山区水资源开发利用模式[J]. 科技导报,2005(2):
52-55.

[117] 夏开宗,盛韩微,江忠潮,等. 石漠化地区过滤收集路面雨水的公路利用系统[J]. 中华建设,

2011:128-130.

[118] 范荣亮, 苏维词, 张志娟. 贵州喀斯特山区雨水资源化途径探讨[J]. 节水灌溉, 2006(6): 20-22.

[119] 董保军, 闫连喜, 刘铁山. 岸坡式蓄水池在山区集雨工程中的应用[J]. 河南水利, 2004(4):34.

[120] 梁彬, 李兆林. 西南岩溶石山地区岩溶水资源合理开发利用模式——以湖南龙山洛塔为例[J]. 长江流域资源与环境, 2008(1):62-67.

[121] 沈志平, 孙洪, 余永康, 等. 一种岩溶洼地排水系统:CN203741976U[P]. 2014-05-14.

[122] 唐昌兵. 一种节煤炉:CN203549907U[P]. 2014-04-16.

[123] 李渝, 蒋太明, 王静. 贵州喀斯特山区季节性干旱特征及对策:以桐梓县为例[J]. 贵州农业科学, 2009,37(5):43-46.

[124] 中华人民共和国水利部. 水土保持综合治理技术规范　坡耕地治理技术:GB/T 16453.1—2008 [S]. 北京:中国标准出版社,2008.

[125] 国务院第一次全国水利普查领导小组办公室. 水土保持情况普查[M]. 北京:中国水利水电出版社, 2010.

[126] 王克林, 岳跃民, 陈洪松, 等. 喀斯特石漠化综合治理及其区域恢复效应[J]. 生态学报, 2019, 39(20):7432-7440.

[127] 张朝兴, 刘玉珍, 张勇飞, 等. 灌水多功能地膜:CN2241435Y[P]. 1997-10-15.

[128] 于春萍. 抗旱播种保苗技术[J]. 北方农业学报, 2001(2).

[129] 李茜, 方平. 十种抗旱播种方法[J]. 吉林农业, 2001,01:11.

[130] 田山君, 杨世民, 孔凡磊, 等. 西南地区玉米苗期抗旱品种筛选[J]. 草业学报, 2014,23(1):50-57.

[131] 李国瑞, 李朝苏, 吴春, 等. 西南地区小麦品种萌发期抗旱性分析[J]. 干旱地区农业研究, 2015 (4):212-219.

[132] 李燕. 喀斯特地区10个黄豆种质资源R3时期抗旱性评价[D]. 贵阳:贵州师范大学, 2017.

[133] 汤万龙, 张俊洁, 付帮磊. 干旱缺水地区根系分区交替灌溉技术探讨[J]. 中国水能及电气化, 2012(9).

[134] 蒋忠诚, 胡保清, 李先琨. 广西岩溶山区石漠化及其综合治理研究[M]. 北京:科学出版社, 2011.

[135] 程剑平, 严俊, 尹桂英, 等. 润湿灌溉埋藏式持水种植方法和装置:ZL20090307207.8[P]. 2009-12-30.

[136] 杨金祥, 季静秋. 根灌高效节水农业新技术及其应用效果[J]. 中国农村水利水电, 2003(7):21-23.

[137] 丁磊. 基于喀斯特地区水资源高效利用的节水灌溉技术初探[D]. 贵阳:贵州师范大学, 2018.

[138] 柳月江. 论节水药肥枪根灌技术与农林业发展的前景[C]//第四届全国农药交流会. 郑州, 2004.

[139] 中国农业网. "根灌节水栽培法"技术面世[EB/OL]. [2020-11-19]. http://www.zgny.com.cn/ ifm/tech/2006-12-25/52721.shtml.

[140] 何振嘉, 范王涛, 杜宜春, 等. 涌泉根灌节水灌溉技术特点、应用及展望[J]. 农业工程学报, 2020,36(8):287-298.

[141] 范雅君,吕志远,田德龙,等. 不同水源膜下滴灌对玉米性状及地温的影响[J]. 水资源与水工程学报,2013,24(5).

[142] 戴翠荣,姜益娟,郑德明. 膜下滴灌和地下滴灌棉田土壤 NH_4^+-N 空间分布特征研究[J]. 新疆农业科学,2007,44(5).

[143] 夏萍,曹成茂. 自动化苗圃微喷灌系统优化设计[J]. 农业机械学报,2004,35(3):91-94.

[144] 王凤民,张丽媛. 微喷灌技术在设施农业中的应用[J]. 地下水,2009,31(6):115-116.

[145] 潘洪健. 概述常见的几种渠道防渗措施的优缺点[J]. 黑龙江水利科技,2010,38(6):96-97.

[146] 刘有彬,李荣东,杨娜. 沥青混凝土在渠道防渗中的应用[J]. 黑龙江水利科技,2006,34(1):112-113.

[147] 胡立芳,龙於洋. 安全种植百问百答[M].杭州:浙江工商大学出版社,2011.

[148] 韦棠山,陈元生,杨得坡,等. 石山地区猫豆生态生物学特点与优质高产栽培技术[J]. 亚太传统医药,2006:68-71.

[149] 黄占斌,夏春良. 农用保水剂作用原理研究与发展趋势分析[J]. 水土保持研究,2005(5):108-110.

[150] 李杨. 保水剂与肥料及土壤的互作机理研究[D].北京:北京林业大学,2012.

[151] 高超. 聚丙烯酸类保水剂吸水特性及其应用效果[D].武汉:华中农业大学,2005.

[152] 周海龙,申向东. 土壤固化剂的应用研究现状与展望[J]. 材料导报,2014,28(9):134-138.

[153] 张冠华,牛俊,孙金伟,等. 土壤固化剂及其水土保持应用研究进展[J]. 土壤,2018,50(1):28-34.

[154] Shainberg I, Levy G J, Rengasamy P, et al. AGGREGATE STABILITY AND SEAL FORMATION AS AFFECTED BY DROPS? IMPACT ENERGY AND SOIL AMENDMENTS[J]. Soil Science, 1992,154 (2):113-119.

[155] 姬红利,颜蓉,李运东,等. 施用土壤改良剂对磷素流失的影响研究[J]. 土壤,2011,43(2):203-209.

[156] 李昊,程冬兵,王家乐,等. 土壤固化剂研究进展及在水土流失防治中的应用[J]. 人民长江,2018,49(7):11-15.

[157] 苏杨. 基于提高持水能力的硅藻土改性及改良土壤持水性能的初步研究[D].长沙:中南林业科技大学,2013.

[158] 祝亚云,曹龙熹,吴智仁,等. 新型 W-OH 料对崩积体土壤分离速率的影响[J]. 土壤学报,2017,54(1):73-80.

[159] 高贤明. 喀斯特石漠化地区土壤的改良和水土保持方法:ZL200910237412.6[P].2011-05-11.

[160] 串丽敏,赵同科,郑怀国,等. 土壤重金属污染修复技术研究进展[J]. 环境科学与技术,2014,37(120):213-222.

[161] 赵琨. 氮对重金属复合污染土壤中高羊茅重金属吸收及土壤性质的影响[D].北京:北京林业大学植物营养学,2010.

[162] 陈胗,迟飞飞,周芯. 地下水重金属污染修复技术研究进展[J]. 黑龙江科学,2019,10(20):70-71.

[163] 苏慧,魏树和,周启星. 镉污染土壤的植物修复研究进展与展望[J]. 世界科技研究与发展,

2013,35(3):315-319,343.

[164] 旷远文,温达志,钟传文,等. 根系分泌物及其在植物修复中的作用[J]. 植物生态学报,2003,
27(5):709-717.

[165] 古添源,余黄,曾伟民,等. 功能内生菌强化超积累植物修复重金属污染土壤的研究进展[J].
生命科学,2018,30(11):1228-1235.

[166] 李晓东. 界河(烟台 C 段)河道表层底泥中重金属污染程度和溯源方法研究[D].青岛:青岛理工
大学,2017.

[167] 崔晓艳. 矿山生态恢复与环境治理研究——以广西融安泗顶铅锌矿区为例[D]. 桂林:桂林理工
大学防灾减灾工程及防护工程,2010.

[168] 高园园,周启星. 纳米零价铁在污染土壤修复中的应用与展望[J]. 农业环境科学学报,2013,32
(3):418-425.

[169] 袁金玮,陈笈,陈芳,等. 强化植物修复重金属污染土壤的策略及其机制[J]. 生物技术通报,
2019,35(1):120-130.

[170] 黄代宽,李心清,董泽琴,等. 生物炭的土壤环境效应及其重金属修复应用的研究进展[J]. 贵
州农业科学,2014(11):159-165.

[171] 杨秀敏,胡桂娟,杨秀红,等. 生物修复技术的应用及发展[J]. 中国矿业,2007,16(12):58-60.

[172] 张双. 土壤重金属污染的植物修复[C]//中国环境科学学会 2012 学术年会. 南宁,2012.

[173] 王慧如. 我国土壤污染治理基金制度的立法探讨[D].重庆:西南政法大学,2016.

[174] 徐秀娟,赵志强,梁宗贵,等. 污染农田土壤的治理技术研究概述[J]. 中国农学通报,2005,21
(10):398-401.

[175] 陈书琳,毕银丽. 遥感技术在微生物复垦中的应用研究[J]. 国土资源遥感,2014(3):16-23.

[176] 孙约兵,周启星,郭观林. 植物修复重金属污染土壤的强化措施[J]. 环境工程学报,2007,1
(3):103-110.

[177] 陈丙义,赵安芳. 重金属污染土壤对农业生产的影响及其可持续利用的措施[J]. 平顶山工学院
学报,2003,12(2):31-33.

[178] 余志,黄代宽. 重金属污染土壤修复治理技术概述[J]. 环保科技,2013,19(4):46-48.

[179] 邱廷省,王俊峰,罗仙平. 重金属污染土壤治理技术应用现状与展望[J]. 四川有色金属,2003
(2):48-52.

[180] 崔德杰,张玉龙. 土壤重金属污染现状与修复技术研究进展[J]. 土壤通报,2004,35(3):
366-370.

[181] 佟洪金,涂仕华,赵秀兰. 土壤重金属污染的治理措施[J]. 西南农业学报,2003,16(S1):
33-37.

[182] 肖楚,李礼,查忠勇. 铅污染土壤的修复技术研究进展[J]. 重庆工商大学学报:自然科学版,
2012,29(3):99-104.

[183] 雷娜娜,何晓曼,柯俊峰. 化学修复剂修复重金属污染土壤的应用进展[J]. 安徽农业科学,
2015(21):107-110,180.

[184] 李榜江. 贵州山区煤矿废弃地重金属污染评价及优势植物修复效应研究[D].重庆:西南大
学,2014.

[185] 王苗苗,孙红文,耿以工,等. 农田土壤重金属污染及修复技术研究进展[J]. 天津农林科技, 2018(4):38-41, 43.

[186] 李许明,李福燕,郭彬,等. 蚯蚓对土壤重金属的影响[J]. 安徽农业科学, 2007,35(13): 3940-3941.

[187] 刘晓青,曹卫红,周卫红,等. 农田土壤重金属污染的生物修复技术研究现状、问题及展望[J]. 天津农业科学, 2018,24(2):80-85.

[188] 王苗苗,孙红文,耿以工,等. 农田土壤重金属污染及修复技术研究进展[J]. 天津农林科技, 2018(4):38-41, 43.

[189] 俄胜哲,杨思存,崔云玲,等. 我国土壤重金属污染现状及生物修复技术研究进展[J]. 安徽农业科学, 2009,35(19):9104-9106.

[190] Van Roy S, Vanbroekhoven K, Dejonghe W, et al. Immobilization of heavy metals in the saturated zone by sorption and in situ bioprecipitation processes[J]. Hydrometallurgy 2006,83(1-4):195-203.

[191] 王瑞兴,钱春香,吴淼,等. 微生物矿化固结土壤中重金属研究[J]. 功能材料, 2007,38(9): 1523-1526, 1530.

[192] 熊张东. 重金属污染土壤的微生物原位修复技术研究进展[J]. 世界有色金属, 2019(9): 269-270.

[193] 万勇. 内生细菌在重金属植物修复中的作用机理及应用研究[D].长沙:湖南大学, 2013.

[194] 李秋玲,凌婉婷,高彦征,等. 丛枝菌根对有机污染土壤的修复作用及机理[J]. 应用生态学报, 2006(11):2217-2221.

[195] Smith S E, Read D J. mycorrhizal symbiosis[J]. Quarterly Review of Biology, 2008,3(3):273-281.

[196] 代威,王丹,李黎,等. 不同丛枝菌根真菌(AMF)对Co污染土壤下番茄生长和核素富集的影响[J]. 安徽农业科学, 2015(9):264-267.

[197] 娄晨. 纳米材料—紫花苜蓿—根瘤菌复合体系对镉污染土壤修复技术的研究[D]. 咸阳:西北农林科技大学, 2016.

[198] 刘小艳. 桂林生态环境建设的重要环节——石漠化治理[J]. 广西林业科学, 2001(3):158-160.

[199] 李晓萍. 阳朔百里新村新农村建设的经验与启示探析[J]. 中共桂林市委党校学报, 2015,15(1):37-40.

[200] 杨胜广,梁超,黄莹. 广西喀斯特石漠化地区植被恢复模式和效应——以桂林市阳朔县杨堤乡为例[J]. 现代园艺, 2016(13):3-5.

[201] 杨主泉. 旅游发展典型区域土地利用变化对生态系统服务价值的影响——以桂林阳朔县为例[J]. 中南林业科技大学学报, 2014,34(3):130-136.

[202] 鲍青青. 喀斯特地区乡村旅游扶贫模式研究——以广西阳朔百里新村为例[J]. 南宁职业技术学院学报, 2017,22(2):66-69.

[203] 周巾枚,马俊飞,邵明玉,等. 种上致富果,石山变金山:桂林市恭城瑶族自治县石漠化治理记[J]. 中国矿业, 2019,28(S2):505-507.

[204] 吴勇. 务川县岩溶地区小流域石漠化综合治理初探[J]. 水电与新能源, 2015(3):46-48.

[205] 刘兴宜,熊康宁,刘艳鸿,等. 我国石漠化地区构树生态产业扶贫模式的探讨[J]. 林业资源管理, 2018(2):29-34.

[206] 夏玉芳,赵庆霞. 贵州构树产业发展现状和建议[J]. 山地农业生物学报,2017,36(6):1-8.

[207] 卢峰. 环江毛南族自治县岩溶土地石漠化动态变化研究[J]. 安徽农业科学,2015(24):200-202.

[208] 彭富海,赵伟,支永明,等. 贵州石漠化地区山豆根高产栽培技术研究进展[J]. 耕作与栽培,
　　　 2019,39(3):24-26.

[209] 覃小群,邓艳,蓝芙宁,等. 基于GIS技术的典型岩溶石山区土壤侵蚀危险性评价——以广西平
　　　 果县果化示范区为例[J]. 安全与环境工程,2005(4):69-72.

[210] 黄斌挺,黄盼凤,陈淑敏,等. 广西立体生态农业发展研究——以百色市平果县果化镇立体生态
　　　 农业示范基地为例[J]. 市场论坛,2012(11):53-55.

[211] 韦金霖,林金红,翟殷斌. 平果县石山区火龙果种植气候适应性分析[J]. 气象研究与应用,
　　　 2018,39(1):66-69.

[212] 陈颜. 广西平果县石漠化山区火龙果产业发展研究[D].南宁:广西大学,2017.

[213] 刘芳,何报寅,寇杰锋. 利用Landsat热红外遥感调查广西平果县石漠化现状和变化特征[J]. 中
　　　 国水土保持科学,2017,15(2):125-131.

[214] 陆树华,谭艳芳,李冬兴,等. 广西岩溶地区火龙果生态产业的培育及其发展[J]. 广西科学,
　　　 2018,5(25):524-531.

[215] 李亮. 平果县火龙果生产现状及产业化发展对策研究[D].南宁:广西大学,2016.

[216] 陈秀华,张明均,罗杰,等. 关岭县草牧业发展现状及对策[J]. 现代农业科技,2019(24):
　　　 198-199.

[217] 郭红艳,周金星,唐夫凯,等. 西南岩溶石漠化地区贫困与反贫困策略研究——以关岭县三家寨
　　　 村为例[J].中国人口·资源与环境,2014,24(S1):326-329.

[218] 陈起伟,熊康宁,周梅,等. 关岭县不同等级石漠化区土壤侵蚀特征[J]. 水土保持研究,2018,
　　　 25(5):24-28.

[219] 卢彪,杨明刚. 关岭县板贵乡喀斯特石漠化成因及防治成效[J]. 中国水土保持,2008(3):
　　　 52-54.

[220] 陈孝军. 关岭县石漠化综合治理工程建设成效及经验[J]. 中国水土保持,2017(11):33-34.

[221] 莫兴恒,金学朋. 皇竹草在都匀地区种植的技术要点[J]. 当代畜牧,2019(12):9-10.

[222] 韦善. 东兰黑山猪:农产品地理标志质量控制技术规范[J]. 农业开发与装备,2017(5):36-37.

[223] 石髦. 浅析广西东兰黑山猪生态养殖的经济优势[J]. 畜牧与饲料科学,2012,33(4):63.

[224] 赵文玲. 河池地区石漠化治理现状及对策[J]. 林业经济,2015,37(12):91-96.

[225] 陈燕丽,莫建飞,莫伟华,等. 近30年广西喀斯特地区石漠化时空演变[J]. 广西科学,2018,5
　　　 (25):625-631.

[226] 黄小英. 石漠化治理的对策与造林技术措施[J]. 绿色科技,2019(4):90-91.

[227] 蔡道雄,卢立华. 浅谈石漠化治理的对策及造林技术措施[J]. 林业科技,2018(8):105.

[228] 刘智慧,周忠发,郭宾. 贵州省重点生态功能区生态敏感性评价[J]. 生态科学,2014,33(6):
　　　 1135-1141.

[229] 杨士超. 民国时期贵州石漠化分布的复原及其成因研究[D].上海:复旦大学,2010.

[230] 陈龙,王佳福. 中国南方喀斯特世界自然遗产地——荔波生态自然环境保护的探讨[J]. 中国新
　　　 技术新产品,2010(12):210.

[231] 谭成江. 贵州荔波县森林生态环境保护与可持续发展[J]. 安徽农业科学, 2010, 38(34): 19468-19470.

[232] 荔波县人民政府. 2016~2020 年政府工作报告[EB/OL]. [2020-12-01]. http://www.libo.gov. cn/zwgk/xxgkml/zfgzbg/index.html.

[233] 蒋树芳, 胡宝清, 黄秋燕, 等. 广西都安喀斯特石漠化的分布特征及其与岩性的空间相关性[J]. 大地构造与成矿学, 2004(2): 214-219.

[234] 胡宝清, 廖赤眉, 严志强, 等. 基于 RS 和 GIS 的喀斯特石漠化驱动机制分析——以广西都安瑶族自治县为例[J]. 山地学报, 2004(5): 583-590.

[235] 黄志强, 丘兆逸. 论劳动力空间配置粘性与喀斯特区农地石漠化——以广西都安瑶族自治县为例[J]. 学术论坛, 2007(5): 117-120.

[236] 罗昌亮, 罗凯. 河池扶贫生态移民"下山之路"[J]. 当代广西, 2014(24): 16-17.

[237] 覃开贤, 胡宝清, 韩世静. 基于 BP-ANN-CA 的都安喀斯特土地系统演变模拟[J]. 地球与环境, 2012, 40(3): 423-429.

[238] 韩昭庆, 冉有华, 刘俊秀, 等. 1930s—2000 年广西地区石漠化分布的变迁[J]. 地理学报, 2016, 71(3): 390-399.

[239] 贝为超, 韦炳旺, 黄鹏欢. 广西都安: 树扶贫生态移民新标杆 圆山区贫困群众幸福梦[J]. 老区建设, 2015(1): 52-54.

[240] 赵金龙, 朱仕荣, 周建洪, 等. 云南省岩溶地区石漠化问题研究——以西畴县为例[C]//石漠化综合治理与生态文明建设学术研讨会暨 2015 年石漠化防治专业委员会年会, 扶绥, 2015.

[241] 周玉俊, 夏天才, 杨妍. 西畴县石漠化现状、形成原因及治理对策[J]. 环境科学导刊, 2013, 32(S1): 72-74.

[242] 黄荣媚, 陈文怡. 浅谈岩溶森林保护和石漠化治理对策——以西畴县为例[J]. 林业建设, 2008(5): 3-7.

[243] 陈永毕. 贵州喀斯特石漠化综合治理技术集成与模式研究[D]. 贵阳: 贵州师范大学, 2008.

[244] 熊康宁. 点石成金——贵州石漠化治理技术与模式[J]. 2011.

[245] 熊康宁, 彭贤伟, 梅再美. 喀斯特石漠化生态综合治理与示范典型研究——以贵州花江喀斯特峡谷为例[J]. 贵州林业科技, 2006, 34(1): 5-8.

[246] 陈起伟, 熊康宁, 兰安军. 喀斯特高原峡谷与高原盆地区石漠化及变化特征对比[J]. 热带地理, 2014(2): 17-177.

[247] 科技司. 分类治理, 实现喀斯特石漠化区植被有效恢复[EB/OL]. (2013-04-22)[2020-9-1]. http://www.forestry.gov.cn/portal/lykj/s/2199/content-597366.html.

[248] 左太安. 贵州喀斯特石漠化治理模式类型及典型治理模式对比研究[D]. 重庆: 重庆师范大学, 2010.

[249] 隋喆, 熊康宁, 牟祥会, 等. 喀斯特小流域不同等级石漠化综合治理生态工程技术集成研究[J]. 中国水土保持, 2010(4): 17-19.

[250] 胡仲明, 祝小科, 高华端. 不同等级石漠化地段水土流失植物防护技术[J]. 贵州林业科技, 2014, 42(3): 24-27.

[251] 陈洪云, 熊康宁, 兰安军, 等. 喀斯特峡谷地区不同等级石漠化治理的生态效应——以贵州省花

江石漠化生态综合治理示范区为例[J]. 中国水土保持科学, 2007,5(6):31-37.

[252] 曹洋. 喀斯特石漠化环境林灌草优化配置与健康养鸡技术[D]. 贵阳:贵州师范大学, 2018.

[253] 吴协保, 孙继霖, 林琼, 等. 我国西南岩溶石漠化土地生态建设分区治理思路与途径探讨[J]. 中国岩溶, 2009,28(4):391-396.

[254] 但新球, 喻甦, 吴协保, 等. 我国石漠化区域划分及造林树种选择探讨[J]. 中南林业调查规划, 2003,22(4):20-23.

[255] 陈俊, 冯成进, 杨义成. 葛藤是石漠化治理的优秀先锋植物[J]. 现代园艺, 2014(14):145-147.

[256] 中华人民共和国科技部. 中国科学家发现治理石漠化"先锋植物"[J]. 水利发展研究, 2006(9):61.

[257] 冯耀宗. 石漠化治理建设的生态系统工程技术:CN101886383A[P]. 2010-11-17.

[258] 吴明开, 张荷轩. 石漠化生态恢复方法:CN104620932A[P]. 2015-05-20.

[259] 梁建平, 许奇聪. 广西岩溶地区石漠化综合治理技术[C]//中国科协 2005 年学术年会——生态安全与西部森林、草原、水利建设. 乌鲁木齐, 2005.

[260] 肖华, 熊康宁, 张浩, 等. 喀斯特石漠化治理模式研究进展[J]. 中国人口·资源与环境, 2014(S1):330-334.

[261] 韦清章. 喀斯特地区旅游景观规划设计与石漠化综合治理研究[D].贵阳:贵州师范大学, 2009.

[262] 但新球, 喻甦, 吴协保. 我国石漠化地区生态移民与人口控制的探讨[J]. 中南林业调查规划, 2004,23(4):49-51.

[263] 陈百明, 周小萍. 全国及区域性人均耕地阈值的探讨[J]. 自然资源学报, 2002,17(5):622-628.